新时代青年学子的
使命和责任

—— 培养法大青年马克思主义者之力行篇

张永然　阮广宇◎主编

中国政法大学出版社

2020·北京

图书在版编目（ＣＩＰ）数据

新时代青年学子的使命和责任：培养法大青年马克思主义者之力行篇/张永然，阮广宇主编
北京：中国政法大学出版社，2020.8
ISBN 978-7-5620-9633-7

Ⅰ.①新…　Ⅱ.①张…　②阮…　Ⅲ.①高等学校－马克思主义理论－人才培养－研究－
中国　Ⅳ.①A81

中国版本图书馆CIP数据核字(2020)第159223号

出 版 者	中国政法大学出版社
地　　址	北京市海淀区西土城路 25 号
邮寄地址	北京 100088 信箱 8034 分箱　邮编 100088
网　　址	http://www.cuplpress.com (网络实名：中国政法大学出版社)
电　　话	010-58908289(编辑部) 58908334(邮购部)
承　　印	保定市中画美凯印刷有限公司
开　　本	720mm×960mm　1/16
印　　张	19.75
字　　数	325 千字
版　　次	2020 年 8 月第 1 版
印　　次	2020 年 8 月第 1 次印刷
定　　价	79.00 元

前言
PREFACE

党的十九大报告指出："青年兴则国家兴，青年强则国家强。青年一代有理想、有本领、有担当，国家就有前途，民族就有希望。"无数的历史实践证明，青年对理想的不懈追求，始终与振兴中华民族的历史进程紧密相连。习近平总书记考察中国政法大学时强调："中国的未来属于青年，中华民族的未来也属于青年。青年一代的理想信念、精神状态、综合素质，是一个国家发展活力的重要体现，也是一个国家核心竞争力的重要因素。"培养具有深厚家国情怀、开阔国际视野的青年马克思主义者，为建设中国特色社会主义、实现中华民族伟大复兴的中国梦提供源源不断和强大的智识支持，是高校立德树人根本任务的要求。

为深入学习贯彻习近平新时代中国特色社会主义思想，培养新时代广大青年学子的使命感与责任感，在实践中深化理论认识，牢固树立"四个自信"，成为坚定的青年马克思主义者，中国政法大学研究生工作办公室与马克思主义学院积极创新研究生思想政治工作方式，将思想政治理论课堂教学与社会实践育人紧密结合，面向全体研究生开展假期优秀实践调研报告征集活动，由学生自主申报、自主选题，由思想政治理论课教师全程指导，引导在校研究生紧扣"坚持和发展中国特色社会主义"这个主题，利用假期深入农村、街道、社区、企业等基层一线，以亲身实践感受国家社会的发展进步，关注国情社情和民生热点，结合自身的专业特长，运用马克思主义的观点分析经济社会发展、法治建设、地方治理的成绩和问题等，提出政策举措的意见建议。该活动自 2017 年寒假举办以来，迄今已经连续举办七届，收集各类调研报告近三百篇，本书便展示了调研报告征集活动的部分优秀成果。

中国政法大学被誉为"中国法学教育的最高学府""中国人文社会科学领

域的学术重镇",是国家法学教育和法治人才培养的主力军,同时学校多学科和跨学科的人才培养模式也为社会输送了一大批人文社会科学人才。本书立足中国政法大学的独特学科优势和人才优势,凝练我校多年来的实践成果与理论经验,以期为中国青年马克思主义者的培养提供一定的借鉴;同时亦抛砖引玉,希望能够与更多的同行志士交流探讨。

往昔岁月峥嵘,未来任重道远。历史的车轮滚滚向前,青年马克思主义者的实践培养必然不断攀升新的高度,但这又是一条艰辛漫长的道路。每一个新的时代,都是对党新的考验,也对青年马克思主义者提出新的要求。这也就敦促广大青年马克思主义者不忘初心,牢记使命,志存高远,脚踏实地,坚持从实际出发,努力深入基层、深入实践,找真问题,做真事情,从而"勇做时代的弄潮儿,在实现中国梦的生动实践中放飞青春梦想,在为人民利益的不懈奋斗中书写人生华章"!中国政法大学亦将持之以恒,总结经验,立足特色,发挥优势,将青年马克思主义者的培养工作践行到底!

本书的出版离不开各编委的辛勤付出,也离不开各位领导、老师、学界同行的指点,在此谨致谢忱。成书过程难免挂一漏万,敬请各位读者朋友批评指正。

编　者

2020 年 3 月

目　录/CONTENTS

"北派传销"的形成原因及其防治对策研究

——以天津市静海区 84 份判决书为切入

刘甜甜*

摘　要： 天津市静海区作为北派传销的起源地，现已呈现重度沦陷状态，李文星事件使大众再次将目光聚焦于此。所以，笔者欲通过对天津市静海区 84 份判决书的数据进行统计和分析，从罪名种类、刑罚长短、被害人年龄等七个方面提炼出静海区所出现的传销的特点，并以此为依据，从人文地理、司法、执法和个人意识四个方面对出现此特点的原因进行分析。此外，为"对症下药"，有针对性地提出了建设长效机制、完善立法和加强宣传力度三个方面的解决措施，以推动静海区向减少和取缔传销的目标发展。

关键词： 传销活动　出现原因　综合治理

2017 年 7 月，东北大学毕业生李文星被发现死于天津市静海区国道旁的一个水沟里，985 大学毕业生的身份使民众对其的不幸死亡深感遗憾与悲痛。接连几日，此事件都居于微博热搜榜首，并由此引发了一系列连锁反应，民众因猖獗无比的各类传销事件对社会安定与公民人身、财产安全的荼毒而感到无比激愤与深恶痛绝。无疑，李文星事件的发酵使不绝于耳的传销案件再次处于风口浪尖之上，要求彻底整治传销的呼声不断扩大并达至顶峰。况且，李文星事件的发生地——天津市静海区出现的传销事件已不是个案，其作为传销分子的主要盘踞地现已呈现重度沦陷状态，屡禁不止。天津市静海区的传销属于"北派传销"，主要针对经济实力薄弱的人群，在发展新成员后，进

---

* 刘甜甜，中国政法大学证据科学研究院 2019 级博士研究生。

行"家长式"管理，吃大锅饭、睡地铺、集中上课，串门洗脑，属于低端传销。[1]实际上，自 2004 年至今的 14 年间，媒体对静海区官方打击传销的报道几乎从未断绝，每次报道的事件都令人震惊和愤怒。此地之所以呈现如此态势，与当地的地理位置、经济发展与立法状况等多种因素有着密切关系。故此，笔者借助假期实践调研之契机，以家乡天津市静海区相关资源为支撑，对静海区的传销问题进行了实践与调研，并对基本数据进行了统计与分析，在此基础上，与自身的法学专业知识相结合，对如何治疗这个巨大的社会毒瘤建言献策，最终以以下调研报告的形式呈现。

一、调研方法之简介

首先，本调研主要以对判决文书数据整理、分析的方式展开。具体如下，以中国裁判文书网为主要依托，运用高级检索功能，共输入了传销、刑事案由、天津市静海区（县）法院、基层法院、刑事案件、一审、判决书七个关键字，共检索出 86 个案例，其中 2 份虽然包含"传销"字样，分别是案号为（2014）静海刑初第 363 号的洪某、张某抢劫一案与案号为（2015）静海刑初第 129 号的薛某抢劫一案，两者都是被告人通过冒充警察的形式对传销窝点进行抢劫，与本文所研究的主题无关，故将此两个案例剔除，所以研究可用样本实则为 84 份。笔者以此为基础，对静海区发生的传销事件且被判刑的案件有了一个基本的掌握，根据判决书中的事实描述部分，对静海区出现的传销案件进行了分类整理，归纳出了传销案件呈现出的特点。其次，笔者借助同学资源，与在天津市静海区人民法院刑庭就职的两名助理法官进行面对面座谈，通过与其座谈了解了一些判决书中无法体现的内容和材料，得以对司法实践中的做法有了进一步的了解。最后，笔者设计了一份以传销为主题的调查问卷，仅在天津市静海区某小区内小范围地发放，但因主题的敏感性以及天气寒冷等原因，效果不尽人意，路人皆是借故推辞或不认真作答，所以笔者并未对此数据进行分析。

二、判决数据之分析

通过对裁判文书网案例的统计整理，搜集了如下七个变量的数据，以分

---

[1] 郁政宏、张德琴：《地下传销现状及综合治理对策研究》，载《前沿》2016 年第 9 期。

别描述传销定罪在实践中的基本样态。

第一，就罪名而言，通过对裁判文书网站上 84 份判决书的分析，了解到对从事传销活动的人员主要以组织、领导传销活动罪、非法拘禁罪、故意伤害罪和抢劫罪四类罪名定罪处罚。自 2014 年初至 2017 年底，以组织、领导传销活动罪定罪处罚的仅有 1 例，以非法拘禁罪定罪处罚的有 78 例，以故意伤害罪定罪处罚的有 1 例，以抢劫罪定罪处罚的有 4 例。各罪名案件占案件总量的比例分别为 1.19%、92.86%、1.19%、4.76%。可以看出，非法拘禁罪成为惩罚与遏制猖狂的传销势力的主要依据，而组织、领导传销活动罪作为与传销活动直接相关的罪名却"孤军奋战""势单力薄"，不由地让我们反思以非法拘禁罪定罪处罚的原因何在。

表 1　2014—2017 年定罪罪名

罪　名	案件数量/件	占案件总量的比例/%
组织、领导传销活动罪	1	1.19
非法拘禁罪	78	92.86
故意伤害罪	1	1.19
抢劫罪	4	4.76

第二，就被告人数而言，有 18 起案件的被告人只有 1 人，占 84 起案件总数的 21.43%，剩余的 66 起案件均是以共同犯罪的形式出现，其中有 2 起案件的涉案人员多达 10 人，此数据说明传销活动多以团体模式开展。同时，根据判决书中的描述，传销组织内部分工明确，等级森严，人员"各司其职"，并辅以病态的内部纪律。这也是传销组织始终难以被彻底根除的一个重要原因。

第三，就判处的刑罚而言，多数都是时间较短的自由刑，仅有个别案件并处罚金。其中被判处 1 年以下有期徒刑的案件数量为 35 件，占案件总数量的 41.67%；被判处 5 年以上有期徒刑的案件数量为 2 件，占案件总数量的 2.38%；被判处的刑期在 1 年至 5 年之间的案件数量为 47 件，占到案件总数量的 55.95%。可见，案件被判处刑期在 1 年至 5 年之间为最常态。虽然将 1 年至 5 年划为一个区间，但是 1 年至 2 年之间的案件数量是最多的。可见，对传销的刑罚一般较轻。

表2　2014—2017年所判刑期

刑　　期	案件数量/件	占案件总量的比例/%
1年以下	35	41. 67
1年至5年	47	55. 95
5年以上	2	2. 38

　　第四，就案件的来源种类而言，根据发现主体的不同可以分为四种：一是公安机关在开展例行检查时发现的；二是群众、家属、朋友报案，公安机关以其为线索发现的；三是受害人逃出后报案的；四是涉案传销人员主动投案的。因84份判决书中有1起对案件的来源种类记载不明，所以仅以83份案例为基础进行分析。具体来说，公安机关积极履行职能发现的案件数量为36件，占总数的43.37%；以群众、家属、朋友报案形式立案侦查的案件为30件，占总数的36.14%；受害人逃出后报案的案件数量为14件，占总数的16.87%；传销人员主动投案的案件数量仅为3件，占到案件总量的3.61%。通过对上述数据的统计可以看出，发现案件最主要的渠道是公安机关主动检查，其次是群众、家属、朋友的报案，再次是受害人逃出后自己直接向公安机关求助，而传销人员主动投案的情况微乎其微，数量是最少的。可见，公安机关仍然是抗击传销活动的中流砥柱。

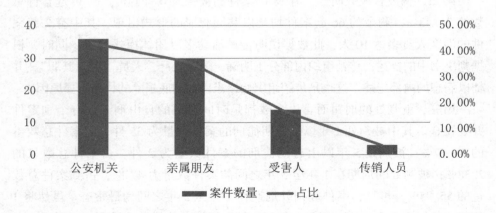

图1　传销案件的发现主体统计图

第五，就是否通过传销来骗取被害人的钱财而言，统计的数据有些令人意外，仅有 5 个案件骗取了受害人的钱财，仅占案件总数的 5.95%，而剩余 79 个案件中虽然有个别案件在判决书中涉及金钱数额，但多是赔偿金额，即传销人通过赔偿受害人来换取刑罚的减轻。这也是"北派传销"的一个重要特征，即其是以发展人头为主要活动内容的低端传销。

第六，就案件判决时间而言，首先需要明确的是，因判决时间和案件发生时间存有一定时间差，笔者是以判决时间来界定当年的传销案件发生数量的。根据统计数据显示，2017 年因传销原因入刑的案件有 50 件，占案件总数的 59.52%；2016 年因传销原因入刑的案件有 18 件，占案件总数的 21.43%；2015 年因传销原因入刑的案件有 11 件，占案件总数的 13.10%；2014 年因传销原因入刑的案件有 5 件，占案件总数的 5.95%。可见，传销入刑的案件数量在逐年递增。其中，2017 年的传销案件入刑量是 2016 年的 2.8 倍，呈现大幅度增长趋势。需要注意的是，我们应当中立、客观地看待此现象的出现。一方面，这说明有关机关惩治传销的决心和力度在加强，并极具成效；但另一方面，也说明传销势力确实是日益蔓延，十分猖狂。

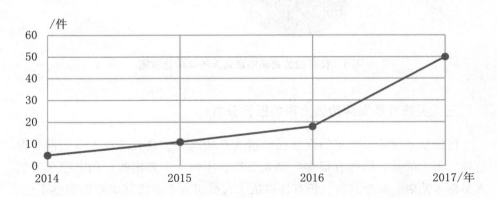

图2　传销案件入刑数量年份统计图

第七，就被告人的年龄而言，根据《最高人民法院关于人民法院在互联网公布裁判文书的规定》第 11 条的规定，人民法院在互联网公布裁判文书，应当保留当事人的出生日期。但因裁判文书上网在司法实践中的不规范操作，虽然年龄不属应当删除的内容，但有 26 个案件的被告人年龄被删除。因此，可以用以统计的数据仅有 58 个案件。其中，仅有 1 起案件的被告人为 60 后，90 后人群成为传销案件的"主力军"，虽然有 17 起案件的嫌疑人为 80 后，但都是 1988 年或者 1989 年出生，可见青年人尤其是 90 后群体成了涉嫌传销的主要人群。

　　根据上述案例的统计分析，可以对天津市静海区的传销现状做如下总结：①非法拘禁罪是惩戒传销人员的主要手段；②传销活动的开放性导致涉案人员多，多以共同犯罪的形式进行；③对涉案人员判处刑罚较轻，多是 3 年以下刑罚，少数并处罚金；④发现途径多样，但公安机关的例行检查作用最大；⑤案件数量逐年增多，打击传销活动形态险峻；⑥涉案对象低龄化态势显著，以 90 后或者 1988、1989 年出生的人群为主。

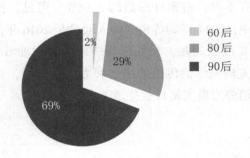

图 3　传销相关犯罪中被告人的年龄分布图

三、天津市静海区传销出现的原因分析

　　传销活动虚伪又神秘的面纱已经被大众所揭开，其丑态在大众面前日渐清晰。不幸的是，仍然有很多传销人员执迷不悟，不知悔改；仍有很多受害人员落入陷阱、深受其害；仍有许多执法人员因为不能将其根除而困惑不已、不知所措。为了彻底地解决上述问题，我们必须溯果及因，掌握传销活动肆意泛滥的主要症结，然后对症下药、彻底将其根除。所以，笔者将以法律专业知识和调研的数据为支撑，从人文地理、司法、执法和个人意识四个方面探讨静海区传销出现的主要原因。

　　（一）人文地理层面：紧邻京津，蒙蔽效果较强

　　首先，静海区作为天津市的市辖区，毗邻北京市，独具地理优势，给人

一种经济发展、就业机会丰富的表面印象，这无疑为传销组织"高薪招聘"受害者提供了"可信度极高"的借口。其次，根据2015年、2016年天津市各区GDP排名的数据显示，静海区在15个区县中经济排名分居第10名和第9名，处于中等偏下的水平，这导致静海区周边村落和城乡接合部仍普遍存在，基础设施并不完备，尚存有许多偏僻且隐蔽、公共安全未有保障的出租房，不易被发现的地理位置和廉价的租金完美地迎合了传销组织对窝点选择的要求。最后，在问卷发放过程中发现，静海区民风淳朴、民众热心助人，对传销案件的危害意识不强，非但没有共同抵制，反而因为房屋租赁等带来的经济收入而乐于提供场地支持。

（二）司法层面：罪名较轻，惩戒作用较小

学术界对传销犯罪行为如何定性主要存在两种看法：一是用组织、领导传销活动罪涵盖所有的传销犯罪行为，而非法拘禁、诈骗等作为量刑情节予以考虑；二是采用"基础犯罪+相关犯罪"的模式。[1]但根据上述分析数据显示，我国对两种模式都未采纳，除了1起犯罪以组织、领导传销活动罪定罪外，其余绝大部分都是以非法拘禁罪对传销犯罪行为进行定性，这无疑在侧面反映出适用组织、领导传销活动罪的困难程度。我们不禁质疑，实践中为何不采用与传销活动直接相关的"领导、组织传销活动罪"进行处罚？笔者认为，这是因为公安机关逮捕的犯罪嫌疑人多为传销组织最底层的人员，其主要工作是通过限制人身自由的方式发展人头、尚未涉及金钱诈骗。可见，底层传销人员的行为确实更符合非法拘禁罪的构成要件，而且，通过非法拘禁罪定罪也可以起到阻吓传销人员、稳定社会治安的效果。另外，组织、领导传销活动罪的构成主要有四个基本特征，分别为拉人头、收入门费、组成层级、骗取财物，但构成这四个特征的犯罪嫌疑人多为组织中层级较高的人员，这些人员隐蔽性较强，逮捕难度较大。所以，公安司法机关转变思路，通过非法拘禁罪的形式对传销人员进行定罪。根据《中华人民共和国刑法》（以下简称《刑法》）第224条之一的规定，组织、领导传销活动罪的量刑为5年以下有期徒刑或者拘役，并处罚金；对于情节严重的，处5年以上有期徒刑并处罚金，而非法拘禁罪以处3年以下有期徒刑、拘役、管制或剥夺政治

----

〔1〕 邵贞、郑兆利：《议传销行为的罪名适用》，载《政法学刊》2016年第5期。

权作为基准刑。这就是为何对令人深恶痛绝的传销行为仅能判处非法拘禁罪、处以较短刑期的重要原因，而正因为刑期较短，对"顽固"的传销人员的教育和惩戒作用并不明显。

（三）执法层面：突击为主，效果无法持续

李文星事件发生之后，天津市静海区立即表态，提出"决战 20 天，彻底根除传销顽疾"的口号，并成效不凡。在一天的时间内，出动执法人员 2000 余人，排查村街街区 418 个，发现传销窝点 301 处，清理传销人员 63 名。[1] 这也在侧面反映出静海区应对传销组织的主要方式是突击式清除，而没有建立常态可持续的工作机制，无疑是为传销活动提供了兴风作浪的温床。申言之，若无法一次性地将传销组织斩草除根，就必须多次、规律性地进行取缔活动，因为传销组织的顽固性、洗脑性容易使受害人深陷美好的幻想之中而无法自拔，在短暂地消失躲过风头之后，传销人员的已有"信念"又会指引其重回传销窝点，再次危害社会。而且，传销组织有极大的迷惑性，多通过"合法"化的外衣进行自我包装，在迷惑受害人的同时躲避法律的制裁，如传销组织的头目十分"神秘"，与下线多以电话或其他不易产生证据的形式进行沟通，若没有系统化、体系化的检查机制，仅靠突击，只能取缔一些明显、正在进行的传销活动和抓获一些组织地位较低的传销人员，而无法彻底切断整个传销链条，根除传销组织。

（四）个人意识：初入社会，防范意识薄弱

诚如上文所言，传销相关犯罪的被告人多为 1988 年、1989 年或 1990 年以后出生的青年人。这显然与他们薄弱的自身意识密不可分。此年龄段的被告人多是刚大学毕业或者是仍处于在读过程中，初出茅庐，涉世不深，在巨大的就业压力和心理落差下，看到高薪又轻松的工作必然会趋之若鹜。传销组织便紧抓年轻人这种急切的求职心理，通过虚假、不正规的高薪噱头向其抛出橄榄枝，并将其身边的朋友、同学或亲属作为主要目标，以介绍工作为主要借口，辅以网友见面或者相约旅游等理由打消其顾虑，将其骗至传销窝点，然后对这些受骗人员进行人身控制，切断一切通信手段，强行进行洗脑、消磨意志，若是此方法并不奏效，甚至以恐吓、威胁或人身伤害等方法强行

---

〔1〕《李文星误入传销组织经过曝光！天津市静海区决战 20 天 根除辖区传销组织》，载新浪网，http://news. sina. com. cn/o/2017-08-06/doc-ifyiswpt5663772. shtml，最后访问日期：2018 年 3 月 5 日。

控制受害者，直至被害人"忠诚"于传销组织。除此，根据数据显示，与传销有关的犯罪多是以共同犯罪的形式出现，这与传销组织的内部工作机制也存有紧密的因果关系。申言之，传销组织为稳固其成员，也通过等级制来"激励"传销人员，一方面，促使旧成员积极发展新成员；另一方面，也防止内部纪律涣散，维持现有体系。

四、天津市静海区传销问题的消解路径

2016年12月，公安部发布消息，当年公安机关共立案侦办传销案件2826起，同比上升19.1%，急剧增长的传销案件数量是我们治理不得法的一个重要表现，急需我们进行系统反思并提出可行的解决方法。无疑，这也是为深入贯彻习近平总书记关于全面依法治国的重要讲话，主动适应经济发展新常态、坚决打击传销等涉众经济犯罪的一个重要表现。[1]与此同时，笔者想着重指出，上述的原因并不是孤立存在的，各个原因之间又是相互关联、相互影响的，在几个要素的综合作用下才会产生传销屡禁不止的现象。所以，笔者并不想泛泛而谈，而是想紧抓核心、深入地提出设想，从以下三个方面提出建议，为防止家乡天津市静海区再次落入"传销"窠臼建言献策。

（一）因地制宜：建立长效机制，多部门联合打击

长效机制的建立将会成为根治传销"毒瘤"的一剂良药。具体而言，首先，静海区应当将传销列入政府综合治安管理的重点考核内容，在公安机关和工商部门之外成立专门打击传销的综合执法队，每周至少开展1次打击传销行动，从气势和频率上压垮传销组织。其次，狡猾隐蔽的传销活动要求执法部门必须创新工作方式，如开展凌晨打击传销集中清理行动，让传销人员猝不及防、无法逃脱。再次，不能仅仅满足于暂时的打击成果，责任机关还应当增加回查传销和日常检查的频次，对打击清理成果进行巩固，彻底清除根基。毋庸置疑，任何一个孤立的部门在强大的传销势力面前都是形单影只的，这就要求各个责任部门联动合作、实现部门之间的信息互通，在公安机关和工商部门的牵头之下，居（村）委会、检察院、法院共同行动，于纵深

---

　〔1〕《以习近平总书记系列重要讲话精神为指导 在"四个全面"战略布局中谋划推进检察工作》，载人民网，http://legal.people.com.cn/n/2015/0707/c42510-27268441.html，最后访问日期：2018年3月3日。

方向开展打击传销活动。如，居（村）委会、小区物业应当定期走访出租房，发现传销行动应当及时举报，向公安机关和工商部门提供线索，不给传销组织留下任何泛滥的机会。另外，执法部门还应当深入传销组织的腹部，对传销组织的核心人员进行处罚和惩治，剔除组织的主心骨，达到组织自行衰弱和消亡的理想效果。然而，高级别的传销人员具有更强的隐蔽性和反查处能力，若想将其剔除，不仅要求执法部门提高自身的工作能力，还应当善用强大的民众力量、发挥反传销民间组织的作用，配套相应举报奖励制度，鼓励民众提供线索和信息，以此弥补责任部门信息匮乏的短板。

（二）统筹规划：完善法律法规，提高震慑作用

传销在天津市静海区的泛滥并不是个案现象，其已经蔓延到全国上下。因此，这就要求我们不能仅立足于静海区的特点提出改革措施，还要站在更广阔的法律层面统筹规划、提出意见。具体而言，2009 年，《刑法修正案（七）》规定了"组织、领导传销活动"这个新罪名，无疑是传销立法上的一次重要举措，彰显了国家打击传销活动的重要决心。然而，正如上文所述，该罪名在司法实践中的使用率并不乐观。这除了与抓捕到的犯罪嫌疑人、被告人的低层级有关，还与该罪名适用标准的高设置密不可分。根据《最高人民检察院、公安部关于公安机关管辖的刑事案件立案追诉标准的规定（二）》第 78 条的规定，涉嫌组织、领导的传销活动人员在 30 人以上且层级在三级以上，才可以对组织者、领导者立案追诉。30 人和三级的设置在司法实践中的实现难度系数较高，因为各方对如何判断三级各执一词，而且传销人员并不会直接与组织和领导人员接触联系，如何组织 30 名下属指认该"头目"也是十分困难的。所以，为了使组织、领导传销活动罪能够真正起到惩罚传销头目的作用，应当降低该罪名的适用门槛。同时，还应当通过司法解释，对各层级传销人员、普通参与者和为传销提供便利人员的处罚条件予以明确，增加惩罚力度。[1]通过法律的优化和完善实现对各级传销人员的全方位治理，以实现刑罚震慑作用的最大化。

（三）耳濡目染：加强宣传力度，实施心理疏导

大学生身陷传销组织事件的接连发生说明反传销意识与学历的高低并不

---

〔1〕 郁政宏、张德琴：《地下传销现状及综合治理对策研究》，载《前沿》2016 年第 9 期。

存在直接、必然的联系，如何切实、有效地提高自身防范意识才是重中之重。笔者认为，为抑制不良态势的继续蔓延，必须切实提高潜在受害者的防范意识。具体来说，静海区应当建立多层次、有针对性的宣传和教育策略。针对不同的主体，相应调整宣传重点，如针对房屋出租方，重点介绍房屋出租登记的重要性，使《禁止传销条例》中规定的"谁出租谁负责"原则深入人心，即若房主明知在出租屋内从事传销活动而不禁止、报告的，应查处房屋出租人，并没收违法所得并处罚款，对于情节特别严重的，告知其可能面临刑事处罚，以制裁性的效果阻吓不法出租行为。针对普通民众，定期在村、小区中开展如何防范传销的宣传活动，如公开传销的影像资料、介绍典型案例，让民众以身临其境之感明白传销组织的危害性，使其不敢舍身迈进雷池。针对在读学生，责任部门和负责院校应当切实履行教育义务，在课余时间加大宣传力度，不能仅将宣传范围限定于传销的危害性，还应当设立专门的通识课程帮助在读学生树立正确的财富观念，将一夜暴富的扭曲心态掐死在萌芽中。同时，随着科技的发展，新媒体如微博、微信公众号成了人们获取信息的主要平台，因此，静海区可以建立专门的微博或微信公众号，定期推送与反传销相关的信息或案例，在潜移默化中提高民众的意识。最后，笔者认为，需要建立针对传销受害者的回访机制，不能简单地训诫传销人员后，就其遣散或送回原籍，应当设立专门档案，聘请专业人员对其进行心理疏导和教育工作，最大限度地防止其回流入传销组织。

结　语

传销就是一剂"经济毒品"，一旦染上，戒除之路漫漫，各个机构任重而道远。虽然笔者对家乡的传销事件早有耳闻，但通过调研之后才发现其态势如此严重。传销非但没有被彻底遏制，反而衍生出了新的副产品——提供传销线索的钱货交易，若不及时整治，将对静海区经济发展和社会稳定产生不小的震动。笔者深知自身能力有限，不敢奢求凭己之力解决由来已久的传销问题，但求能够引起相关部门的重视，转变思路，为根除静海区的传销势力而有所行动！

山区县市滥伐林木犯罪的成因及防治对策

——以湖北省 Y 县为例

黄陈辰*

摘　要： 近年来，随着木材市场需求量的急剧增加，滥伐林木案件频繁发生，尤其是在森林资源丰富的山区县市，更是达到一个峰值。从对作为典型山区县的 Y 县近年来发生的滥伐林木案件的统计分析结果来看，山区县市滥伐林木案件具有作案季节性强、地域性强、被告人文化程度低、法治意识弱、涉案林木数量少、处罚相对宽缓等特征。山区县市滥伐林木案件多发的原因主要有山区居民收入来源单一、非法收购木材形成销赃渠道、市场和行政管理僵化、监管难度大等，应该从发展农村新能源、扩展村民就业渠道、增强法治意识、完善监管体系等方面加以应对与解决。

关键词： 滥伐林木犯罪　数据统计　成因　防治对策

一、问题的提出

湖北省 Y 县作为一个典型的山区县城，具有山地丘陵多、森林覆盖率高等特点，素有"小林海"之称。一直以来 Y 县环境秀丽、风景优美，但近些年频繁发生的滥伐林木案件却在这片郁郁葱葱的土地上划出一片片丑陋的伤疤，严重破坏了当地的森林资源。虽然有关监管与执法部门严厉打击相关的违法犯罪行为，但该现象仍然屡禁不止，未得到根治。适逢 2017 年两会期间环保成为主要议题之一，政府工作报告着重强调要深化生态文明体制改革，推进生态保护和建设，故笔者决定以 Y 县近年来发生的涉嫌滥伐林木罪的案

＊ 黄陈辰，中国政法大学刑事司法学院 2018 级博士研究生。

件为对象进行相关案例、判例的数据收集、统计与分析，研究以 Y 县为代表的山区县市发生的涉嫌滥伐林木罪的案件的特点、成因并探求解决对策，以期为 Y 县及其他山区县市滥伐林木案件的治理与预防提供依据，打下基础。

二、基于判例的数据统计

（一）判例来源及收集

1. 判例来源

本文所依据的判例来源于线上、线下两个部分，线上主要来源于"中国裁判文书网"，"北大法宝"，Y 县人民法院、人民检察院及森林公安局官方网站，线下主要来源于笔者在 Y 县人民法院、人民检察院和森林公安局查询到的相关资料。

2. 判例收集过程

为获取近年来 Y 县发生的涉嫌"滥伐林木罪"的相关判例，笔者采取实地调研与网上查询相结合的方法。首先，笔者前往 Y 县人民法院、人民检察院以及森林公安局，采访相关工作人员并查询可以公开的案件数据信息；其次，笔者前往 Y 县滥伐林木罪多发的乡镇进行走访，通过询问当地林业工作人员，了解滥伐林木犯罪发生的原因以及当地所采取的相关防治措施；再次，笔者深入森林资源丰富的村镇进行调研，采访村民，了解当地居民对木材的需求情况以及相关替代措施（例如沼气、光伏等）的实施现状；最后，笔者在"中国裁判文书网"、Y 县人民法院、人民检察院官方网站上分别输入关键词"《中华人民共和国刑法》第 345 条""滥伐林木罪"进行检索，在查询结果中筛选，将所有查到的判决书、起诉书下载。另外有些案件由于未审结、判决书未上传等原因，无法查询到相关法律文书，故笔者利用"百度""360"搜索引擎查询关键词"Y 县+滥伐林木罪"，搜索到部分案件，但因无法保证收集到全部未上传判决的案件，故属于不完全收集。因此，本文数据的整理分析建立在目前可以查询与收集到的判例之上。

（二）统计指标的确定

根据裁判文书提供的信息以及待研究的问题，本文设定如下数据统计指标：

1. 指标一：历年案件数量

通过统计近年来 Y 县发生的滥伐林木案件的数量可以了解该县大致的滥伐林木案件发案量以及案件数量的逐年变化趋势，以明确当前该类犯罪的基本态势，进而提出相应的治理、预防犯罪的对策。需要注意的是，本文统计的仅是案件的处理时间，而并非被告人的作案时间。

2. 指标二：被告人作案月份

Y 县森林覆盖率高且绝大多数林地位于山地、丘陵地带，离城镇较远，再加上行为人滥伐林木一般采取相对隐蔽的方式，因此林业部门很难及时发现犯罪行为，监管和巡查的难度较大。通过对被告人作案月份的统计分析，可以大致掌握滥伐林木案件高发的月份或者季节，这样相关执法部门可以根据此信息在犯罪高发的时间段进行专项治理，获得更好的犯罪查处和预防效果。

3. 指标三：涉案林木立方数

《中华人民共和国刑法》（以下简称《刑法》）第 345 条第 2 款规定："违反森林法的规定，滥伐森林或者其他林木，数量较大的，处 3 年以下有期徒刑、拘役或者管制，并处或者单处罚金；数量巨大的，处 3 年以上 7 年以下有期徒刑，并处罚金……"可见，关于滥伐林木罪，法律设定了两档量刑幅度，相对应两种犯罪情节，即滥伐林木的数额达到"数额较大"或"数额巨大"。收集并统计 Y 县滥伐林木案件中的涉案林木数量能够有助于了解该县此类案件的社会危害性程度，以便有针对性地提出相应的对策、建议。

4. 指标四：被告人作案原因

被告人的作案原因即被告人缘何滥伐树木，也就是其作案的动机。作为犯罪构成要件中的主观要素，其影响行为人的主观恶性及其行为的社会危害性，对于行为人刑事责任的认定具有重大作用，因此本文将其作为数据统计的指标之一。

5. 指标五：作案地域

Y 县下辖七个乡镇，县域面积 1752 平方公里，范围较广，监管难度较大。统计滥伐林木案件的发案地域并找出高发地区，有利于相关执法部门划定重点监管区进行监管。

6. 指标六：被告人情况

被告人的职业及其文化程度对其法律常识、法治意识、人身危险性程度等具有巨大的影响，因此本文将其作为数据统计的指标之一，以期统计出被告人的主要职业与文化程度，为后续犯罪原因的分析与对策的提出奠定基础。

7. 指标七：违法方式

滥伐林木的违法方式主要有四种，即无证采伐、超额采伐、超期采伐、采伐时间、地点等与采伐许可证上的内容不符。四种情况下行为人的主观恶性及其行为的社会危害性不同，相关的原因与对策也各不相同，因此本文将其作为指标之一，以期进行类型化分析，有针对性地提出对策、建议。

8. 指标八：案件处理结果

《刑法》第345条第2款规定的针对滥伐林木罪的刑罚种类有管制、拘役、有期徒刑、罚金，通过统计相关判例中的处理结果，分析实践中此类案件主要判处的刑罚种类，进而根据发案情况判断实践中的处理方式是否适当，是否需要引入其他非刑罚处理措施等。

（三）数据统计

笔者在 Y 县人民法院、人民检察院和森林公安局共查询到 2010—2016 年 Y 县涉嫌"滥伐林木罪"的判例 40 余件，另通过"中国裁判文书网""北大法宝""百度""360"等网站也搜索到数件涉嫌"滥伐林木罪"的案例。本文依照前述八个数据统计标准，对这些判例、案例进行如下统计：

1. 历年案件数量

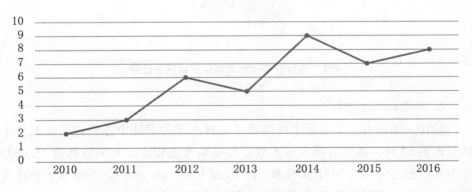

图1　2010—2016 年 Y 县滥伐林木刑事案件数量统计图

2010—2016 年，Y 县共发生涉嫌滥伐林木罪的案件 40 起，其中各年份发生的案件数量及其所占比重分别为：2010 年发生 2 起，占全部案件的 5.0%；2011 年发生 3 起，占全部案件的 7.5%；2012 年发生 6 起，占全部案件的 15.0%；2013 年发生 5 起，占全部案件的 12.5%；2014 年发生 9 起，占全部案件的 22.5%；2015 年发生 7 起，占全部案件的 17.5%；2016 年发生 8 起，占全部案件的 20.0%。

2. 被告人作案月份

2010—2016 年，Y 县全部涉嫌滥伐林木罪的案件当中能够查询到被告人作案月份的共 33 起，其中被告人于 3—5 月间作案的共 5 起，占能够查询到月份的全部案件的 15.2%；被告人于 6—8 月间作案的共 2 起，占能够查询到月份的全部案件的 6.1%；被告人于 9—11 月间作案的共 10 起，占能够查询到月份的全部案件的 30.3%；被告人于 12 月至次年 2 月间作案的共 16 起，占能够查询到月份的全部案件的 48.5%。

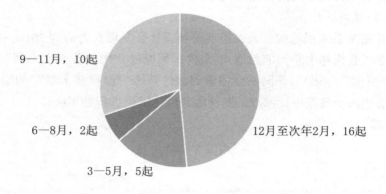

图 2 各月份滥伐林木案件发案量统计图

3. 涉案林木立方数

2010—2016 年，Y 县发生的涉嫌滥伐林木罪的案件中能查询到涉案林木数量的共 33 件，各案的涉案林木数量相差幅度比较大，其中最低为 15.6575 立方米，最高为 221.7631 立方米。以 30 立方米、60 立方米、100 立方米作为分界点将全部案件分为四个幅度，各幅度内案件数量及其所占比例分别为：涉案林木数量为 12 立方米~30 立方米的共 16 件，占能够查询到涉案林木数量的全部案件的 48.5%；涉案林木数量为 30 立方米 ~ 60 立方米的共 13 件，占能够查询到涉案林木数量的全部案件的 39.4%；涉案林木数量为 60 立方米 ~ 100 立方米的共 1 件，占能够查询到涉案林木数量的全部案件的 3.0%；涉案林木数量为 100 立方米以上的共 3 件，占能够查询到涉案林木数量的全部案件的 9.1%。根据《湖北省高级人民法院关于确定盗伐林木罪、滥伐林木罪数额认定标准的通知》第 2 条的规定，数额较大的共 29 件，占 87.9%；数额巨大的共 4 件，占 12.1%。

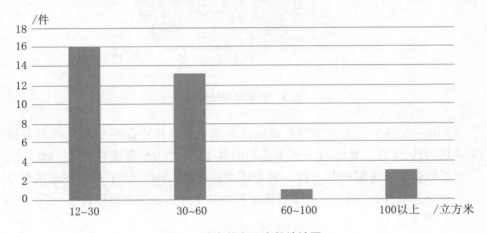

图 3　涉案林木立方数统计图

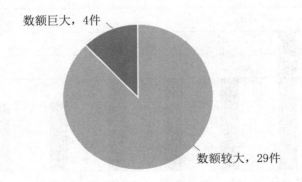

图 4　犯罪情节统计图

4. 被告人作案动机

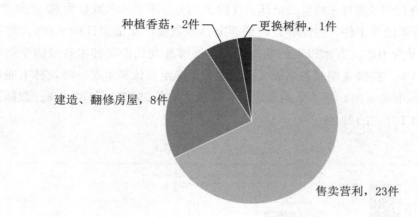

图5　作案动机统计图

2010—2016 年，Y 县全部涉嫌滥伐林木罪的案件中能够查询到被告人作案动机的共 34 件，其中为了售卖营利的共 23 件，占全部案件的 67.6%；为了建造或者翻修房屋的共 8 件，占全部案件的 23.5%；为了种植香菇的共 2 件，占全部案件的 5.9%；为了更换树种的共 1 件，占全部案件的 2.9%。

5. 作案地域

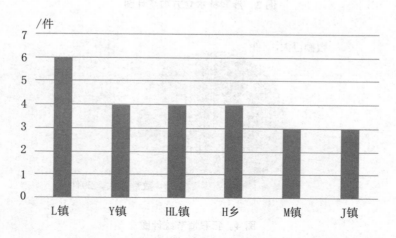

图6　各乡镇案件数量统计

2010—2016 年，Y 县全部涉嫌滥伐林木罪的案件中能够查询到被告人作案具体地点的共 24 件，其中 L 镇 6 件，占全部案件的 25.0%；Y 镇、HL 镇、H 乡各 4 件，分别占全部案件的 16.7%；M 镇、J 镇各 3 件，分别占全部案件的 12.5%。

6. 被告人情况

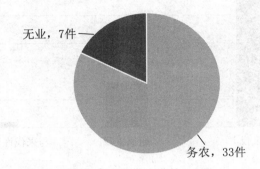

图 7 被告人职业情况统计图

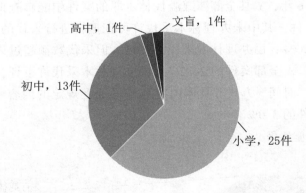

图 8 被告人文化程度统计图

2010—2016 年，Y 县全部涉嫌滥伐林木罪的案件中能够查询到被告人职业情况与文化程度的共 40 件，其中被告人职业为务农的共 33 件，占全部案件的 82.5%；被告人为无业的共 7 件，占全部案件的 17.5%。被告人文化程度为文盲的共 1 件，占全部案件的 2.5%；被告人文化程度为小学的共 25 件，占全部案件的 62.5%；被告人文化程度为初中的共 13 件，占全部案件的

32.5%，被告人文化程度为高中的共 1 件，占全部案件的 2.5%。

7. 违法方式

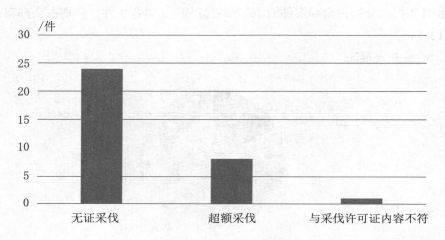

图 9　被告人违法方式统计图

2010—2016 年，Y 县全部涉嫌滥伐林木罪的案件中能够查询到被告人违法方式的共 33 件，其中未办理林木采伐许可证擅自进行采伐的共 24 件，占全部案件的 72.7%；已办理林木采伐许可证，但采伐数额超过许可证上规定数额的共 8 件，占全部案件的 24.2%；已办理林木采伐许可证，但采伐树木的种类、位置、时间、方式等具体内容与许可证上规定的内容不一致的共 1 件，占全部案件的 3.0%。

8. 案件处理结果

图 10　案件处理结果统计图

2010—2016 年，Y 县全部涉嫌滥伐林木罪的案件中能够查询到案件处理结果的共 40 件，其中尚未判决的共 1 件，占全部案件的 2.5%；单处罚金的共 2 件，占全部案件的 5%；检察院作出不起诉决定的共 9 件，占全部案件的 22.5%；判处有期徒刑并处罚金的共 28 件，占全部案件的 70.0%，判处有期徒刑并处罚金的案件中，有期徒刑为缓刑的共 24 件，占全部案件的 60.0%；有期徒刑为实刑的共 4 件，占全部案件的 10.0%。

三、山区县市滥伐林木犯罪的特点及成因

（一）山区县市滥伐林木犯罪的特点

Y 县以山地、丘陵地形为主，是一个典型的山区县，通过对 Y 县近年来发生的涉嫌滥伐林木罪的案件进行数据收集、统计及分析，我们可以从中总结归纳出山区县市滥伐林木案件的相关特点：

1. 屡禁不止且发案数量整体呈上升趋势

山区县市尤其是森林资源丰富的地区，每年都会发生滥伐林木的案件，虽然发案量会出现高低起伏，但每年都会发生，且从总体上看，涉嫌滥伐林木罪的案件的发案量呈持续上升的趋势，逐步增加。以 Y 县为例，2010—2016 年七年间，Y 县每年均发生多起涉嫌滥伐林木罪的案件，且发案量虽在 2013 年与 2015 年有所回落，但总体上仍从最初的平均每年 3 件上升到平均每年 8 件，呈上升趋势。

2. 作案时间具有较强的季节性

山区县市滥伐林木案件的发生时间具有较强的季节性，大多数案件发生在秋冬两季，只有极少数的案件发生在春夏，其主要原因是：首先，冬季树木停止生长，因此树枝、树干所含水分较少，适合作为柴火使用，并且冬季农村柴火的需求量较大；其次，以木材作为原料的企业一般都在秋冬进行购买和囤积，因此这两季的木材价格会高于春夏；再次，夏季多雨水天气，再加上山区地形崎岖，采伐、运输都比较困难，而秋冬则没有这些问题；最后，一般林业资源丰富的地区会设置禁伐期，为了保护树木的生长，禁伐期一般设置在春夏，故为了降低被发现的概率，行为人多选择在秋冬作案。

3. 案发具有较强的地域性

山区县市中滥伐林木案件的发案地域与该地区的地理位置、林木资源量

等因素密切相关，绝大多数案件发生在距离城区较远、林木资源丰富的偏远山区村镇。以 Y 县为例，该县 2010—2016 年发生的全部滥伐林木案件中有 70.8% 的案件发生在 L 镇、Y 镇、M 镇与 H 乡，这四个乡镇距离 Y 县城较远且地形多为山地，居住人口较少，森林资源丰富。

4. 涉案林木数量较少

山区县市虽然一般都具有丰富的森林资源，但其地形崎岖、交通不便、砍伐与运输的难度大，因此大多数滥伐林木案件中涉案的林木立方数较少且有相当多数的案件中涉案林木数量仅刚刚超过立案标准，只有极少数案件中滥伐林木的数额达到巨大。以 Y 县为例，87.9% 的案件中涉案林木数量在 60 立方米以下，即仅达到司法解释中"数额较大"的标准，且其中一半以上的案件涉案林木数量在 30 立方米以下；只有 12.1% 的案件涉案林木立方数在 60 立方米以上，达到"数额巨大"的标准。

5. 被告人文化程度低，法治意识薄弱

山区县市发生的滥伐林木案件中的被告人普遍为农民，其文化程度低且法治意识薄弱，很多被告人没有办理林木采伐许可证的意识甚至认为自家自留山上的林木就属于自己所有，可以随意砍伐，所以才造成了如此多滥伐林木案件的发生。以 Y 县为例，该县 2010—2016 年发生的滥伐林木案件中，所有被告人均为务农或无业，其中 62.5% 的案件中被告人的文化程度为小学，32.5% 的案件中被告人的文化程度为初中。

6. 营利为主要作案动机

滥伐林木案件中被告人的作案动机多种多样，其中以售卖营利为主。以 Y 县为例，2010—2016 年发生的所有涉嫌滥伐林木罪的案件当中，被告人的作案动机主要是四种，即售卖营利、修建或改造房屋、种植香菇、更换树种，其中近七成的案件作案动机为售卖营利。

7. 无证采伐为主要违法方式

涉嫌滥伐林木罪的案件的违法方式主要有四种：无证采伐、超额采伐、超期采伐以及采伐具体内容与采伐许可证不一致，而山区滥伐林木案件的违法方式以无证采伐为主，即大多数的案件是被告人在明知自己未办理林木采伐许可证的情况下擅自砍伐林木达到数额较大的标准，只有少数案件是被告人已经办理了采伐许可证而只是采伐的数量、时间、树木种类等与许可证不相符。以 Y 县为例，2010—2016 年发生的涉嫌滥伐林木罪的案件中，72.7% 的案件属于无证采伐，只有 27.2% 的案件为超额采伐、内容不符，没有超期采伐的案件。

8. 处罚相对宽缓，恢复措施缺乏

刑法规定的滥伐林木罪的法律后果有管制、拘役、有期徒刑及罚金，实践中绝大多数的案件判处的都是有期徒刑的缓刑并处罚金，且还有相当一部分的案件仅处罚金或者检察院直接作出不起诉的决定，真正判处有期徒刑实刑的案件很少，也就是说在绝大多数涉嫌滥伐林木罪的案件中并没有剥夺行为人的人身自由，而只是在一定程度上限制其自由并处以财产刑，故相对来说比较宽缓。另外，司法机关除对被告人判处相关刑罚之外，没有其他恢复性非刑罚处罚措施予以配套执行，导致行为人虽然因其滥伐行为受到了应有的惩罚，但被其破坏的森林资源却得不到相应的保护和恢复。

（二）山区县市滥伐林木犯罪的成因

1. 山区森林资源丰富

随着我国经济与社会的发展，地形平坦、交通便利的平原地区基本都已实现城镇化，而森林则多分布于山地、丘陵地区，山区县市一般位于山间平原或紧邻大山，故林木数量与种类多，森林资源相对丰富，这是滥伐林木案件多发的客观原因。以 Y 县为例，其主要地形为次高山与丘陵，全县森林面积 162 万亩，森林覆盖率达 74%，活立木蓄积量 332 万立方米，俗称"小林海"，是湖北省绿化达标第一县，而正是因为 Y 县森林资源丰富，使得犯罪分子认为有利可图，因此导致滥伐林木案件多发。

2. 林木资源需求量大

对于山区村镇的居民来说，木材是必备的资源之一，其在当地居民的生活中发挥着不可替代的作用，主要体现在以下几个方面：其一，建造与修建房屋，农村地区很多房屋都是木质结构或者半木质结构，对木材的需求量非常大，并且建造房屋所需要的木材要具有体积大、硬实等特征，故都是需要 10 年以上生长期的树木；其二，家庭用柴，农村地区做饭、取暖等都是以木柴作为燃料来生火，故对于木材的需求量大，尤其是在冬季天气寒冷时，每天都要消耗掉大量木材；其三，种植特殊作物，一些特殊农作物的生长需要以木材为依托，因此如果大量种植该类作物就需要相应多数的木材，例如 Y

县作为中国食用菌协会认定的"中国香菇之乡",盛产香菇,产量与规模均位于全国前列、湖北第一,食用菌产业成为支撑农民收入的第一大产业,因此在Y县农村地区,许多农户都会种植香菇,而香菇的生长需要有菇树,即种植香菇的树木,故需要大量木材。

3. 山区经济发展水平低、居民收入来源单一

山区地形起伏较大,山多田少、山高坡陡导致当地交通基础条件差、经济发展落后,居民的收入水平低且来源相对单一,大多数都是靠单一耕种田地维持生活,因此为了改变这种落后的经济状况、增加收入,居民们不得不进行一定的经济增长能力上的探索,对其中的增长方式进行拓展,而林业资源的重要经济价值刚好提供了这种拓展经济来源的现实可能性,[1]尤其是对于一些经济极度困难、没有多少存款的家庭来说,砍伐树木售卖获利可能是其解决一些急需大量用钱的事情的唯一途径。因此山区居民收入低且收入来源单一是导致山区滥伐林木案件多发、频发的主要原因之一。

4. 山区居民文化程度低、法治意识较弱

由于经济发展水平低,山区居民所受到的教育也极其有限,因此其文化程度均偏低,而文化程度低又自然地造成了他们法治意识的淡薄,很多居民根本不了解我国《刑法》《森林法》等对滥伐林木罪的规定,其受"靠山吃山,靠水吃水"的传统观念的影响,认为只要是长在自家周围的树木或者是在自家自留山上的树木,自己就能够随意砍伐、利用或售卖,普遍存在先砍树、后办证或者根本没有考虑要办理林木采伐许可证的现象。另外需要注意的是,徒法不足以自行,即便是刑法规范,都需要大规模地普及,更何况冷僻的行政法规,[2]因此相关部门没有及时进行林业法制宣传导致相关林业砍伐的知识没有得到普及也是滥伐林木案件产生的原因之一。

5. 少数个人、企业非法收购木材,形成销赃渠道

林木资源的巨大市场需求催生出一个"特殊"的职业,即地下林木采购员,其专门游走于山区村镇,购买村民山上的林木然后砍伐售卖,但这类人

---

〔1〕 简卫华:《破坏森林资源刑事犯罪问题研究——以铜鼓林区涉林案件为范例》,南昌大学2013年硕士学位论文。

〔2〕 杨洪冰:《滥伐林木案件特点、成因及对策——以J县滥伐林木案件为视角》,载《当代法学论坛》2011年第2辑。

员并不是正规的采购人员，他们采购的也并不是具有合法来源的木材，而均是滥伐或盗伐的林木，因此其只能进行"地下作业"。很多情况下，山区居民并没有滥伐林木的意愿或者即使有想法也没有销售的渠道，而这类人员就是专门负责劝说村民将自留山上的林木卖给他们砍伐并积极提供销赃渠道的，他们促成滥伐、盗伐林木案件的发生，是破坏森林资源犯罪的重要诱因之一。另外，根据区位选择原理，为节省原料及运输费用，对木材需求量大的企业会更倾向于选择设立在林木资源丰富的地区，这些企业对于木材的需求量巨大，有时候其为了节省成本，会收购没有合法来源的木材，而这刚好为滥伐林木的行为人提供了销赃的渠道与市场，很大程度上助长了滥伐林木的行为，正是因为行为人能够确保自己砍伐的木材有地方销售，所以才有如此多滥伐林木案件的发生。

6. 发案地点多为偏远地区，监管难度大

一般林木资源丰富的地区距离城镇都较远，多位于偏远山区，而林业执法部门的人力、物力、财力均有限且无法做到全方位的实时监控，因此行为人实施滥伐林木的行为在一定程度上可能逃避监管，故基于侥幸心理，许多行为人铤而走险，滥伐或盗伐林木以售卖获利。另外，一般滥伐林木案件的涉案林木立方数较小、隐蔽性强，这也增加了监管的难度。

7. 相关部门监管不力

山区滥伐林木案件多发的重要原因之一是相关的执法监督部门监管不力，[1]主要体现在以下两个方面：其一，相关监管部门没有充分发挥职能之主动性，而是被动应对，时常是林木已遭非法砍伐之后才前去应对处理，造成职能履行滞后，对违法采伐者也难以形成威慑；[2]其二，部分乡镇林技人员未按林木采伐规程规定做到伐前提交规划设计、伐中检查、伐后验收，采伐时不到场指导、监督，导致村民因无法准确估算林木蓄积而产生超额采伐等现象。

---

〔1〕 刘旭红、牛正良：《当前危害能源资源和生态环境渎职犯罪的成因及惩治对策》，载《人民检察》2009 年第 10 期。

〔2〕 李江贞：《刑法视域中的环境资源保护》，载《山西省政法管理干部学院学报》2008 年第 3 期。

8. 林业行政管理僵化

在涉嫌滥伐林木罪的案件中，有相当一部分的行为人之所以采取无证、超额、超期等方式采伐并不是因为其不知道采伐树木需要办理相应的林木采伐许可证，而是其明知需要办理许可证并按照许可证规定的内容进行采伐但行为人不愿意去办理采伐许可证或不愿意遵循许可证上的内容。[1]造成这种现象的原因是林业行政管理与服务僵化、不到位，具体表现在以下方面：其一，各部门办理采伐许可证的标准不一致、办证周期长且审批效率低，导致行为人不愿意耗费大量的时间、精力去办理相关证件，而在无证的情况下擅自进行砍伐；其二，审批内容僵化。

9. 处罚过于宽缓

我国刑法对于滥伐林木罪的规定是"违反森林法的规定，滥伐森林或者其他林木，数量较大的，处 3 年以下有期徒刑、拘役或者管制，并处或者单处罚金；数量巨大的，处 3 年以上 7 年以下有期徒刑，并处罚金"，可见滥伐林木罪所对应的刑罚主要为罚金、管制、拘役以及最高 7 年的有期徒刑。但在司法实践中，对于涉嫌滥伐林木罪的行为人多判处有期徒刑的缓刑或单处罚金，有的涉案林木数量少的案件中检察院甚至直接作出不起诉的决定，真正判处行为人实刑并剥夺其人身自由的案件少之又少，[2]使得行为人的犯罪成本过低，刑罚对于其个人的惩治与特殊预防效果以及对于社会公众的一般预防效果都大打折扣，从而导致滥伐林木案件的多发、频发甚至出现再犯的情况。[3]

四、山区县市滥伐林木犯罪的防治对策

通过对相关滥伐林木案件的特点、原因的分析与研究，本文提出以下解决对策与建议：

（一）加强农村新能源建设，减少薪柴使用量

目前山区农村主要的生活能源为薪柴且使用量巨大，因此在村民合法取

---

〔1〕 晋海、任亚珍：《滥伐林木罪实证研究——以 399 件滥伐林木案件为样本》，载《西部法学评论》2015 年第 5 期。

〔2〕 姚贝：《论森林资源的刑法保护》，载《扬州大学学报（人文社会科学版）》2011 年第 1 期。

〔3〕 温锦浩：《论滥伐林木罪定罪量刑规定的完善》，南昌大学 2017 年硕士学位论文。

得的木柴供不应求的情况下即会导致滥伐林木案件的发生，故有效防治滥伐林木案件的一个有效方法即是降低村民对薪柴的需求量。目前农村新能源的形式主要有以下几种：其一，以电代柴，通过架设电线、电网等方式保证山区农村的生活用电，鼓励农民多使用电器以替代薪柴的使用；其二，以太阳能代柴，即使用太阳能设备如太阳能热水器、热泵、采暖器、太阳房、太阳灶等代替柴薪的使用；其三，以生物质能代柴，即修建沼气池，将家禽家畜粪便转化为沼气作为能源使用，减少薪柴的使用量，在此方面辽宁省桓仁县、内蒙古自治区五原县等为成功范例。[1]通过农村新能源的建设，丰富山区农村能源利用结构，以新的能源形式代替传统的薪柴，由此降低村民对薪柴的需求量，进而减少滥伐林木案件的发生。

（二）扩展就业渠道，增加山区村民收入

滥伐林木案件发生的一个很重要的原因是被告人家庭收入水平较低且就业渠道狭窄，在其急需用钱或希望增加收入时，没有其他获取收入的途径，故首先想到的就是砍伐自留山上的树木以售卖获利。因此要想减少滥伐林木案件的发生，需要从扩宽山区村民就业渠道的角度入手，使其可以有其他获取收入的来源，进而不再实施乱砍滥伐行为，这类措施主要有以下几种类型：其一，加强对山区居民的职业培训，开设例如厨师、电工、焊工、计算机等培训项目与课程，使村民能够学得一技之长进而增加就业的概率；其二，当地乡镇企业等在招工方面可以在同等条件下尽量向本地村民倾斜，为其提供更多的就业机会和岗位；其三，政府扶贫工作应该落实到位，对于家庭极度困难的村民应给予及时帮扶，确保其生活、医疗、学习等基本生活条件，例如，Y县近年来探索出以阳光超市、消危改造、小集中式搬迁、产业扶贫到户和多元结对扶贫五种"精准扶贫"模式，提高了扶贫工作的针对性和实效性，切实保障了贫困居民的基本生活并在一定程度上增加了其家庭收入。

（三）加强宣传力度，增强山区村民法治意识与生态意识

提高山区村民在林业方面的法治意识与生态意识对于减少滥伐林木案件的发生具有重要意义，其具体措施主要包括：其一，采取横幅、标语的形式，将"滥伐林木不仅会破坏生态环境并且还可能构成犯罪"的核心观点向村民

---

〔1〕 朱梅梅、黄霞：《我国农村新能源建设新模式》，载《中国科技投资》2012年第Z1期。

们表达到位；其二，相关林业部门定期下乡进行相关法律与生态知识的宣传，可以采取讲座或者发放宣传册的方式；其三，人民法院可以将涉嫌滥伐林木罪的典型案例在不影响司法公正的前提下放置在滥伐林木案件多发的村镇进行审判，让村民们直观地感受滥伐林木是违法犯罪行为。通过上述途径提高山区村民的法治意识与生态意识后，有利于山区村民从内心深处自觉抵制滥伐林木的行为，进而自身也不再实施。同时，通过多方宣传和教育，结合媒体的力量，可以形成强大的生态环境保护力度，在一定程度上鼓励和促使企业履行应尽的社会责任，也可监督环境监管部门严格按照法律来纠正和惩罚破坏环境的违法行为。[1]

（四）完善监管体系

滥伐林木行为的监管体系不健全是导致滥伐林木案件多发、频发、反复发生的重要原因之一，要想减少与防治相关的犯罪行为，必须增强监管措施、完善监管体系：

1. 在重点时间段、重点地区开展专项整治

从上文对 Y 县近年来发生的涉嫌滥伐林木罪的案件进行的数据统计中可以总结出，山区滥伐林木案件的发生具有较强的季节性与地域性，其多发在秋冬季节以及相对偏远与贫困的地区，因此相关林业管理部门可以在滥伐林木案件高发的时间段和区域内展开专项整治行动，严厉打击滥伐林木的行为，形成打击声势，这样既可以收到较好的打击效果，减少滥伐林木犯罪的发生，又可以教育当地村民，提高村民的法治意识与生态意识。

2. 加强对重点对象的监控

对滥伐林木案件的防治不仅要强调打击与惩罚，还要重视防患于未然，有些类型的人员因为各种原因属于有较高可能实施滥伐林木行为的人员，因此相关林业管理部门应该对其进行重点监控，预防滥伐林木案件发生。这类人员主要包括：其一，申请林木采伐许可证但未被批准的人，这类人员正是因为有一定的需求所以才去申请林木采伐许可证，但因为条件不符或手续不全等原因未被批准，其需求通过合法渠道未能得到满足时就可能采取非法手段达到自己的目的，如无证采伐等；其二，已经取得林木采伐许可证但即将

---

〔1〕邢芳威：《生态环境犯罪问题研究——以黔东南州法院案例为调查样本》，贵州民族大学2017年硕士学位论文。

到期的人，林木采伐许可证的申请续期需要一定的时间和费用，许多村民为了节省时间成本和经济成本而在采伐许可证到期后未申请续期，因此对于该类人员也应该加强监控。

3. 加强对木材运输、收购的监管，严厉打击非法收购木材的行为

没有合法来源的木材能够顺利运输并且销售是滥伐林木案件多发的重点诱因之一，要彻底消除滥伐林木的行为必须切断其销赃渠道、消灭其销赃市场。公路部门应加强对木材运输的管理和监督，遇到运输没有合法来源木材的车辆要严格盘问与检查，扣押涉案林木并向上游追查可能存在的破坏森林资源的案件；同时林业管理部门应加强对木材加工厂等对木材需求量大的企业收购木材行为的监督与管理，禁止相关企业违法收购没有合法来源的木材，使得行为人在滥伐林木之后没有能够销赃的市场，因此无利可图，进而减少滥伐林木案件的发生。

4. 借助卫星遥感技术，实现林地实时监控

随着科技的进步，卫星遥感技术运用地越来越广泛，因此可以将其运用于对森林资源的监控中，以解决单靠人力巡山存在的监管难度大、范围小、及时性差等问题，其具体操作如下：卫星遥感系统会实时监控林区并形成影像图片，每隔一段时间系统会将两期图片进行对比，判读出森林资源的变化区域，然后将变化区域分别与林木采伐区域、征占林地区域、造林抚育区域、公益林区域等叠加分析，判断一定时期内存在问题的变化区域，并获知变化区域位置、林地所有权、森林类别、林种、森林蓄积量、林地保护等级等详细信息。平台工作人员在发现问题后，将有问题的区域作为考察任务下发至各乡镇林业站，林业站通过定位导航可以快速准确地在线下找到有问题的林地进行检查。[1]这样不仅提高了监管效率，减少了人力、物力、财力成本，还使得之前藏匿于深山老林里的破坏森林资源的违法犯罪行为无处遁形。

5. 建立联防联治、群防群治机制

滥伐林木案件由于其地域性、流窜性等特点，单靠一个地方的某个部门无法从根本上解决问题，因此滥伐林木案件高发地区的林业、公安、国土等职能部门应跨地区、跨部门地相互合作，建立联合执法、一体化合作机制，

---

[1] 何嫘：《靖州森林资源监测平台："两条腿满山跑变为卫星天上看"》，载湖南频道，http://hn.rednet.cn/c/2017/02/21/4217747.htm，最后访问日期：2019年1月15日。

形成打击合力，对重点区域进行专项整治；[1]同时应充分发挥群众的监督作用，设置举报电话、信箱并对提供线索者给予奖励，鼓励群众发现并揭发破坏森林资源的违法犯罪行为。

（五）科学化相关行政审批程序

现行林木采伐的许可制度当中，几乎所有的林木采伐均需行政机关许可，公民在这一领域的自主权被牢牢限制，[2]且采伐许可证的审批周期长、程序繁琐、内容僵化、服务不到位，这些都是导致相当一部分村民明知采伐林木需要办理许可证而依然不办理的原因。因此，林业管理部门应在一定程度上简化林木采伐许可证的审批程序、缩短办理周期、灵活处理审批内容以降低村民因办理证件而产生的时间和经济成本，同时相关部门可以定期进行相关行政审批程序的宣传和普及，让山区村民们都了解基本的流程，这样更多的人在知道采伐需要许可证的情况下会愿意去申请办理相关证件，进而也就减少了滥伐林木等破坏森林资源案件的发生。

（六）合理利用非刑罚措施

实践中，司法机关对于涉嫌滥伐林木罪的当事人多判处有期徒刑的缓刑并处罚金，这对于有些被告人来说无法很好地起到惩罚与教育作用，并且受到破坏的林地也无法得到有效的恢复，因此应该在刑罚之外合理地配套利用一些非刑罚措施以取得更好的司法与生态效果，这类措施最典型的即为"复绿补植"制度。[3]"补植复绿"制度指的是，司法机关在判处行为人相应刑罚之后再附加要求行为人在其滥伐林木的地区补种上一定数量的树木以恢复当地的植被，并且补种有一定的期限限制，行为人必须在此时间内补种完成，由法院及当地林业管理部门进行监督和验收。这种措施很好地考虑了滥伐林木犯罪中"无法量化评估由于树木面积减少导致的生态损害赔偿数额"的特点，[4]由被告人通过补种等方式恢复生态容量，既惩治教育了被告人，以看

---

〔1〕 舒子贵：《环境犯罪适用非刑罚措施探析》，载《贵州警官职业学院学报》2008年第3期。

〔2〕 胡若溟：《林木采伐许可制度的反思与重构》，载《湖南农业大学学报（社会科学版）》2016年第3期。

〔3〕 胡胜：《滥伐林木罪司法误区及其匡正——以重庆法院近年来相关判决为视角的考察》，载《四川警察学院学报》2017年第1期。

〔4〕 白晓东、李兰英：《生态犯罪治理刑事和解模式的困境与出路——以福建生态犯罪"补植复绿"司法实践为例》，载《华侨大学学报（哲学社会科学版）》2016年第2期。

得见的方式增强群众对司法的信心,[1] 又有利于当地生态环境的修复,缓和人与自然之间的紧张关系。另外,完善缓刑考察方式、增加特定的修复环境的内容,也能起到相同的效果。[2]

五、结语

习近平总书记在十九大报告中指出:"人与自然是生命共同体,人类必须尊重自然、顺应自然、保护自然。"[3] 因此,我们在追求社会进步、经济发展的同时应加强对自然环境的保护。但滥伐林木等林业犯罪一直存在且呈现出逐年增加的趋势,严重破坏森林资源,危害我国环境安全,尤其在山区县市,此类刑事案件更是屡禁不止,因此本文以湖北省 Y 县为研究样本,着眼于山区县市的滥伐林木犯罪,通过实证调研的方法总结出该类案件的特点及成因,并据此提出相关的防治对策,希望略获灵感,以利滥伐林木犯罪的防治研究。由于本文主要通过对 Y 县 2010—2016 年的相关案例进行分析进而得出结论,存在样本较小、时间跨度较短、研究重点仅集中于山区县市等局限性,因此还需后续研究加以补充与完善。

---

〔1〕 刘云峰:《对盗伐、滥伐林木罪适用缓刑有必要增设缓刑义务》,载《人民检察》2005 年第 5 期。

〔2〕 沈平:《当前环境资源犯罪中恢复性司法实践的检视与矫正——以缓刑适用条件的规范及考察制度的完善为视角》,载《河北工程大学学报（社会科学版）》2018 年第 2 期。

〔3〕 《习近平指出,加快生态文明体制改革,建设美丽中国》,载中华人民共和国中央人民政府网,http://www.gov.cn/zhuanti/2017-10/18/content_5232657.htm,最后访问日期:2019 年 1 月 15 日。

不同类型服刑人员情绪智力及其影响因素的探究

王强龙　李朱铠幸*

摘　要：情绪智力在我们的工作与生活中扮演着十分重要的角色，它会影响我们的人际交往，影响对自身与他人情绪的理解，同时情绪智力可以调节和控制自身与他人的情绪与行为表现。在多数的犯罪人中，他们都缺乏与他人进行良好沟通的能力，行事往往凭着自己的感受，自控能力较低，因此在生活中产生了各种各样的人际关系冲突，这些都与其犯罪活动有着密切的关系。因此本次调研试图通过对不同类型服刑人员情绪智力特征及其相关因素的探讨，为服刑人员的改造矫正提供一定的参考。调研采用情绪智力问卷、精神病态特质问卷等，共收集到132名服刑人员的数据资料。研究发现，诈骗犯的受教育年限和智力水平都高于其他类型的罪犯（暴力犯和盗窃犯），盗窃犯无论是受教育水平还是智力都偏低；在情绪智力水平上，诈骗犯稍高，但是差异并未达到显著水平。在对影响情绪智力因素的分析中发现，三组被试在精神病特质量表和情绪操纵等量表中都存在不同程度的相关。以上结果启示我们，在对暴力犯和盗窃犯的矫正中需要着重提升其情绪智力水平，提升其对周围人和事的理解，学会调节人际关系；而针对诈骗犯，由于其情绪智力水平相对较高，对于他们的矫正应该从法律和道德观念的灌输入手，帮助其约束自身行为。

关键词：情绪智力　精神病态　情感操纵　马基雅维利主义

---

* 王强龙，中国政法大学刑事司法学院2017级博士研究生；李朱铠幸，中国政法大学社会学院2018级硕士研究生。

一、引言

目前我国在押服刑人员约有 180 万人，在服刑期间如何去改造这个群体，降低他们的再犯风险水平，使其重归社会，一直以来都是监狱系统的重要任务。风险水平是服刑人员改造的重要参考指标，既往评估工具通常从反社会行为、人格障碍、成长史和生活环境等角度来评估个体的风险水平，相关的心理学实验研究的关注点则主要在决策、抑制控制、情绪识别和共情能力等方面。而国内对于服刑人员群体的情绪智力的研究相对较少，情绪智力（Emotional Intelligence，EI）主要包括三个方面：准确地识别、评价和表达自己和他人的情绪，适应性地调节和控制自己和他人的情绪，适应性地利用情绪信息，以便有计划地、创造性地激励行为[1]。可见情绪智力对于个体适应生活和社会的发展具有十分重要的意义，其可作为判断罪犯风险水平以及预测再犯率的指标之一。同时，不同类型的服刑人员需根据其自身特点设计具有针对性的矫正方案，因此对服刑人员情绪智力特征的探究则是对罪犯个性化分类矫治的第一步。

情绪智力通常表现为一系列处理内外人际关系能力的集合，能力高者不仅能够管控自己的压力，还能操纵同伴的情绪。高情绪智力者能够给与之交往的人带来诸多益处，例如安抚同伴的愤怒情绪等。情绪智力在一定程度上属于积极心理学的范畴。[2]一些研究证明了情绪智力在幸福、生活满意度、心理健康以及人际社交网络的质量和规模等方面产生了积极的影响。[3]然而，

---

〔1〕 Salovey, Peter, and John D. Mayer, "Emotional intelligence", *Imagination*, *Cognition and Personality* 9. 3 (1990), pp. 185-211.

〔2〕 John D. Mayer, Peter Salovey, and David R. Caruso, "Mayer – Salovey – Caruso Emotional Intelligence test (MSCEIT) Item Booklet" (2002).

〔3〕 Elizabeth J. Austin et al., "Personality, Well-being and Health Correlates of Trait Emotional Intelligence", *Personality and Individual Differences* 38, 2005, pp. 547-558; Arla L. Day et al., "Predicting Psychological Health: Assessing the Incremental Validity of Emotional Intelligence beyond Personality, Type a Behaviour, and Daily Hassles", *European Journal of Personality*: *Published for the European Association of Personality Psychology* 19, 2005, pp. 519-536; Kostantinos V. Petrides and Adrian Furnham, "Trait Emotional Intelligence: Behavioural Validation in Two Studies of Emotion Recognition andReactivity to Mood Induction", *European journal of personality*17, 2003, pp. 39-57.

也有其他研究发现情绪智力会产生负性影响，例如压力、抑郁倾向等。[1]由于高情绪智力者可以理解以及影响他人的情绪，从而诱导他人产生预期的行为，当这种能力脱离道德束缚时，就会产生负性的效果。这点与马基雅维利主义（Machiavellianism）类似，马基雅维利得分高者为了自身的利益会操纵他人的行为[2]，但是他们在与人的交往中存在情感上的剥离，只存在认知共情而非情感共情。在相关研究中发现马基雅维利特质与情绪智力呈现负相关，但与情感操纵能力呈现正相关[3]。

精神病态特质是犯罪心理学领域另一个研究的特点，具有这种特质的人通常在人际关系（欺骗性和操纵性）、情感（缺少共情和内疚，情感冷漠）以及行为（冲动性和不负责任）方面存在异常，该群体在监狱中具有较高的比例，且多为累犯，社会危害性大。研究表明高精神病态者通常具有较低的情绪智力，对不同情绪图片描述能力较低[4]。情绪智力在精神病态特质和财产型罪犯羁押期限中起着调节作用，库尔奇（Curci）等人同样发现高精神病态特质者的情绪智力较低，而情绪智力与刑期呈负相关，因此情绪智力在一定程度上可以作为精神病态反社会行为的保护性因子[5]。

目前对情绪智力的研究主要集中在一般群体中，针对监狱服刑人员的研究极少，且对其与犯罪行为关系的探究还十分不明确，因此本试图探究不同类型服刑人员的情绪智力特征及其与情绪操纵和精神病态特质等影响因素之间的关系，为服刑人员的管理与改造提供实证参考。

---

〔1〕 Donald H. Saklofske et al. , "Factor Structure and Validity of a Trait Emotional Intelligence Measure", *Personality and Individual Differences* 34, 2003, pp. 707 - 721; Slaski, Mark, and Susan Cartwright, "Health, Performance and Emotional Intelligence: An Exploratory Study of Retail Managers", *Stress and Health: Journal of the International Society for the Investigation of Stress* 18, 2002, pp. 63-68.

〔2〕 Christie et al. , *Studies in Machiavellianism*, Academic Press, 2013.

〔3〕 Elizabeth J. Austin, et al. , "Emotional Intelligence, Machiavellianism and Emotional Manipulation: Does EI have a Dark Side?", *Personality and individual differences* 43, 2007, pp. 179-189.

〔4〕 Bate Carolyn, et al. , "Psychopathy, Intelligence and Emotional Responding in a Non-forensic Sample: An Experimental Investigation", *The Journal of Forensic Psychiatry & Psychology* 25, 2014, pp. 600-612.

〔5〕 Curci et al. , "Preliminary Data on the Role of Emotional Intelligence in Mediating the Relationship between Psychopathic Characteristics and Detention Terms of Property Offenders", *Journal of Forensic Sciences* 62, 2017, pp. 1357-1359.

二、调研对象和方法

（一）对象

从宁夏回族自治区某监狱随机挑选 150 名服刑人员，入组标准为：①年龄为 18~50 周岁；②没有严重的脑损伤或神经生理疾病；③没有精神障碍诊断和统计手册（Diagnostic and statistical manual of mental disorder-5，DSM-5）中轴 I 诊断的精神类疾病[1]；④小学及以上受教育程度；⑤智力正常，采用标准瑞文推理测验（Raven's Standard Progressive Matrices，SPM)[2]进行评估；⑥自愿参加。

（二）工具

1. 精神病态特质量表

精神病态特质量表（Psychopathic Personality Inventory，PPI）是利林费尔德（Lilienfeld）等人在克列莱（Cleckley）对精神病态描述的基础上编制的，本文所使用的量表是 PPI 的简版（PPI-SF)[3]。不同于其他精神病态量表，PPI 主要关注个体的精神病态特质方面，而非反社会行为。利林费尔德等人以大学生为被试编制，因而能够在非罪犯群体中使用。PPI-SF 一共有 56 道题目，4 点李克特自陈式量表，信效度良好。

2. 情绪智力量表

情绪智力量表简版（Trait Emotional Intelligence Questionnaire-Short Form，TEIQue-SF）包含 30 题用于测量特质情绪智力，本量表是基于全版量表的改编而来[4]。TEIQue-SF 共 2 个分量表，每个分量表包含 15 题，量表为 7 点评分。

〔1〕 陈美英、张斌：《〈精神障碍诊断与统计手册第五版〉双相障碍分类和诊断标准的循证依据》，载《中华脑科疾病与康复杂志》2014 年第 4 期。

〔2〕 张厚粲、王晓平：《瑞文标准推理测验在我国的修订》，载《心理学报》1989 年第 2 期。

〔3〕 Tonnaer, Franca, et al., "Screening for Psychopathy: Validation of the Psychopathic Personality Inventory-Short Form with Reference Scores", *Journal of Psychopathology and Behavioral Assessment* 35. 2 (2013), pp. 153-161.

〔4〕 Konstantions V. Petrides and Adrian Furnham, "The Role of Trait Emotional Intelligence in a Gender-Specific Model of Organizational Variables", *Journal of Applied Social Psychology* 36, 2006, pp. 552-569.

3. 黑暗十二条和短式黑暗三联征量表

黑暗十二条（Dirty Dozen, DD）是乔纳森（Jonason）和韦伯斯特（Webster）于 2010 年开发的黑暗三联征调查量表。[1]量表共 12 个条目，马基雅维利主义、自恋和精神病态分别对应 4 个条目。量表采用七级评分，计算各因子分和总分，高分代表某种黑暗特质程度较高。短式黑暗三联征量表（Short Dark Triad, SD3）是保卢斯（Paulhus）和琼斯（Jones）于 2011 年开发的黑暗三联征调查量表。[2]量表共 27 个条目，马基雅维利主义、自恋和精神病态分别对应 9 个条目。量表采用五级评分，计算各因子分和总分，高分代表某种黑暗特质较高。两个量表信效度良好。

4. 冷酷无情量表

冷酷无情特质量表（the Inventory of Callous Unemotional traits, ICU）由 Frick 编制，量表包含 24 个条目，采用 4 点计分方式，包含麻木（Callousness），淡漠（Uncaring）和无情（Unemotional）等维度，量表具有良好的信效度[3]。

5. 情绪操纵量表

情绪操纵量表（Managing the Emotions of Others Scale, MEOS）由奥斯汀（Austin）于 2013 年编制。量表包含六个维度：①情绪提升；②情绪恶化；③情感隐藏；④不真诚；⑤缺乏情绪技巧；⑥情绪转移。由于我国国内并无中文版，因此经原作者授权进行修订，修订时将量表翻译成中文，再由研究者进行审核，然后请外语专业博士回译成英文，证明与原文无明显差异。量表共 62 题，采用 5 点计分[4]。

---

〔1〕 Peter K. Jonason and Gregory D. Webster, "The Dirty Dozen: A concise Measure of the Dark Triad", *Psychological Assessment*22, 2010, p. 420.

〔2〕 Daniel N. Jones and Delroy L. Paulhus, "The Role of Impulsivity in the Dark Triad of Personality", *Personality and Individual Differences*51, 2011, pp. 679-682.

〔3〕 Paul J. Frick, S. Doug Bodin, and Christopher T. Barry, "Psychopathic Traits and Conduct Problems in Community and Clinic-referred Samples of Children: Further Development of the Psychopathy Screening Device", *Psychological Assessment*12, 2000, p. 382.

〔4〕 Elizabeth J. Austin and Michael M. O'Donnell, "Development and Preliminary Validation of a Scale to Assess Managing the Emotions of Others", *Personality and Individual Differences*55, 2013, pp. 834-839.

三、调研结果

（一）基本信息分析

本次调研共发放 150 份问卷调查，最终共收集到 132 名服刑人员的有效数据，其中含暴力犯 32 名，盗窃犯 27 名，诈骗犯 73 名。分别对其年龄、受教育年限和智力水平等基本信息进行分析。

1. 年龄

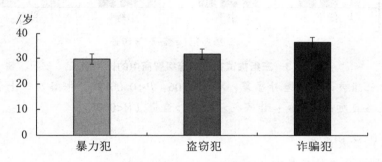

图1　三组被试年龄对比图

注：三组被试年龄差异显著 F（2，129）= 10.84，$P<0.001$，$\eta^2 = 0.14$；诈骗犯显著高于另外两组 $P<0.005$。

2. 平均受教育年限

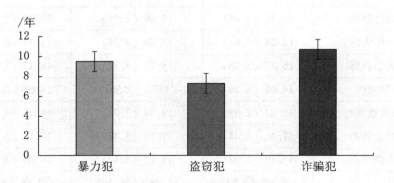

图2　三组被试平均受教育年限对比图

注：三组被试受教育年限差异显著 F（2，129）= 12.91，$P<0.001$，$\eta^2 = 0.14$；盗窃犯显著低于暴力犯和诈骗犯，$P<0.005$。

3. 智力水平

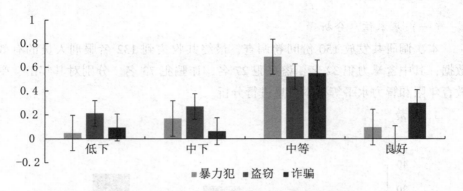

图3 三组被试在不同等级智商中的比率图

注：三组被试年龄差异显著，$\chi^2 = 15.06$，$P < 0.001$；在中等及以上智商中，三组罪犯各自所占比例是：诈骗犯>暴力犯>盗窃（$P < 0.05$）。

（二）量表分析

1. 精神病态特质量表

表1 三组被试在 PPI-SF 上的得分表（M±SD）

维　　度	暴力犯 n=32	盗窃犯 n=27	诈骗犯 N=73
责任外归因	13.40（2.59）	14.32（3.67）	13.98（3.49）
无计划性	14.38（3.45）	13.48（2.51）	13.20（3.16）
冷酷无情	12.24（2.61）	14.89（3.24）	13.31（3.05）*
无恐惧感	16.75（3.08）	15.73（3.77）	16.42（3.59）
冲动性	14.69（3.24）	1373（3.56）	14.63（3.34）
马基雅维利	15.29（2.85）	14.39（3.23）	14.75（3.35）
社会效力	17.36（3.44）	17.36（3.43）	18.15（3.09）
应激免疫	17.79（2.92）	18.93（3.17）	18.00（3.56）
总　　分	122.92（8.53）	122.85（11.10）	122.46（8.74）

注：* 表示 P<0.05（下同），盗窃犯的冷酷无情水平显著高于暴力犯和诈骗犯（P<0.05）。

2. 冷酷无情量表

表 2 三组被试在 ICU 上的得分表（M±SD）

维　　度	暴力犯 n = 32	盗窃犯 n = 27	诈骗犯 N = 73
幻　　想	13.16（4.03）	12.98（5.37）	13.42（5.62）
观点采择	16.20（3.88）	16.72（3.25）	16.42（3.07）
共　　情	18.53（5.14）	18.66（4.38）	18.98（3.77）
个人困苦	14.92（3.73）	13.53（3.33）	14.24（3.41）
总　　分	62.81（9.15）	61.88（10.63）	63.07（10.23）

3. 黑暗十二条和短式黑暗三联征量表

表 3 三组被试在 DD 和 SD3 上的得分表（M±SD）

维　　度	暴力犯 n = 32	盗窃犯 n = 27	诈骗犯 N = 73
DD 马基雅维利	27.94（8.53）	26.44（7.06）	26.15（6.22）
DD 精神病态	22.40（6.84）	19.93（4.91）	19.57（4.90）
DD 自恋	23.21（5.67）	22.14（5.08）	23.83（3.94）
DD 总分	73.56（18.19）	68.51（13.06）	69.56（11.28）
SD3 马基雅维利	10.03（5.59）	8.88（5.23）	9.50（5.14）
SD3 精神病态	11.09（5.42）	9.96（4.30）	9.00（4.37）
SD3 自恋	14.46（7.13）	15.33（7.61）	14.08（6.33）
SD3 总分	35.59（15.21）	34.18（12.24）	32.58（12.19）

4. 情绪智力量表

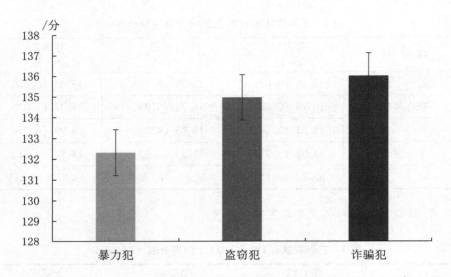

图4　三组被试情绪智力差异的对比图

5. 情绪操纵量表

表4　三组被试在 MEOS 上的得分表（M±SD）

维　　度	暴力犯 n = 32	盗窃犯 n = 27	诈骗犯 N = 73
情绪隐藏	21.90（3.79）	22.33（5.08）	22.44（4.04）
缺乏情绪技巧	23.12（4.21）	22.37（4.14）	22.56（3.79）
情绪转移	26.50（4.74）	26.11（4.76）	26.25（4.62）
情绪强化	56.31（7.63）	55.48（9.64）	56.23（7.80）
情绪恶化	18.15（4.27）	17.00（5.4）	18.46（4.63）
情绪伪装	18.25（4.22）	17.51（5.16）	18.51（4.85）
总　　分	164.25（14.68）	160.81（17.95）	164.47（16.82）

（三）相关分析

1. 暴力犯

表 5　暴力犯情绪智力与 PPI 相关性分析表

	总　分	责任外归因	马基雅维利	社会效力	无恐惧感	冷酷无情	冲动性	无计划性	应激免疫
情绪智力	-0.24	-0.31	-0.15	-0.01	0.04	0.01	-0.15	-0.48 **	0.20

注：** 表示 $P < 0.01$（下同）。情绪智力与无计划性相关显著：$r = -0.48$，$P = 0.005$。

表 6　暴力犯情绪智力与 MEOS 相关性分析表

	总　分	情绪隐藏	缺乏情绪技巧	情绪转移	情绪提升	情绪恶化	不真诚	情绪隐藏	缺乏技巧
情绪智力	0.07	-0.01	-0.18	0.31	0.26	-0.02	-0.35 *	0.07	-0.01

注：情绪智力与情绪伪装相关显著：$r = -0.35$，$P = 0.049$。

2. 盗窃犯

表 7　盗窃犯情绪智力与 MEOS 相关性分析表

	总　分	情绪隐藏	缺乏技巧	情绪转移	情绪强化	情绪恶化	情绪伪装
情绪智力	0.46 *	0.29	-0.07	0.57 **	0.39 *	0.06	0.02

注：情绪智力和总分相关显著：$r = 0.46$，$P = 0.016$；情绪智力和情绪转移相关显著：$r = 0.57$，$P = 0.002$；情绪智力和情绪强化相关显著：$r = 0.39$，$p = 0.04$。

3. 诈骗犯

表 8 诈骗犯情绪智力与 PPI 相关性分析表

	总 分	责任外归因	马基雅维利	社会效力	无恐惧感	冷酷无情	冲动性	无计划性	应激免疫
情绪智力	-0.11	-0.30**	-0.32**	0.46**	-0.26*	0.18	-0.22	-0.29*	0.47**

注：情绪智力和责任外归因相关显著：r=-0.30，P=0.009；情绪智力和马基雅维利相关显著：r=-0.32，P=0.006；情绪智力和社会效力相关显著：r=0.46，P<0.001；情绪智力和无恐惧感相关显著：r=-0.26，P=0.026；情绪智力和无计划性相关显著：r=-0.29，P=0.011；情绪智力和应激免疫相关显著：r=0.47，P<0.001。

表 9 诈骗犯情绪智力与 MEOS 相关性分析表

	总 分	情绪隐藏	缺乏情绪技巧	情绪转移	情绪强化	情绪恶化	情绪伪装
情绪智力	-0.04	-0.70	-0.44*	0.23*	0.31*	-0.14	-0.31*

注：情绪智力和缺乏情绪技巧相关显著 r=-0.44，P<0.001；情绪智力和情绪转移相关显著 r=0.23，p=0.047；情绪智力和情绪强化相关显著 r=0.31，P=0.008；情绪智力和情绪伪装相关显著 r=-0.31，P=0.008。

表 10 诈骗犯情绪智力与 DD、SD3 相关性分析表

	黑暗十二条				黑暗三联征量表			
	马基雅维利	精神病态	自恋	总 分	马基雅维利	精神病态	自恋	总 分
情绪智力	0.01	-0.35**	0.15	-0.09	-0.23*	0.34**	0.17	-0.13

注：情绪智力和精神病态（DD）相关显著：r=-0.35，p=0.002；情绪智力和马基雅维利（SD3）相关显著：r=-0.23，p=0.045；情绪智力和精神病态（SD3）相关显著：r=-0.34，p=0.003。

四、讨论

本次社会实践的目的是探讨不同类型服刑人员的情绪智力及其影响因素。总共最终获得 132 名服刑人员的有效数据，其中包括 73 名诈骗犯，27 名盗窃犯，32 名暴力犯。调研的工具以问卷为主，涉及情绪智力问卷、精神病态特质问卷、冷酷无情特质问卷、情感操纵问卷和黑暗人格相关问卷。

（一）基本信息上的差异

首先，从年龄上来看，诈骗犯的年龄相对于其他两组偏大且达到显著水平。原因可能在于一些诈骗犯的成功诈骗往往来源于他们既往丰富的生活经验和工作经验，这些经验的积累往往需要时间，因此其犯罪时的年龄就愈大。而暴力犯罪则可能与此无关，很多时候与身体机能有关，所以年龄越小、身体机能越强，越有可能出现暴力性的攻击行为。

其次，从受教育年限来看，盗窃犯相比其他两组都显著得低，诈骗犯组稍高。从整理的服刑人员的档案来看，盗窃犯往往是数十次的犯案，但是每次的盗窃物品价值普遍偏低，多为几百元的物品，且他们普遍处于待业状态，这就可能与其较低的学历水平有关，导致其难以找到合适的职业。不同的是诈骗犯的学历通常都达到了高中水平，趋利避害的能力更强，这可能导致他们较少从事直接的暴力犯罪和盗窃犯罪，因为此类犯罪大多数情况下风险会大于收益。

最后，我们分析了服刑人员的智商水平，预期假设的是诈骗犯的智商水平会较高一些。实际结果印证了我们的预期，三组被试在不同等级智商水平的比率差异显著，在中等及以上等级中诈骗犯的比率最高，且达到显著水平。在实际的智力问卷中，诈骗犯中甚至出现了满分的情况。而盗窃犯的智力水平在中下以及低下水平中也有较多的比例，因此盗窃犯的智力水平在服刑人员中处于较低的水平。

（二）情绪智力及其影响因素

由于情绪智力在我们的生活与工作中扮演了重要的角色，尤其在服刑人员的矫正工作中，因此了解他们的情绪智力是一项十分必要的工作。从实际情绪智力问卷调研的结果来看，三组服刑人员的情绪智力并未达到显著差异的状态，但是可以看出依然是诈骗犯情商最高，盗窃犯稍低，最低的是暴力犯。这与前面的基本信息是对应的，由于诈骗犯较高的教育水平，较多的社会与生活经验，较高的智力水平，因此其情商也较高。

在其他与情绪智力相关因素的探究中发现，盗窃犯在 PPI 分量表—冷酷无情量表中，其水平显著高于暴力犯和诈骗犯，也就是说盗窃犯显得更冷酷无情，但目前还没有更多的证据来证明这一点。可能的原因在于盗窃犯都是多次盗窃，有的多达数十次，当盗窃行为变成日常的行为习惯，内在的违法阈限逐渐提高，因此变得更加麻木，就显得冷酷。但是在 ICU 量表中，这一点并没有得到继续验证，三组之间的冷酷无情特质并无显著差异，因此还有待进一步的验证。在其他的量表包括黑暗十二条、短式黑暗三联征量表和情绪操纵量表中，三组被试并无显著区别。

将三组被试的情绪智力与以上量表进行相关分析发现了一些有意思的结果，特别是在诈骗犯中。首先，在暴力犯组与 PPI 的相关分析中发现，情绪智力与无计划性呈现显著负相关，情绪智力越高，个人就越显得不会冲动。另外在 MEOS 的不真诚量表呈现出负相关，情绪智力越高也越懂得伪装自己的情感，虚假地展现自己的情绪状态。其次在盗窃犯中，情绪智力仅与 MEOS 出现了显著相关，其中情绪智力与 MEOS 总分呈现正相关，与情绪转移和情绪强化分量表都表现出正相关，这表明盗窃犯的情绪智商越高，那么他们的情感操纵能力就会越强，越易于表现出这种能力。在诈骗犯的相关分析中发现，情绪智力与 PPI 的责任外归因、马基雅维利和无恐惧感呈现负相关，与社会效力和应激免疫呈现正相关。情绪智力越高的诈骗犯，越不会单纯地利用别人，越会在意社会法律与道德，同时也能够处理一些压力性事件；在与 MEOS 的相关分析中发现，情绪智力与缺乏技巧和不真诚呈现负相关，与情绪转移和情绪提升呈现正相关。这与诈骗犯实际的表现非常相似，诈骗犯在诈骗过程中通常需要掌握被害人的情绪状态、内心感受，并且提升某种积极感，比如告诉被害人他的某种行为可能带来巨大的收益，从而诱使其进行特定活动等。同时也可以转移他人的注意力，使其转移到诈骗犯想让其关注的地方，以此来实现自己的目的。在与黑暗十二条和黑暗三联征量表的相关分析中，诈骗犯的情绪智力与马基雅维利和精神病态维度都呈现负相关，表明情绪智力较高的诈骗犯是不太可能出现马基雅维利和精神病态等黑暗人格特征，这与克里斯蒂（Christie）和奥斯汀（Austin）得出的结果是一致的。高情绪智力和精神病态特质以及马基雅维利主义是对立的，这两类特质不可能同时在个体身上出现，尤其是在诈骗犯群体中，至于其他群体是否也是这样，还需进一步验证。

（三）情绪智力对服刑人员矫正启示

情绪智力通常包含了处理人际关系的能力以及控制调节自己与他人情绪的能力等方面，具有较高的情绪智力的人会拥有较好的人际关系、身心协调。而服刑人员通常拥有混乱的人际关系、家庭不和，缺乏稳定的社会支持等情况，比如暴力犯，他们诸多暴力行为都是一时冲动或者与他人沟通不畅导致的。因此对于他们情绪智力的提升，或许从这个角度来进行矫正是十分有必要的，对于他们出狱之后拥有一个和谐的人际关系会起到很大的作用。

从本调研的结果来看，情绪智力最低的两类服刑人员是暴力犯和盗窃犯，而诈骗犯的情绪智力相对较高。对于暴力犯和盗窃犯，在进行矫正时可以专门设计一些环节来帮助他们观察他人的行为表现，让他们学会理解周围的人，学会去控制和调节自己的情绪与行为，提升他们的认知共情和情感共情能力。而针对诈骗犯，他们在这方面的能力相对良好，对于他们的改造需要从法律和道德方面进行疏导，帮助他们约束自身行为，避免重蹈覆辙。从现实角度来看，诈骗犯的矫正显得更为重要，暴力犯和盗窃犯通常来说造成的伤害范围较小，社会危害性相对不大，而诈骗犯却不一样，他们对社会造成的伤害往往是大规模的，危害性较高且不易发现，因此亟须对这个群体进行矫正。

（四）研究展望与不足

本次调研存在以下不足：①虽然研究发现了一些有趣的现象，但是由于样本量并不十分充足，比较难以有力地支撑一些研究结论；②对于情绪智力与其影响因素的探讨还有待进一步深化；③需要补充正常对照组，由于正常对照组对学历、年龄等方面的要求高，本次调研暂未来得及补充；④缺少既往研究对于服刑人员的情绪智力的研究参考文献，目前还处于探索阶段。

本次调研目前只完成了第一阶段的资料收集，未来还会进行第二阶段的调研，会继续增加样本量，以保证有足够的数据来支撑研究所得结论。同时，继续深入探讨情绪智力与其他影响因素的关系，并采用多种手段，比如加入心理学实验以及神经电生理方面的证据，来进一步深入探究不同类型服刑人员的情绪智力特征。

诈骗犯及诈骗犯罪基本情况调查

张　峰*

摘　要： 为了全面地了解诈骗犯及诈骗犯罪行为的基线情况，并试图探索影响诈骗犯罪的风险因子。研究方法主要是使用自编的《诈骗犯基线调查表》调查罪犯改造系统中没有的且与诈骗犯罪密切相关的诈骗犯信息，研究者在北京市某监狱对 192 名成年男性诈骗犯进行实地问卷调查，并对收集的数据进行统计分析。结果显示，诈骗犯的年龄主要集中在 26~55 岁，家庭所在地以城市最多，职业以无业和私营企业主最多，经济收入较低；一部分诈骗犯的社会支持系统存在问题，诈骗犯罪行为受同伴影响较大；25 岁之前犯过罪的再次犯罪概率较大；诈骗犯的受害人较多，遭受损失较大，多数受害人与诈骗犯认识；遭遇经济困难是诈骗犯罪的动机因素。结论是：诈骗犯是再犯风险较大的罪犯，大约有 20% 的诈骗犯属于典型的诈骗犯，他们多次犯诈骗犯罪，积极寻求诈骗机会并设计骗局，对诈骗犯罪具有错误的认知，无内疚感和懊悔心；诈骗犯罪的高风险因子包括较差的经济水平、反社会同伴影响、不良的社会支持系统和遭遇重大经济困难等。

关键词： 诈骗犯　诈骗犯罪　基线调查

一、调研背景

虽然人们普遍认为暴力犯罪和性犯罪是对社会危害最大的两类犯罪，但是随着社会文明的发展，我国的暴力犯罪案件和性犯罪案件在逐年下降，同时在改革开放、经济快速发展的大背景下，我国财产犯罪案件的数量快速上

---

* 张峰，中国政法大学刑事司法学院 2015 级博士研究生。

升，而且财产犯罪案件在刑事案件中所占的比例很大，近几年我国刑事犯罪中尤为突出的是诈骗犯罪，犯罪数量不仅逐年快速上升而且基数较大。例如，从中华人民共和国国家统计局公布的公安机关立案的刑事案件数来看，近十年来我国犯罪案件总体呈逐年上升趋势，2006 年公安机关立案的刑事案件数量为 474.4 万件，2015 年增长到 717.4 万件，十年间增长了 51.2%。但是，暴力犯罪案件呈逐年递减趋势，2006 年公安机关立案的暴力刑事案件数量为 49.6 万件，2015 年减少到 22.8 万件，十年间减少了 54.0%；但诈骗刑事案件呈现逐年显著增长的趋势，2006 年公安机关立案的诈骗刑事案件数量为 21.8 万件，2015 年增长到 105 万件，十年间增长了 382%。[1]《2015 反信息诈骗大数据报告》显示，2015 年全国接到诈骗信息的人数高达 4.38 亿，损失总额达 200 亿。[2]在美国、英国等西方国家，诈骗也是一个严重的社会问题，2006 年美国信用卡诈骗案的受害者达 320 万人，英国在 2005 年因诈骗而遭受的经济损失达 139 亿英镑。[3]诈骗犯罪不仅呈现高速增长的趋势，同时，诈骗犯罪也是一个再犯率很高的犯罪类型，曾赟对 2886 名罪犯进行回归分析结果发现，再犯罪主要集中分布在诈骗罪、盗窃罪等八类犯罪的个体之中，共占前科总量的比率约为 89.8%。[4]

虽然诈骗犯罪对社会的消极影响越来越严重，但相对于其他犯罪类型来说，诈骗犯罪中的被害人过错比较大，民众对诈骗犯罪的容忍度也比其他犯罪高。另外，由于诈骗犯罪所使用的手段不是野蛮的、血腥的、残忍的而是相对温和的谎言或骗局，相对于抢劫、绑架、杀人等暴力性犯罪会引起社会的极度恐慌和全社会的关注而言，诈骗犯罪的反社会性较弱。相对于对暴力犯的研究，国内外的研究者对诈骗犯的关注度非常低，相关的研究也非常少。日益猖獗的诈骗犯罪不仅对被害人的心灵造成巨大伤害，而且也给国家、集体和个人带来重大财产损失，为有效预防和打击高速增长的诈骗犯罪，降低

〔1〕 公安机关立案的刑事案件，载中华人民共和国国家统计局，http://www.stats.gov.cn/.，最后访问日期：2019 年 1 月 9 日。

〔2〕 《天下无贼〈2015 反信息诈骗大数据报告〉》，载安全联盟，https://www.anquan.org/news/1868，最后访问日期：2019 年 1 月 9 日。

〔3〕 M. Levi & J. Burrows，"Measuring the Impact of Fraud in the UK: A Conceptual and Empirical Journey"，*The British Journal of Criminology*，2008，48（3），pp. 293-318.

〔4〕 曾赟：《中国监狱罪犯教育改造质量评估研究》，载《中国法学》2013 年第 3 期。

诈骗犯的再犯率，加强对诈骗犯的再犯风险评估研究就尤为重要。

在罪犯风险评估领域，加拿大著名学者 Andrews 和 Bonta 在大量研究和实践基础上，针对一般罪犯提出了评估罪犯再犯风险的"中心八"（center eight）风险/需求因子，并据此编制了信效度较好的再犯风险评估工具，得到了很多研究的证实及广泛的应用。他们发现并不是所有的风险因子都具有同等的预测效力，其中，与犯罪行为预测最紧密的四个风险因子即"大四"因子（big four factors）包括反社会行为史、反社会人格倾向、反社会认知和反社会联系。另外四个中等相关的风险因子包括家庭/婚姻环境、学校/工作、娱乐/休闲和物质滥用。风险因子又可以分为静态风险因子和动态风险因子，例如在"大四"风险因子中，反社会行为史属于静态因子，主要表现为早期打架斗殴等不良行为、被拘留和监禁等犯罪历史，这类因子并不能通过干预而被改变。其余三个因子则属于动态因素，即可能发生变化的、与再犯紧密相关的个体属性或其他因素，能够为罪犯矫正工作提供依据以降低再犯风险水平。其中，反社会人格倾向包括无罪恶感、欺诈性、善于利用他人、冷漠无情等；反社会认知表现为对犯罪行为的态度和认知，如罪犯对其犯罪行为的合理化等；反社会联系则表现为与反社会同伴的频繁交往，犯罪受反社会同伴的影响较大，如具有犯罪行为或倾向的同伴群体对个体犯罪行为的诱发作用。[1]

尽管针对诈骗犯罪风险评估的系统研究很少，但前人的研究提示反社会行为史、反社会人格倾向、反社会认知和反社会联系可以很好地预测各类罪犯的再犯。另外，由于"服刑人员教育改造监管系统"里的信息有限，以往的研究也没有通过实证的方法研究诈骗犯的社会经济地位，家庭成员有无犯罪前科，物质滥用、成瘾和社会交往及其与犯罪的关系；诈骗次数、诈骗金额、诈骗的方式、诈骗时的想法、诈骗后的感觉等内容。为了更全面地认识诈骗犯与诈骗犯罪，本研究通过问卷调查的方式调查国内成年男性诈骗犯的犯罪特点与心理特征，以期为后续寻找针对诈骗犯罪的再犯风险因子、建构诈骗犯的再犯风险评估和矫正体系提供依据。

---

〔1〕 D. A. Andrews & J. Bonta, "The Psychology of Criminal Conduct", *British Journal of Psychology*, 2010, pp. 157-197.

二、调研方法

（一）研究对象

在北京市某监狱通过查阅档案、询问监狱民警等方式，对 192 名排除有脑外伤史或精神病史的成年男性诈骗犯施测基本情况调查表，调查罪犯改造系统中没有的且与再犯相关的信息以及诈骗犯罪的相关信息，具体的施测方式为以 50 人为一组进行集体施测，调查问卷全部回收后，排除 5 名文盲罪犯，2 名不认罪的罪犯，5 名明确表示自己的行为不是诈骗的罪犯，5 名不认真作答的罪犯，最终得到有效调查问卷 175 份，问卷有效率为 91.15%。

（二）研究工具

根据基线调查表的形式，以八大风险因子中的反社会行为史、反社会联系、家庭/婚姻关系等内容为基础，参考已有文献对预测变量选取和划分的方法，编制了诈骗犯基本情况调查表，主要包括以下内容：

（1）个人信息：包括家庭/婚姻环境、学校/工作情况、生活方式（包括性别，年龄，种族，学校和受教育情况，家庭、婚姻及配偶情况，工作情况，休闲/娱乐，物质滥用，业余生活情况及其与犯罪的关系等）。

（2）犯罪情况：包括反社会行为史、反社会同伴（即本次犯罪情况、首次犯罪情况、犯罪史、早期问题行为、是否进过少年教养所和家人朋友有无前科及前科类型等）。

（3）诈骗犯罪特点：针对诈骗行为的客观事实（即诈骗次数、受害人或单位数目、受害人或单位类型、诈骗金额、诈骗诱因及诈骗方式）。

（4）对诈骗犯罪的主观认知：是否知道是诈骗行为、是否想欺诈他人、诈骗情绪和犯罪归责等。

三、调研结果

（一）人口学资料

人口学资料调查包括年龄、家庭所在地、职业状况、经济状况方面，具体结果详见表 1。

1. 年龄

本次调查的 175 名诈骗犯中，年龄主要集中在 26~55 岁之间的有 152 名，占调查总人数的 86.9%；年龄在 26~35 岁之间的有 41 名，占调查总人数的 23.4%；年龄在 36~45 岁之间的有 54，占调查总人数的 30.9%；年龄在 46~55 岁之间的有 57 名，占调查总人数的 32.6%。由此可以看出，诈骗犯主要是中壮年人群，这可能提示不同年龄阶段的人实施不同类型的犯罪行为，即年龄小的个体更可能实施具有暴力性质的犯罪，年龄大的个体更可能实施非暴力性的财产犯罪。

2. 宗教信仰

无宗教信的诈骗犯有 130 名，占调查总人数的 74.3%，有宗教信仰的有 45 名，占调查总人数的 25.7%，其中信仰基督教的占 1.1%，信仰佛教的占 16.6%，信仰伊斯兰教的占 6.9%，其他宗教信仰的占 1.1%。由此可以看出，绝大多数诈骗犯没有宗教信仰，在有宗教信仰的诈骗犯中，信仰佛教的较多。这与普通群众的信仰比例较为一致，可能提示有无信仰与是否实施诈骗犯罪不存在必然关系。

3. 家庭所在地

诈骗犯的家庭所在地共分为三类：农村占 18.3%，县城占 11.4%，城市占 70.3%。由此可以看出，诈骗犯主要居住在城市中，但需要注意的是出现这一结果与调查对象所在的城市有关。研究者为了便于开展调查研究选择了北京某监狱，但是这存在取样偏差，北京的监狱只关押具有北京户籍的罪犯，所以出现诈骗犯主要居住在城市中的结果。

4. 职业状况

本次调查对象中，无业人员有 55 名，占调查总人数的 31.4%；其次私营企业主有 44 名，占调查总人数的 25.1%；劳动工人或服务业从业人员有 39 人，占调查总人数的 22.3%。值得关注的是，无业人员和私营企业主是诈骗犯罪的高风险人群，缺乏稳定的收入、经商失败、经营遭遇困难可能是其实施诈骗犯罪的高风险因子。

5. 经济状况

在诈骗犯的经济状况方面，个人年收入不足 1 万的有 62 名，占调查总人数的 35.4%，而在 1 万~10 万之间的有 60 名，占调查总人数的 34.3%。由此可以看出，多数诈骗犯的个人收入、工资报酬较低，面临的经济困难多。

6. 经济来源

从诈骗犯的经济来源看，有 15 名诈骗犯的经济来源是非法所得，占调查总人数的 8.6%；有 29 名诈骗犯的经济来源是靠他人援助，占调查总人数的 16.6%。由此可以看出，有大约 1/4 的诈骗犯在被逮捕之前经济来源存在问题，缺乏稳定的经济收入和突然遭遇重大经济困难是诈骗犯罪的动机因素。

表 1 诈骗犯的人口学资料统计表

人口学资料	人 数	比 例
诈骗犯的年龄		
≤25 岁	0	0
26~55 岁	152	86.9%
>55 岁	23	13.1%
宗教信仰		
无	130	74.3%
有	45	25.7%
家庭所在地		
农 村	32	18.3%
县 城	20	11.4%
城 市	123	70.3%
职业状况		
高级管理人员	16	9.1%
私营企业主	44	25.1%
机关企事业工作人员	21	12.0%
普通劳动者	39	22.3%
无业人员	55	31.4%
经济状况		
1 万以下	62	35.4%
1 万~10 万	60	34.3%
10 万~30 万	21	12.0%

续表

人口学资料	人　数	比　例
30 万以上	32	18.3%
经济来源		
正当收入	118	67.4%
他人援助	29	16.6%
非法所得	15	8.6%
其他途径	13	7.4%

（二）家庭、工作情况

家庭/婚姻情况和教育/工作情况包括了诈骗犯与家庭成员的关系、早期成长环境、学习和工作情况等方面的内容，具体结果详见表2。

1. 与家庭成员的关系

从调查数据可以看出，绝大多数诈骗犯与成家成员之间保持较好的人际关系，与家庭成员关系不良的诈骗犯所占比例低于 10%，这说明诈骗犯与家庭成员的人际关系不存在问题，人际关系不良不是诈骗犯罪的风险因子。另外，诈骗犯与父亲关系好的人有 96 名，占调查总人数的 54.9%，与母亲关系好的人有 123 名，占调查总人数的 70.3%，这可能反映与父亲之间建立良好的人际关系，可以降低犯罪率。

2. 社会支持情况

服刑期间会见次数可以反映罪犯的社会支持情况，调查数据显示，每年会见不超过 1 次的诈骗犯有 34 名，占调查总人数的 19.4%，每年会见超过 8 次的诈骗犯有 94 名，占调查总人数的 53.7%。调查结果提示，一半以上的诈骗犯可以获得较好的家庭支持，但是有大约 20% 的诈骗犯缺少来自家庭的关心与支持。

3. 早期家庭成长环境

15 岁以前生活在普通正常家庭的诈骗犯有 161 名，占调查总人数的 92.0%，生活在单亲家庭、继父母家庭、收养家庭的诈骗犯仅有 14 名，占调查总人数的 8.0%，该调查结果显示，来自不完整家庭中的诈骗犯比例并不高，说明早期不良成长环境对诈骗犯罪的影响不大，可能提示成年以后的生活环境对诈骗犯罪的影响大。

4. 反社会交往/同伴

对诈骗犯的反社会交往调查发现，47.4%的诈骗犯与犯过罪的人交往过，这提示反社会的交往可能是诈骗犯罪的高风险因子，诈骗犯罪与交往环境、交往对象的关系较大。

表2　诈骗犯的家庭、工作情况统计表

家庭/工作情况	人　数	比　例
与父亲的关系		
好	96	54.9%
一般	68	38.9%
差	11	6.3%
与母亲的关系		
好	123	70.3%
一般	46	26.3%
差	6	3.4%
与孩子关系		
好	62	35.4%
一般	50	28.6%
差	1	0.6%
无	62	35.4%
与兄弟姐妹的关系		
好	78	44.6%
一般	41	23.4%
差	1	0.6%
无	55	31.4%
服刑期间会见次数		
每年1次或没有	34	19.4%
每年2~4次	23	13.1%

续表

家庭/工作情况	人　数	比　例
每年5~7次以上	24	13.7%
每年8次及以上	94	53.7%
15岁前家庭结构		
普通家庭	161	92.0%
单亲/继父母/收养家庭	14	8.0%
上学时的学习成绩		
比较差	31	17.7%
中等	107	61.1%
比较好	37	21.1%
工作时的表现		
比较差	30	17.1%
中　等	97	55.4%
比较好	33	18.9%
未工作过	15	8.6%
是否与犯过罪的人交往过		
有	83	47.4%
无	92	52.6%

（三）犯罪史情况

诈骗犯犯罪包括前科情况、首次犯罪类型、首次犯罪年龄等内容，具体结果详见表3。

1. 前科

具有犯罪前科的诈骗犯有64名，占调查总人数的36.6%，这提示罪犯的再犯率很高，说明犯过罪的个体比没有犯过罪的个体更可能犯罪，这也和一些研究者认为的犯罪二八原则一致，即少数的个体犯多数的罪，这一结果应该引起国家和监狱教育矫正改造部门的高度重视。

2. 首次犯罪类型

首次犯罪类型属于诈骗犯罪的人数占调查总人数的 39.1%，属于暴力犯罪的人数占调查总人数的 28.1%，属于其他非暴力犯罪的人数占调查总人数的 32.8%。这说明不仅以前犯诈骗罪的罪犯会再次犯诈骗罪，而且犯其他类型罪的罪犯也会犯诈骗罪，罪犯在犯罪类型的连续性上不具有明显的特点。

3. 首次犯罪年龄

首次犯罪年龄在 25 岁以下的占调查总人数的 48.4%，在 26~35 岁之间的占调查总人数的 32.8%，在 36~45 岁之间的占调查总人数的 17.2%，在 46 岁以上的仅占调查总人数的 1.6%。这说明 25 岁以前首次犯罪的罪犯再次犯罪的风险非常高，这与以往的研究结果一致：即个体首次犯罪时的年龄越小，再次犯罪的可能性越高。

表 3 诈骗犯犯罪史情况表

犯罪史情况	人 数	比 例
是否有前科		
有	64	36.6%
无	111	63.4%
首次犯罪类型		
诈骗犯罪	25	39.1%
暴力犯罪	18	28.1%
其他非暴力犯罪	21	32.8%
首次犯罪年龄		
≤25 岁	31	48.4%
26~35 岁	21	32.8%
36~45 岁	11	17.2%
≥46 岁	1	1.6%
本次犯罪年龄		
≤25 岁	17	9.7%
26~35 岁	56	32.0%

续表

犯罪史情况	人　数	比　例
36~45 岁	59	33.7%
≥46 岁	43	24.6%

（四）诈骗犯罪的特点

诈骗犯罪的特点包括诈骗次数、诈骗金额、诈骗受害人数、诈骗犯罪的主观认知和诈骗犯罪的诱因等内容。

1. 诈骗次数

从调查的结果来看，仅诈骗一次的人数占调查总人数的60.0%，诈骗犯5次以上的人数占调查总人数的14.3%，说明诈骗成瘾或者以诈骗为业的诈骗犯只占少数。

2. 诈骗金额

诈骗金额在10万元以下的仅占调查总人数的6.3%，诈骗金额在50万元以上的占调查总人数的60.0%，这提示相对盗窃等财产犯罪，诈骗犯罪导致的经济损失较大，特别是在经济、金融领域的诈骗，单次诈骗金额就可达千万元。

3. 受害人情况

诈骗犯罪的受害人在1人以上的占调查总人数的61.7%，说明诈骗犯罪的受害人较多，特别是集资诈骗，牵涉人员较多，还可能影响地区的和谐稳定。另外，53.1%的诈骗犯承认自己诈骗的对象都是自己认识的人，通过对诈骗犯的访谈可知，多数诈骗犯与被害人都有过生意上的合作或者帮被害人办成过事，本次诈骗犯罪是由于诈骗犯遇到经济困难希望通过骗取定金渡过难关，或者答应的事情没法办成，收取他人的定金被挥霍了，最后被告上法庭被判诈骗罪。需要注意的是，本研究调查的诈骗犯的诈骗行为可能是相对容易打击的诈骗类型，因为诈骗犯在诈骗之前与被害人有过交往，被害人相对熟悉诈骗犯，这有利于公安机关打击诈骗犯罪。但是还有一些诈骗犯虽然严重影响公民的生活但打击起来难度特别大，比如电信诈骗犯的组织者、流窜在街头的诈骗等。

4. 诈骗犯的主观认知

仅有 15.4% 的诈骗犯承认自己积极地寻求诈骗机会诈骗他人；16.0% 的诈骗犯在诈骗前知道自己所实施的行为是诈骗仍会积极地实施，这提示在诈骗犯中可能仅有 15.4% 的诈骗犯是积极寻求诈骗机会的，大部分的诈骗犯罪行为可能是由外部环境因素导致的。需要提醒的是：出现这一结果也可能提示诈骗犯在作答时具有自我美化的倾向，由于研究方法的限制，该研究不能给出确定答案，因此需要采用其他研究方法对诈骗进行研究，如行为学实验、投射测验等。

5. 诱发诈骗犯罪的因素

因遇到经济压力而导致诈骗的人数占调查总人数的 53.1%，其中因经商失败导致诈骗的比例占 23.9%，因经济纠纷被判成诈骗的占 18.3%，想一夜暴富和通过诈骗获得快感的仅占 10.3%。这提示诈骗犯罪的诱因主要是外部因素——遭遇经济困难。

表 4　诈骗犯罪的特点统计表

诈骗犯罪情况	人　数	比　例
诈骗次数		
1 次	105	60.0%
2~4 次	45	25.7%
5~10 次	12	6.9%
10 次以上	13	7.4%
诈骗金额		
10 万以下	11	6.3%
10 万~50 万	59	33.7%
50 万以上	105	60.0%
受害人数		
1 人	67	38.3%
2~4 人	63	36.0%
5~10 人	21	12.0%

续表

诈骗犯罪情况	人 数	比 例
10 人以上	24	13.7%
是否想诈骗他人		
是	27	15.4%
否	148	84.6%
当时是否知道是诈骗		
知道	28	16.0%
不知道	147	84.0%
是否与受害人认识		
认识	93	53.1%
不认识	82	46.9%
导致犯罪的原因		
经济困难	93	53.1%
因经济纠纷被判诈骗	32	18.3%
想一夜暴富和喜欢诈骗别人	18	10.3%
其他原因	32	18.3%

（五）对诈骗犯罪的认知

对诈骗犯罪认知的调查包括被害人为何会受骗，诈骗犯诈骗时的感受，诈骗犯对诈骗结果、对自己、对判决的认知等内容。

1. 对受害人被骗的认知

51.4%的诈骗犯认为被害人上当受骗的原因是贪便宜，想获得超额的好处、利益；16.6%的诈骗犯认为受害人被骗是受害人粗心大意，没认真核实相关信息；10.3%的诈骗犯认为受害人被骗是缺乏社会经验、缺乏对他人行为的判别能力。通过对诈骗犯的访谈也可知，诈骗犯主要是利用被害人的贪心、粗心大意和缺乏相关经验进行诈骗，这也提示我们应该在这些方面下功夫提高公民的防骗能力。

2. 诈骗过程中的感觉

28.0%的诈骗犯在诈骗过程中是担心害怕的，他们担心自己的骗局被识破；41.7%的诈骗犯没有感觉。研究者通过访谈发现，出现这一结果一方面是由于一些犯罪分子诈骗时没有意识到这是犯罪行为；另一方面可能因为诈骗犯具有很好的调解自己情绪的能力。

3. 对诈骗行为的认知

56.6%的诈骗犯认为自己的诈骗行为是一时冲动，自己不想诈骗被害人，是外部环境导致其实施诈骗行为，只有11.4%的诈骗犯承认自己的诈骗行为是早有预谋的。但是此项调查应考虑诈骗犯的社会赞许倾向对其回答的影响。对自己犯罪行为经常感到内疚的诈骗犯占41.1%，从不觉得内疚的诈骗犯占25.7%。

4. 对自己的认知

60.6%的诈骗犯都认为自己与普通人一样聪明，这与以往的研究认为诈骗犯自恋的研究结果不一致，主要可能是判刑后的诈骗犯认为自己被逮住了，就是不聪明，如果聪明的话就不会被逮捕。而在诈骗行为实施前和实施中，诈骗犯会认为自己的诈骗行为不会被发现，自己不会被逮捕，这反映了诈骗犯所处的环境会影响其对自己的认知。

5. 对判决的认知

51.4%的诈骗犯认为判决是公平，48.6%的诈骗犯认为判决不公平，认为判刑不公平主要是与其他罪犯相比，认为自己被判的刑期更长。

表 5　对诈骗犯罪的认知表

对诈骗犯罪的认知	人　数	比　例
对受害人被骗的认知		
贪便宜	90	51.4%
粗心大意	29	16.6%
缺乏社会经验	18	10.3%
其他原因	38	21.7%
诈骗过程中的感觉		
担心、害怕	49	28.0%

续表

对诈骗犯罪的认知	人 数	比 例
兴奋、有快感	13	7.4%
没什么感觉	73	41.7%
其他	40	22.9%
对诈骗结果的认知		
经常内疚	72	41.1%
有时内疚	58	33.1%
不内疚	45	25.7%
对自己聪明程度的认知		
比一般人聪明	35	20.0%
和一般人一样聪明	106	60.6%
比一般人笨的	34	19.4%
对诈骗行为的认知		
一时冲动	99	56.6%
早有计划	20	11.4%
其他	56	32.0%
对判决的认知		
公平	90	51.4%
不公平	85	48.6%

四、结论

诈骗犯的年龄主要集中在 26~55 岁，一般来说，这一年龄段的行为人在生理上和心理上都比较稳定，在实施诈骗时一般都经过深思熟虑，不会轻易冒险，这与诈骗犯罪是一种智能性犯罪、要求诈骗犯必须具有一定的社会阅历和社会经验有关。

本次调查中居住在城市的人员显著高于农村和县城人员，主要是因为本次调研选择的研究对象是北京某监狱的诈骗犯，因为北京的监狱只关押北京户籍的罪犯，没有北京户籍的人在北京犯罪也不可以关押在北京，所以调查结果呈现出多数诈骗犯居住在城里的特点。另外，以往的研究也发现诈骗犯罪与经济活跃度存在正相关关系，经济越活跃的地方，诈骗犯罪发生率越高，这是因为经济活动越频繁，交易就越多，也需要更高的交易效率，出现的漏洞就会越多，给诈骗犯提供的犯罪机会也越多。

通过调查发现，无业人员和私营企业主是诈骗的高风险人群，主要是因为无业人员是社会闲散人员，这部分人通常具有游手好闲的习惯，缺乏稳定的经济收入，容易滋生犯罪；私营企业主是诈骗的高风险人群可能是因为经商失败、自己经商被骗等外部因素导致他们铤而走险采用饮鸩止渴的方式解决短期问题。另外，调查也发现，多数诈骗犯处于社会的较低层次，工作不稳定、收入报酬低，面临较多的经济困难，他们认为单纯依靠劳动难以维持生计更不可能快速致富，实施诈骗犯罪是获取金钱的便捷途径，同时诈骗也满足受人尊重和成功的需要。

调查结果显示，虽然多数诈骗犯可以获得较好的家庭支持，但是有20%的诈骗犯缺乏来自家庭的关心与支持，还有10%的诈骗犯与家人的人际关系较差，而这部分的诈骗犯是再犯风险较高的群体，是罪犯心理矫正与帮扶的重点人群，这类诈骗犯缺乏有效的社会支持系统，因此在矫正这类罪犯时可以通过提升他们的社会支持系统来降低再犯率。

调查结果显示来自不完整家庭的诈骗犯比例并不高，结合以往的研究结果，生活在单亲家庭、继父母家庭、收养家庭的孩子，更可能较早地犯罪，年龄较小时的犯罪类型主要是暴力犯罪，而不是对心智要求较高的诈骗犯罪。因此，家庭不完整可能是暴力犯罪的风险因子，但不是诈骗犯罪的风险因子。

调查结果发现，近半数的诈骗犯与犯过罪的人交往过，这提示反社会的交往可能是诈骗犯罪的高风险因子。根据社会学习理论，犯罪行为是通过与违法者联系或通过观察犯罪活动而习得的，是受同伴和其他有着反社会价值观和生活方式的人影响的结果，对于罪犯来说，加入反社会群体会提高他们反社会的接受性。一旦他们形成关系纽带，反社会人际关系就会阻碍亲社会行为，增加犯罪行为的风险[1]。

---

〔1〕 Wright B. R. E. & Caspi A. & Moffitt T. E., et. al., "The Effects of Social Ties on Crime Vary by Criminal Propensity: A Life-Course Model of Interdependence", *Criminology*, 2001, 39 (2), pp. 321-348.

诈骗犯罪特点的调研结果显示，只有15.4%的诈骗犯是积极寻求诈骗机会的，诈骗成瘾或者以诈骗为业的诈骗犯只占少数，大部分的诈骗犯罪行为可能是由外部因素导致的，多数诈骗犯与被害人都有过生意上的合作或者帮被害人办成过事，本次诈骗犯罪是由于诈骗犯遇到经济困难希望通过骗取定金的方式渡过难关，或者答应的事情没法办成，收取他人的定金被挥霍了，最后被告上法庭被判诈骗罪。

Cressey建立并发展了欺诈三角理论来解释为何人们会进行欺诈。他认为欺诈行为的发生必须同时具备三个条件：感知到压力（perceived pressure）、发现机会（perceived opportunity）以及合理化欺诈行为（rationalization），缺少它们当中的任何一项，诈骗都不会发生[1]。具体而言，动机是诈骗的原因，主要包括贪婪、压力、报复及自利行为、感情因素的变化无常。Albrecht将动机具体改为压力，指出刺激个人为其自身利益而进行欺诈的压力，大体上可分为四类：经济压力、恶习的压力、与工作相关的压力和其他压力。调查结果中有一半以上的诈骗犯在犯罪前处于失业状态，诈骗原因最多还是由于自己或家庭遭受过经济困难，需要钱来解决问题或渡过难关，他们诈骗前遭受着较大的经济压力。机会是允许欺诈发生的有利条件，多数诈骗犯与被害人都有过生意上的合作或者帮被害人办成过事，诈骗的机会很容易获得。合理化是欺诈者将自己的行为解释为并非错事，调查显示多数诈骗犯认为自己的诈骗是一时冲动，这表明一部分诈骗犯有自我美化的倾向，为自己的预谋犯罪脱罪，还有少数诈骗犯明明知道自己的行为是犯罪还会去做，而且实施诈骗行为以后没有内疚感。

---

[1] D. R. Cressey, "The Criminal Violation of Financial Trust", *American Sociological Review*, 1950, 15（6）, pp. 738-743.

证人出庭对法官裁判的实证影响

邹　敏　马鑫鑫*

摘　要：根据刑事诉讼法的规定，证人出庭作证的启动程序实际上是由法官垄断的。在调研中我们发现证人出庭对法官庭审的状态影响不大，并且法官不愿适用强制证人出庭制度，甚至认为部分证人的出庭必要性有待商榷。证人出庭作证制度的落实是庭审实质化的表现形式，由此我们提出以下三点建议：一是把法官的主观判断从证人出庭条件的规定中删去；二是限制使用证人证言这一证据类型，但一旦使用就应当要求符合条件的证人出庭；三是继续开展刑事诉讼的认罪认罚从宽制度、速裁程序试点，完善刑事诉讼程序。

关键词：证人出庭　主观心理　法官裁判

一、调研概述

（一）调研背景

2012 年修订的《中华人民共和国刑事诉讼法》（以下简称《刑事诉讼法》）对证人制度的修改标志着我国刑事证人作证制度基本成熟。在党的十八届四中全会通过《中共中央关于全面推进依法治国若干重大问题的决定》并提出要推进以审判为中心的诉讼制度改革后，证人出庭作证作为以审判为中心的诉讼制度改革的一项重要内容，成了刑事诉讼法专家学者关注的热点。完善证人出庭作证制度对于落实直接言词原则，全面贯彻证据裁判规则，实现庭审实质化等方面有着重要作用，这一点成为学界的共识。

随着近年来立法技术的进步以及审判水平的提高，尤其以《刑事诉讼法》

---

* 邹敏，中国政法大学民商经济法学院 2017 级硕士研究生；马鑫鑫，中国政法大学法学院 2017 级硕士研究生。

的不断完善和党的十八届四中全会提出要推进以审判为中心的诉讼制度改革为标志，以审判为中心、推动庭审实质化的理念越来越深入人心，专家学者纷纷为其模式构建中的重要一环——证人出庭制度在实践中真正发挥作用建言献策。证人出庭制度是庭审实质化的重要内容，在当前推动以审判为中心的诉讼制度改革和庭审实质化中，证人、鉴定人出庭制度既是重点又是难点。

与此同时，相关的实证研究也在不断进行。我们通过对现有实证分析的研究发现，现有的实证研究大多集中在以下三个方面：一是统计证人出庭率；二是分析出庭率低的原因；三是提出相关制度修改建议。具体的证人出庭率计算方式不一，各地结果不一，但调研者普遍认为我国证人出庭率过低。调研者进而从现有制度出发，对比其他国家对证人出庭的相关保障措施，认为我国证人出庭率低的原因包括：中国刑事诉讼制度受卷宗主义的影响太深刻；公民法律意识不强；证人保护、补偿等保障措施落实不到位，提出要进行程序分流从而减轻法官负担，增加证人出庭案件的比例，在证人保护、补偿方面加强制度保障。

（二）调研方法

我们采用发放调查问卷和实地访谈的方式进行调研。通过向法院工作人员发放相关调查问卷并结合问卷结果进行实地访谈，我们收集到相应数据后将调研结果汇总分析，进而综合剖析证人出庭对法官庭审的影响。

（三）调研内容

1. 调研对象

结合本文作者的调研能力，出于扩大样本数据研究的需要，我们依据发达程度和所在地域两个因素，选取 B 市和 G 省 H 市两个城市，对当地中级人民法院和基层人民法院的刑事审判庭进行调查研究，本次调研法院为 B 市 C 区基层人民法院（以下简称"C 区法院"）、H 市中级人民法院（以下简称"H 市中院"）、H 市 P 区基层人民法院（以下简称"P 区法院"）。

2. 调研核心内容

通过前期理论研究，我们认为证人出庭对法官的影响可能集中在以下方面：

（1）证人出庭会导致庭审时间延长，耗费法官更多精力。我们认为，在这种高强度工作量的压力下，法官任务繁忙，也许会认为证人出庭并当庭质证对他们来讲是变相增加负担。因此他们可能更倾向于通过仔细阅读卷宗的方式来了解案件详情，如发现证据不足的情形，也会更倾向于向检察院要求补足证据。

（2）证人出庭很有可能改变证言，给法官增添负担。从法官自身的角度来说，证人改变证言大大增加了他们的工作量：检察院移送审查起诉的证据已经达到犯罪事实清楚，证据确实充分的证明标准，与作出有罪判决的证明标准并无区别，如果证言不改变，则只要按照公诉方意见径行作出有罪判决即可，但如果证人当庭改变证言，或是在交叉询问中揭开书面证言的错漏之处，则会加剧庭审分歧，提高采信难度，使法官难以形成内心确信，若是要求当庭判决，更是对法官的心证能力提出很高的要求。因此，在本就巨大的审判压力下，再加上"多一事不如少一事"的惰性取向，法官不愿意让证人出庭。

不仅如此，我们还发现，在庭审实践中，出庭证人的证言往往存在证明力不足的问题。首先，案卷中的证言笔录通常都是有印证的，而法庭证言则可能受辩方取证能力的限制，印证性不如庭前证言。其次，证人往往由于自身文化水平的限制，难以说出真正对判决结果产生影响的当庭证言。

（3）证人出庭需要增加审判成本，使法官承担更多压力。尽管证人出庭作证的补助并非由办案法官自掏腰包，但据我们所了解，在司法实践中，法官办案会受到分管庭长等上级的压力，这种压力不仅包括办案时间、办案质量，也包括审判成本。因此，证人出庭对法官的影响，还应当包括增加审判成本的压力。

（4）证人出庭有利于查清案件事实、落实庭审实质化。前述调研背景部分已经详细论述了证人出庭的积极方面，证人出庭有利于法官查清案件事实。

综上，我们通过阅读相关文献，结合自己的实践经验，总结出了证人出庭可能给法官带来的负面影响和正面影响，我们围绕着上述四点设计了我们的调查问卷和访谈提纲，重点在于观察证人出庭是否会导致法官心理产生变化，产生何种变化，进而得出证人出庭给法官裁判带来的实证影响。

（四）调研创新之处

针对证人出庭制度，现有的理论研究大多聚焦在该制度的重要价值和如何实现上，实证研究则大多着眼于统计出庭率和分析原因等方面，我们认为其中存在空白：证人出庭作证制度如此之重要，法官对于证人出庭作证的垄断又如此之明显，可见要实现证人出庭制度带来的诸多好处，就要从法官角度着手。然而，现有文献中竟没有分析证人出庭制度中法官主观心理状态的实证研究，因此本文选取该角度研究证人出庭制度，以期了解该制度施行现状，并深入挖掘该制度难以充分落实的原因。

法官是证人出庭作证制度的落实者，通过调研法官在证人出庭案件中的表现，分析证人出庭带给法官哪些方面的影响，从而得知裁判者内心对这项制度的认可程度，也就能够真实地反映出证人出庭制度的现状。根源性的问题一旦解决，现行改革措施在实践中遇到的问题也将迎刃而解。

由于我们要研究的是具体的法官个人而非抽象的制度，因此需要通过样本数量的增加，来实现调研结论的公允性。为此，我们选取了发达程度不同、距离较远且具有代表性的两个城市（B市、G省H市）作为本次调研的地点。

二、调研结果

（一）调研数据总结

证人出庭对法官裁判的影响是通过观察法官在证人出庭案件中的表现得来的，我们考察的是法官的主观意识，但是单纯地观察意识是做不到也得不到准确结果的。意识是实践的产物，离开了实践，我们无法感知意识，也无法理解实践。因此，本文借鉴了马克思的思维与存在的辩证关系理论，通过实践感知法官意识，通过客观表现考究法官心理。

本次调查我们发放了18份问卷，有效回收问卷18份，采访法官人数超过5人，重点跟每个法院的刑庭庭长或者业务经验丰富的法官进行深入访谈。结合问卷结果与访谈内容，我们在总结的时候将证人出庭对法官的影响分为几类：法官拒绝证人出庭申请的原因、庭审上法官的表现、证人出庭对裁判成本的花费、证人不配合时的处理方式等。另外，我们还对一些基本情况进行了调研，比如出庭率、证人不配合率等，是以分析证人出庭制度在法院中的适用情况。

1. 证人出庭情况

（1）出庭率：出庭率是根据每个法官适用的证人出庭的案件占总的普通程序案件的比例的平均值计算出来的。

C 区法院出庭率为 6%~10%；H 市中院无准确数据，但相比 C 区法院来说更高；P 区法院因样本数量少，无法得出有效数字。

（2）证人出庭实践中的表现：伪证、错证、翻证、无正当理由拒绝出庭的现象频次。

第一，伪证、错证、翻证在庭审中的比例。三个法院的法官都认为证人在庭审中伪证、错证、翻证现象偶尔发生。

第二，证人无正当理由拒绝出庭的比例。C 区法院法官认为证人无正当理由拒绝出庭现象偶尔发生，而 H 市中院与 P 区法院法官认为该现象经常发生。

2. 证人出庭对裁判成本的花费

（1）时间（庭审、阅卷、形成判决）方面：C 区法院法官认为证人出庭基本不影响法官阅卷时长和作出判决时长，总的来说对审判时间的影响也比较有限；H 市中院法官认为证人出庭客观上一定会增加庭审时间（如核对身份等），阅卷时间与其他案件差不多，部分法官认为会增加形成判决的时间，部分法官认为不会影响形成判决的时间；P 区法院法官认为庭审时间会增加（如证人迟到），阅卷时间、形成判决时间无明显增加。

（2）精力（内心确信）方面：C 区法院法官认为法官通过证人出庭更容易查明事实，反而节省精力；H 市中院法官认为辩方证人可信度低，不会影响形成内心确信的时间；P 区法院法官未提及。

（3）补助程序方面：三个法院的法官认为证人出庭补助方面不会影响决定是否适用证人出庭制度，C 区法院法官说尚且没有规定补助标准的规范性文件，因此按照差旅费标准补助证人；H 市中院法官表示 G 省有专门的补助流程文件，由财务处按发票予以报销。

3. 庭审上法官的表现

（1）着装方面：证人出庭对法官着装无影响，法官认为司法礼仪是本就应做到的。

（2）证人作证时：法官表示会仔细观察证人庭审时的表现，注重细节。

（3）质证过程中：法官会对有争议之处积极发问。

4. 拒绝证人出庭申请的原因

（1）证人出庭的申请方及内容：证人出庭大多由辩方申请，H 市中院与

P区法院认为大部分情况下证人出庭作证有利于辩方，C区法院未提及。

（2）拒绝证人出庭申请的理由：C区法院法官未提及；H市中院法官认为理由包括以下几大类：传闻证言（有原始证据情况下排除传闻证据）、对案件没有重大影响、证言与在案其他证据存在难以排除的矛盾、证言反复不一致；P区法院认为理由有以下类型：传闻证人、与被告人有利害关系、庭前证言已经被采信，认为没有必要。

5. 法官对不配合证人的处理方式

（1）伪证、错证、翻证的现状与处理方式：C区法院未提及，法官表示当事人的文化水平不是影响证人出庭效果的因素；H市中院法官认为这会导致证人可信度在法官心中降低，证言证明力大打折扣，作伪证达到刑事追诉程度就将由相应的司法机关进行处理；P区法院未提及。

（2）强制证人出庭的适用：C区法院法官认为这一规定可操作性不强，即使强制了，证人仍不愿意作证，为查明案件，法官有时不得不采取庭下调查的方式；H市中院法官表示若证人不同意，法院会对拒绝的原因进行评估，根据评估结果决定是否采取强制证人出庭措施；P区法院法官不愿采取强制出庭措施引起证人的反感，更倾向于庭下调查，并将庭下得到的证言拿到庭上进行当庭质证。

6. 调研数据汇总表格

调研内容 ＼ 法院		C区法院	H市中院	P区法院
出庭率		6%～10%（审判经历越长，适用证人出庭比例越高）	无准确数据（但相比C区法院来说更高）	样本数量少，无法得出有效数字
对法官的影响	时间（庭审、阅卷、形成判决）	证人出庭基本不影响法官阅卷时长和作出判决时长，总的来说对审判时间的影响也比较有限	证人出庭客观上一定会增加庭审时间（如核对身份等）；阅卷时间与其他案件差不多；部分法官认为会增加形成判决的时间，部分法官认为不会影响形成判决的时间	庭审时间增加（如证人迟到），阅卷时间、形成判决时间无明显增加

续表

调研内容 \ 法院		C 区法院	H 市中院	P 区法院
对法官的影响	精力（内心确信）	法官通过证人出庭更容易查明事实，反而节省精力	辩方证人可信度低，不会影响形成内心确信的时间	未提及
	经济成本（补助程序是否影响出庭）	不影响（按差旅费标准补助证人）	不影响（G 省有专门的标准，财务处按发票处理）	不影响（G 省有专门的标准，财务处按发票处理）
着 装		无影响	无影响	无影响
证人出庭的申请方及内容	证人出庭大多由谁申请	辩 方	辩 方	辩 方
	证人出庭作证内容有利于哪方	未提及	有利于辩方	有利于辩方
证人出庭表现	伪证、错证、翻证在庭审中的比例	偶 尔	偶 尔	偶 尔
	证人无正当理由拒绝出庭的比例	偶 尔	经 常	经 常
	伪证、错证、翻证的现状与处理方式	未提及	证人可信度降低，证言证明力大打折扣	未提及
	强制证人出庭的适用	可操作性不强，即使强制了，证人仍不愿意作证，更愿意庭下调查	若证人不同意，法院会对原因进行评估，如果有必要，采取强制证人出庭措施	不愿采取强制出庭措施引起证人的反感，更愿意庭下调查、当庭质证

续表

法院 调研内容		C 区法院	H 市中院	P 区法院
证人 出庭 表现	拒绝证人出庭的理由	未提及	（1）传闻证言（有原始证据情况下排除传闻证据）； （2）对案件没有重大影响； （3）证言与在案其他证据存在难以排除的矛盾； （4）证言反复不一致。	（1）传闻证人； （2）与被告人有利害关系； （3）庭前证言已经被采信，认为没有必要。
总结 与建议	建议	（1）从上至下，引导社会舆论风向改变； （2）制定证人补助标准的规范性文件； （3）完善刑法中的伪证罪，使其更便于使用。	近亲属应适用强制出庭作证制度	（1）预审规范（全程录音录像），可有效应对翻证； （2）加强社会舆论引导； （3）加强证人保护。
	总结	非常倡导。因为证人出庭： （1）有利于法官查明真相； （2）有利于使定罪符合证明标准，对作出判决有很大帮助。	与其他证明材料一样认真对待（不会过于重视证人出庭所提供的证言）	证人证言较其他证据（如视频资料）形式证明力低

（二）调研数据分析

以上是数据的直观反映，我们需要透过现象看本质，从数据的背后看到证人出庭对法官裁判产生的影响。我们在"调研内容"部分分析了证人出庭可能给法官带来正面或负面的影响，我们通过数据来看实践中是否会给法官带来这样的影响。

前一部分为对调研数据及访谈内容的总结，接下来我们将对前一部分的数据分析，推导出证人出庭对法官裁判会产生的实证影响，并与前述的理论研究预期进行对比，得出二者的差异并分析原因。

1. 证人出庭对庭审、法官阅卷、形成判决时间的影响

证人出庭会带来庭审时间增加，一方面，法官需要核实证人基本信息，程序性过程会增加庭审时间；另一方面，证人因客观原因无法及时到庭也增加了庭审中等待证人到庭的时间。从数据反映中来看，证人出庭制度适用比例较低，总的来看，尽管证人出庭会使庭审时间增加，但程度并不明显；另一个原因在于基层法官的工作量非常大，证人出庭花费时间不会很明显增加业务量。因此，在证人出庭作证导致庭审时间延长的情况下，法官仍会选择耐心等待当事人质证结束，后续流程也是按部就班地进行，不会急着结案。

阅卷和形成判决时间基本不会增加，法官表示对所有证明材料都会认真对待，不会因为证人证言的特殊性而影响其阅卷时间。除此之外，法官可以通过观察证人庭审表现以及依据其他证据材料形成内心确信，形成判决不单单依赖于证人证言。

2. 证人出庭作证实践中的问题

由数据可以得出，证人翻证的情况时有发生，法官也给我们列举了发生在实践中的翻证、伪证案件。在这种情况下，法官就需要借助其他相关证据来判断证言的真实性，并且如果证人不能对翻证作出合理说明，就一般不予采纳。此外，P区法院部分法官表示，现在公安机关预审的流程很规范，也有全程的录音录像记录庭前证言的获取过程，凭借相关的证据得以佐证证言真实性。

在我们追问作伪证有什么惩罚的时候，法官提出，证人出庭作伪证受刑事责任追究需要由公安机关立案、检察院起诉，不属于法官的职责范围。解决翻证这个问题的前提是伪证罪的完善，现行立法中对伪证罪、妨碍作证罪等规定缺乏体系，需要对这些罪名有一个系统的论述。

在调研结束之后，我们在裁判文书网上对伪证罪相关判决进行了检索，检索出来的B市地区伪证罪案例有19例，仅有2例明确指出被告人是因为出庭作翻证、伪证而被以伪证罪追究刑事责任，其余大多数都是在公安机关侦查阶段做伪证被判罚。此外，G省也只检索到3例伪证罪的判决书。

从法官的反馈中我们了解到伪证、翻证的情况还是普遍存在的，但是受到法律制裁却很少，伪证罪在实践中的适用未给证人带来威慑力。

3. 证人出庭的实践

法官在面对证人出庭率低的问题时，也表示很无奈。某法官非常倡导证人出庭制度的进一步运用，因为证人出庭有利于法官查明真相、有利于使定罪符合证明标准，对作出判决有很大帮助。但该法官也指出，现在证人不愿意出庭的原因在于：一是保护措施不到位，证人怕打击报复；二是证人补助不足；三是社会舆论倡导不足；四是地域广，难以传唤远距离证人等。

在证人不愿意出庭的情况下，法官会在庭审之外去找相关证人核实，把相关证言拿到法庭上质证。这无疑是增加了法官花费的时间，庭审时间尽管得以保证，但是法官在庭审之外需要投入更多的时间去查证。尽管刑事诉讼法规定了强制证人出庭制度，但是法官不愿意适用该项规定，一方面在于强制证人出庭制度可操作性不强，即使强制了，证人仍不愿意作证；另一方面是为了避免证人对法庭产生反感抵触情绪。

申请证人出庭更多时候是辩方提出的，作证的内容是有利于被告人的，但是对于控辩双方证人出庭的申请，法官也不是一味地接受，对传闻证人或是可信力低的证人，法官可能作出拒绝证人出庭申请的决定，并且有法官认为证人是否有必要出庭要按个案分析，如果证言已经固定或者与其他证据可以相印证，就不必出庭，否则是浪费司法资源。

（三）调研结论

与调研之初的预设相比，我们得出以下几点结论：

1. 证人出庭客观上对于法官造成的负担并不明显

在正式开展调研之前，我们依靠前期在 C 区法院调研的相关数据得出，刑庭法官平均每年需审结的案件数量为一百件左右，我们由此认为法官工作量较大，而证人出庭会在时间、精力、金钱等方面对法官造成更大负担，因此法官主观上不愿意适用证人出庭制度。

但通过实地调研，我们发现，法官未将证人证言作为特殊的证明材料，仅与其他证明材料一样认真对待，在阅卷时不会当然地将其预设为庭审重点，也不会因为证人出庭而更注重仪表或者其他紧张表现，可见证人的出庭在客观上并未给法官带来很大的负担。我们认为证人出庭对法官的这三个方面影响并不明显，而证人出庭对于查清事实的好处使得法官主观上愿意适用该制度。

2. 法官主观上对证人出庭条件增加了限制，倾向于"理想"证人出庭

法官主观上认为证人出庭是有利于查清案件事实的，但是证人证言与其他物证相比，有很大的不确定性（翻证）与模糊性（记忆不准确），因此不是每个证人都有必要出庭作证。

总的来说，法官倾向于选择的出庭证人除需满足法条规定的条件以外，还要有一定程度的可信度（不能与在案其他证据存在难以解释的矛盾、不能反复不一致、不能是传闻证言、证言作出者也不能与当事人有利害关系），与此同时，对于可信度较高且已经被采信的证言，法官也会倾向于不需要证人出庭。因此，法官认为有出庭必要的证人有以下条件：一是证人具有可信度；二是证言存在争议或存疑；三是证人不出庭难以查清楚事实。

3. 强制证人出庭制度使用情况并不理想

根据《刑事诉讼法》的规定，证人没有正当理由拒绝出庭或者出庭后拒绝作证的，予以训诫，情节严重的，经院长批准，处以 10 日以下的拘留。调研之前，我们认为强制证人出庭制度作为证人出庭的保障制度，应当能够对提高证人出庭率起到作用。

但在实地调研和访谈中，我们发现这一规定在司法实践中是名存实亡的，法官出于以下两点原因不愿适用该制度：一是不愿为审判增加矛盾；二是即使强制证人出庭，证人也可能不愿提供证言。

因此，在实践中，法官替代强制出庭的做法多种多样，例如主动找证人核实信息，再将该证言拿到法庭质证。

4. 法官认为证人出庭的必要性有待商榷

（1）证人证言的证明力并不高。我国刑事诉讼的传统比较重视言词证据，甚至被告人供述被称为"证据之王"。但这是因为传统的侦查手段与科技水平都很落后，视听资料、电子数据、鉴定意见等证据较难取得，查明案件事实只能依赖被告人供述与证人证言。我们在调研中发现，法官们对证人证言并不非常重视，对于出庭证人也不甚信任，而是更加倾向于依靠视听资料、电子数据、鉴定意见等优先证据查明事实作出裁判。

（2）法官认为，在证据已经互相印证，法官对其书面证言已经采信的情况下，以及书面证言与在案其他证据存在难以解释的矛盾，法官已经不采信的情况下，再要求证人出庭是对司法资源的浪费。

三、完善建议

2018 年 10 月 26 日，我国再次修订了《刑事诉讼法》，加入了认罪认罚及刑事速裁的相关规定，通过程序分流提高刑事案件的审判效率，但《刑事诉讼法》未对证人出庭部分作出修改。

尽管我国已有较为成熟的证人出庭制度，但在实践中的运用与应有效果存在差距。证人出庭与庭审实质化密切相关，证人出庭率与庭审实质化具有一定的正相关关系，现行规定下证人出庭率低的原因是多元的。本文将结合所得的调研结果，从法官角度就完善证人出庭制度的实践提出几点建议。

（一）把法官的主观判断从证人出庭条件的规定中删去

《刑事诉讼法》对于证人出庭的条件规定为："公诉人、当事人或者辩护人、诉讼代理人对证人证言有异议，且该证人证言对案件定罪量刑有重大影响，人民法院认为证人有必要出庭作证的，证人应当出庭作证。"其中"人民法院认为证人有必要出庭作证的"这一要求被认为"主观性极强""过于苛刻"。陈光中教授认为，第 187 条（现为第 192 条）的规定赋予法院大而模糊的裁量权，只要法院认为证人没有必要出庭，则证人就无需出庭。这种授权性规定一方面留给法院过大的裁量空间，另一方面在当前我国以审判为中心尚未得到贯彻落实的流线型诉讼模式下也给法院出了难题。[1]

在调研中我们发现，如果按照现有的规定，由法官对证人是否有必要出庭做主观判断的话，可能会出现以下问题：①法官不愿意让可信度较低（例如与在案其他证据存在难以解释的矛盾、反复不一致、传闻证言或与当事人有利害关系）的证人出庭；②法官认为预审阶段比较规范，并且证言与在案其他证据已经相互印证，则书面证言无需经过质证即可采信。

在以上两种情况下，证言只经过了控方单方的询问，若证人不出庭，则法庭依据控方提交的书面证言对事实予以认定，辩方丧失了对证人当庭质疑和反驳的机会，不仅侵犯了被告人与证人质证的合法权利，而且整个诉讼程

---

〔1〕　陈光中、郑曦、谢丽珍：《完善证人出庭制度的若干问题探析——基于实证试点和调研的研究》，载《政法论坛》2017 年第 4 期。

序成为走过场，控辩双方的平等对抗沦为形式，程序公正亦难获得体现。[1]因此，我们认为应当删去"人民法院认为证人有必要出庭作证的"这一条件。

无独有偶，自 2016 年以来，最高人民法院陆续颁布的三部文件都进行了这一修改，分别体现在 2016 年 7 月 20 日生效的《关于推进以审判为中心的刑事诉讼制度改革的意见》第 12 条、2017 年 2 月 17 日生效的《关于全面推进以审判为中心的刑事诉讼制度改革的实施意见》第 14 条、2017 年 6 月 6 日生效的《人民法院办理刑事案件第一审普通程序法庭调查规程（试行）》第 13 条中。[2]从这些条文中，我们发现，"人民法院认为证人有必要出庭作证"已被删去，但"该证人证言对案件定罪量刑有重大影响"成了由法院主观判断的内容。这一改变在司法实践中效果如何，对于庭审实质化改革又能否起到作用，我们暂时抱以乐观的态度。

（二）限制使用证人证言这一证据类型，但一旦使用就应当要求符合条件的证人出庭

人证与物证相比，具有生动、形象、具体、丰富的优点，但由于受主观因素的影响较大，容易含有虚假成分。[3]在调研中，我们发现法官正是基于对证人证言先天性的不足有所忌惮，才优先选用客观性更强的实物证据。除

---

〔1〕 陈光中、郑曦、谢丽珍：《完善证人出庭制度的若干问题探析——基于实证试点和调研的研究》，载《政法论坛》2017 年第 4 期。

〔2〕《关于推进以审判为中心的刑事诉讼制度改革的意见》第 12 条：完善对证人、鉴定人的法庭质证规则。落实证人、鉴定人、侦查人员出庭作证制度，提高出庭作证率。公诉人、当事人或者辩护人、诉讼代理人对证人证言有异议，人民法院认为该证人证言对案件定罪量刑有重大影响的，证人应当出庭作证。健全证人保护工作机制，对因作证面临人身安全等危险的人员依法采取保护措施。建立证人、鉴定人等作证补助专项经费拨划机制。完善强制证人到庭制度。《关于全面推进以审判为中心的刑事诉讼制度改革的实施意见》第 14 条：控辩双方对证人证言有异议，人民法院认为证人证言对案件定罪量刑有重大影响的，应当通知证人出庭作证。控辩双方申请证人出庭，人民法院通知证人出庭后，申请方应当负责协助相关证人到庭。证人没有正当理由不出庭作证的，人民法院在必要时可以强制证人到庭。根据案件情况，可以实行远程视频作证。《人民法院办理刑事案件第一审普通程序法庭调查规程（试行）》第 13 条：控辩双方对证人证言、被害人陈述有异议，申请证人、被害人出庭，人民法院经审查认为证人证言、被害人陈述对案件定罪量刑有重大影响的，应当通知证人、被害人出庭。控辩双方对鉴定意见有异议，申请鉴定人或者有专门知识的人出庭，人民法院经审查认为有必要的，应当通知鉴定人或者有专门知识的人出庭。控辩双方对侦破经过、证据来源、证据真实性或者证据收集合法性等有异议，申请侦查人员或者有关人员出庭，人民法院经审查认为有必要的，应当通知侦查人员或者有关人员出庭。人民法院通知证人、被害人、鉴定人、侦查人员、有专门知识的人等出庭后，控辩双方负责协助对本方诉讼主张有利的有关人员到庭。

〔3〕 张建伟：《刑事诉讼法通义》，北京大学出版社 2016 年版，第 264 页。

此以外，随着监控覆盖率的提高、鉴定技术的升级、社会大众对手机更加依赖等转变，法官对于视听资料、鉴定意见、电子数据等证据类型的适用也在逐渐增加。基于以上情况，本文认为，在优先证据存在的情况下，可以限制使用证人证言作为定案证据。但若是在缺少了证人证言、其他证据就无法形成完整的证明链，或者案件就达不到犯罪事实清楚、证据确实充分的证明标准的情况下，就应当采纳证人证言作为证据。一旦采纳了证人证言作为定案证据，出于直接言词原则和保障被告人对质权的要求，就应当让提供证言的证人出庭履行作证义务并接受询问。

（三）将证人出庭制度与刑事诉讼的认罪认罚从宽制度、速裁程序有效衔接，完善刑事诉讼程序

本次修法已对认罪认罚从宽制度和速裁程序作出相应的规定，但未对如何将这些程序与证人出庭制度有效衔接作出规定。

实践中，法官在法条规定的证人出庭条件之外还附加了诸多主观条件，我们认为这与法官工作量较大，希望提高诉讼效率有关。通过认罪认罚从宽制度和速裁程序完成刑事诉讼的繁简分流，法官就可以对每个普通程序案件付出更多精力，更加追求查明案件事实和保障被告人的程序权利，这就需要符合法定条件的证人均履行出庭义务，因此普通程序案件的证人出庭制度就可以更加完善，而这也是推进庭审实质化的必然要求。因此，在程序分流完善的制度下，可以要求在按普通程序审理的案件中，与案件事实有关的证人在无特殊情形下能出庭作证，有条件的可采用视频作证的方式。

乡村振兴的婺源经验

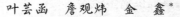

——以江西婺源篁岭古村旅游业的发展为例

叶芸函　詹观炜　金　鑫*

摘　要： 乡村振兴大背景下的精准扶贫和美丽乡村建设是实现全面小康社会的最后攻坚战。近年来，位于江西省婺源县东北部的篁岭村明确自身定位，在当地政府、企业、村民的共同参与下，通过产权置换和本土人才培养，大力发掘当地自然、人文特色，以文化旅游产业为依托，对村庄内部的"人、财、物、乡风"等方面产生了诸多积极影响，实现了由一个人口大量外流的"空心村"向一个网红打卡必去的"最美乡村"的蜕变。本文基于实地调研，详细梳理了婺源篁岭发展的现实经验，为全国古村振兴提供路径参考。

关键词： 婺源　旅游　古村　乡村振兴

改革开放四十余年来，中国发生了翻天覆地的变化，古老的东方巨龙在党和政府的指引下重新腾飞。中国城市的发展日新月异，向世界展示着名为"中国速度"的奇迹。相比之下，中国农村的发展则显得相对滞后，落后的农村如何跟上新中国的步伐成为新时代党和政府密切关注的问题。习近平总书记在十九大报告中指出："农业农村农民问题是关系国计民生的根本性问题，必须始终把解决好三农问题作为全党工作的重中之重，实施乡村振兴战略。"为此，各地政府纷纷响应党的政策，因地制宜，为乡村的发展谋新篇。在江西婺源，乡村旅游的发展为篁岭村的振兴插上了翅膀。一个原本没落的空心村摇身一变成为网红旅游目的地，篁岭村民的生活在几年内有了质的提升，

---

* 叶芸函，中国政法大学比较法学研究院 2017 级硕士研究生；詹观炜，中国政法大学法学院 2018 级硕士研究生；金鑫，中国政法大学外国语学院 2018 级硕士研究生。

篁岭村的振兴究竟有何不同之处？为此，本调研团队于2019年1月底深入当地，对政府、企业以及农户三方主体进行访谈，实地采访婺源县政府县委办公室、江湾镇政府以及篁岭村相关工作人员，婺源县乡村文化发展有限公司负责人以及当地村民，对古村振兴的模式进行考察。本次调研具体探究古村的振兴模式及其给村民生产生活带来的变化与影响，以此试图为其他古村落的振兴提供借鉴经验。

一、篁岭村原始面貌——一个没落的空心化村庄

走进今日的篁岭，映入眼帘的是漫山遍野的油菜花、色彩斑斓的晒秋画卷、高低错落的梯田人家，篁岭以独特的风情吸引着络绎不绝的游人。十年前的篁岭是什么模样？这里热闹红火的氛围让人们对篁岭原始面貌的记忆渐渐模糊。身处于今日的篁岭，我们很难想象这里竟曾是一个没落的空心化村庄，在封闭的大山里奄奄一息、无人问津。

（一）地处山区，自然灾害频发

篁岭村地处江西省婺源县东北部，是典型的山居村落，受地形限制，村民的房屋建在海拔500多米的一个陡坡之上，房屋高低错落、呈半环状分布。婺源县位于北纬29.25°，属亚热带季风性湿润气候，夏季多雨，冬季干燥。每逢雨季，篁岭村易遭受山体滑坡、山洪等自然灾害的侵袭。另外，村民的房子均为木质结构或是泥砖混合结构，村子里的房屋均遭受不同程度地损害，甚至还发生过几起因房屋倒塌而造成的人员伤亡、财产损失事故。篁岭村部分村民受政府鼓励曾分别于1993年、2002年自发地进行过两次大规模的集体搬迁，许多有条件、有能力的村民都陆续搬到安全的山下平地，另建新房。截至2009年，一半的村民已搬迁至山下，山上仅剩下70多户、320余村民居住。山上村民搬迁而闲置的房屋因无人修缮而破败不堪，随时有倒塌的危险，山上村民的生命安全受到严重威胁。

（二）交通闭塞，基础建设落后

篁岭村隐于大山中，当地的交通十分闭塞，出行一直是当地村民的难题。由于"地无三尺平"，篁岭村村内可用地极其稀少而村民的生产生活资料大部分集中在山下和半山腰上，狭窄陡峭的泥泞山路没有办法通车，村民只能靠步行上下山，交通十分不便。几百年来，篁岭村民在大山里过着世外桃源般

的生活，这里保留着原始的自然风光与传统的民俗风情。与此同时，当地的教育、医疗卫生、水利、电力等基础建设也迟迟跟不上时代的步伐。20世纪以来，村子里仅有的小学也撤并到条件相对更好的镇里，孩子们想要上学必须踏上更远的山路。乡下的赤脚医生只能解决简单的小病小痛，村民想要外出就医又面临交通闭塞的难题。而且篁岭村夏季洪涝泛滥、旱季严重缺乏生活用水，由于缺乏管理与资金支持，村子里的排水与引水设施建设问题一直得不到有效的解决。

（三）村庄日益老龄化、空心化

由于篁岭村生产生活资料贫乏、收入渠道极少，村子里原本90%以上的青壮年均外出务工，村子里只留下老人和小孩，整个村庄日益呈现出老龄化、空心化的状态。青壮年外出务工使得当地的发展缺乏足够的劳动力，篁岭村的发展举步难行。村子里的孩子从小缺乏父母的陪伴与保护，和老人留守于大山中破败的村庄里，他们时刻渴望着能够走出这座大山。村子里的老人艰难地维续着传统的乡村生活，大量梯田因缺乏劳动力而荒废，各类民俗文化面临着失传的风险。在乡村旅游开发前，篁岭村已陷入缺水缺电、居民搬离、房屋失修、梯田荒废的困境，村子一片萧条，面临着在"空心化"状态下逐渐消亡的命运。

二、篁岭村腾飞的契机——乡村旅游资源开发

篁岭村的面貌革新非一人之力、一日之功。篁岭村凭借自身独特的资源和现实便利条件，通过利用公司的资金进行整体性打造，并借助县、乡政府的政策扶持，开始了发展与腾飞。篁岭村民也主动地参与旅游分工，开办农家乐，与公司共享旅游红利。

（一）篁岭村旅游开发的优势

1. 资源优势

篁岭村是一座典型的徽派村落，历史悠久，"晒秋"农俗源远流长。据记载，明朝中叶，山东曹氏一族南迁至婺源篁岭，依山建村，古村距今已有600余年的历史。在采访村中老人时得知，篁岭历史上出过很多名人，是清代著名的父子宰相曹文埴、曹振镛的故里，现今村内的五桂堂仍是篁岭曹氏族人的荣光。婺源古属徽州一府六县之一，粉墙黛瓦的徽派建筑在这里发展、传

承并保存至今。相较于婺源其他"小桥流水人家"式的村庄,篁岭古村依山而建,别有一番风味。白墙黑瓦马头墙,屋檐飞翘,篁岭的建筑群在陡坡之上显得错落有序,更具层次感。而篁岭的"晒秋"农俗最早可追溯至篁岭建村之时,由于地势的复杂,篁岭村的可用地十分稀少,为了克服这种地理条件的限制,村里每家每户只好在自家两层徽派风格的房屋基础上增加一层"晒楼",村民们都会在这里晾晒农作物,春晒山蕨夏干菜,秋晒辣椒冬果脯,久而久之"晒秋"演变成一种传统农俗现象。

在篁岭,每到收获季节时,晒楼上金黄色的稻谷与火红的辣椒交相辉映,整个村庄就像一幅精美的油彩画。独特的地形地貌与当地"晒秋"的民俗文化造就了篁岭这个古朴的徽派村落,使其拥有别具一格的地域特色。在村庄开发之前,每年大约有两万名摄影绘画爱好者慕名而来,在篁岭进行艺术创作。

2. 现实便利条件

篁岭地处婺源东北角的偏远山区,这里没有一般旅游开发的区位优势,但这正是其最大的优势。村庄的偏僻,生活的不便,使得半数村民早已举家搬迁,原先村庄就处于空心的状态。剩下的村民苦于没有经济能力,无法逃离此地。婺源县乡村文化发展有限公司在对篁岭村进行投资开发前,做了充分的民意调查,95%的村民愿意搬离古村,这对后续古村落的旅游开发带来了很大的便利。

(二)篁岭村旅游开发的模式

1. 社会投入

2009年,婺源县乡村文化发展有限公司进驻篁岭,第一期累计投入5个多亿,对这个没落却饱含文化底蕴的小村庄进行投资开发,从此,篁岭村的命运之轮悄然转动。

纵观婺源旅游业十余年的发展,乡村公共景观、村民私人住宅与公司旅游开发之间的冲突一直是婺源旅游经济发展的瓶颈。旅游开发的浪潮在给许多古村落带来客流和商机的同时,村民与公司之间的利益纠纷也在不断地加深。就古村落的开发而言,最核心的是解决产权问题。在篁岭村,旅游开发公司通过"土地招拍挂",获得篁岭村的建设用地使用权,随后在县、镇政府的协助之下,公司实行整村搬迁的模式,将山上的居民转移至山下新村安居置业。公司具体采用以房换房、闲置房屋产权收购的方式,在当地村委会的帮助下,对老村的房屋进行测量评估,每户资产价值约为 8.5 万元,而新建房屋每栋面积 200 平方米,约为 9.6 万元,以房换房实行价格补差,闲置房产则以现金支付。公司总计投入 1200 万元,在山下道路旁新建 3 层新徽派风格的安置房共计 68 户,老年、单身公寓 24 套,搬迁人口 320 人,总建筑面积达 15 047 平方米。篁岭"整体搬迁"模式的实施,不仅大大改善了原住民的生活质量,也避免篁岭古村的旅游开发陷入其他古村旅游经济发展中的产权纠葛困境,古村的旅游资源得以充分利用。在整村搬迁工作结束之后,公司对山上篁岭古村按照 5A 级景区标准进行开发改造,加固原有古宅,确保其安全性,并将其改造成精品民宿度假酒店;新修上山道路,建立山上污水处理站,完善交通卫生设施建设;利用当地特色梯田,打造花海景观;收购异地古建筑,移植篁岭并加以保护;通过媒体营销,大力宣传推广篁岭"晒秋"特色。短短几年的时间,篁岭先后获评国家 4A 景区、"最美乡村旅游目的地"等多项称号,央视新闻联播中也多次出现篁岭画面。据统计,2018 年篁岭接待游客高达 130 万人次,年综合收入达到 1.8 亿元,在这里,绿山青山已经转化为金山银山。

2. 政府支持

篁岭的腾飞离不开政府的强大助力。一方面,婺源县政府给予篁岭古村旅游开发相关政策扶持,通过地质灾害整村搬迁和移民办的有关项目,帮助推动村庄的整体搬迁。在搬迁过程中,当地的村委会积极参与房屋测量评估与后续房屋分配工作。面对少数居民不愿离开故土以及对房屋分配结果不满意的情况,政府部门努力搭建公司和村民之间的沟通桥梁,帮助村民解决安家难题。另一方面,当地政府按照新农村公共服务体系建设的相关标准,完善山下新村的供水、供电、排污、硬化等公共基础设施建设,新修道路、安装路灯、在村中央设立小学以及村民文化活动中心,相较原先山上缺水断电的生活,村民在新村的整体生活质量得到了很大的提升。此外,江湾派出所还在篁岭景区山下设有警务室,协调解决旅游景区发展中的各式纠纷。

3. 公司和村民利益的紧密结合

篁岭发展模式的一大独特之处在于公司与当地村民已然紧密结合为利益共同体,村民融入旅游产业链中,双方共同进步、共同富裕。其一,公司大量吸收当地的村民，将其聘为企业员工，村民实现了身份上的转换，由农户变成了公司的开发建设者。其二，景区在开发建设中需要大量劳动力，年龄较大的村民在闲暇时间可以在景区做零散工，男性每日 80 元，女性每日 65 元，对于农村闲散劳动力，这笔劳务收入较为可观。其三，公司在景区山下出口处专为当地的村民设立了一个农贸市场，共有 60 余摊位，每年收取 6500 元的租金，摊位使用权只能在当地村民之间流转。其四，公司向农户租赁半山腰的生产田地，以一亩地每年生产种植水稻可得的收入为标准，向村民支付租金。同时，公司返聘当地的原住民对几千亩的梯田进行规模化种植与管理。另外，对于公共道路、用水、树木等资源部分，公司每年支付篁岭村村集体 35 万元资源费，村民人均每年可获得 550 元，公共资源费还在逐年增加。其五，为了减少公司与村民之间在餐饮住宿服务业方面的恶性竞争，公司有意识地在景区内开设高端餐饮住宿酒店，将中低端消费人群的市场让与山下新村村民，村民可在自家开设农家乐，创业致富。

乡村振兴最重要的是人的振兴。随着篁岭的快速发展，景区产业不断延伸，当地的就业形势日益好转，公司与村民互利互惠的模式更是吸引多数村民返乡就业，人气旺则乡村兴。

三、篁岭村村民生活新变化——"人、财、物、乡风"全方位变革

随着篁岭景区的不断发展，山下村民共享旅游带来的红利，生活有了翻天覆地的变化。原先那个衰败的村庄彻底改头换面，人丁日益兴旺，村民收入逐渐增多，基础设施得到了大改善，乡风建设也在如火如荼地进行中。新农村，新样貌，不一样的篁岭在"人、财、物、乡风"四方位全面变革。

（一）人丁兴旺新气象

1. 青年返家置新业

调研团队在采访村民时得知，乡村旅游开发前，篁岭村民从事农业生产的主要是 50 岁以上的老人以及因患病、身残无法外出务工的青年，人均寿命不足 65 岁，留在村里的老人大多也要靠在外务工子女的赡养。村民中最高文化水平仅为高中学历，占比 3%，大部分青少年初中毕业或未毕业就随其父母外出务工，从事的只能是劳动密集型工种。

而乡村旅游开发后，村民通过产权置换的方式获得了山脚下道路旁的 3

层新徽派风格的安置房，又因景区自身发展需要，直接为篁岭村民提供了大量的就业岗位和创业机会，吸引了一大批20~50岁的青壮年返乡就业和自主创业。据村中一位德高望重的退休教师口述，如今篁岭村返乡青壮年比例高达90%。鉴于篁岭景区每年游客量不断攀升，兴办农家乐在这里成为潮流，80%的返乡青壮年都依托自家院落，开餐饮、建民宿，在这里，"打扫干净屋子，再请客"有了时代新含义。

2. 家庭分工新样态

青壮年的返乡变革了原先村庄"空心化"的局面，家庭常住人口发生改变，留守儿童、农村养老问题得到明显改善，出现了三世同居、四世同居的景象。家庭成员内部分工也有了新样态，祖辈人主要关注自身身体健康问题，不生病就是对家庭最大程度的尽责，同时也会协助照顾孙辈生活，一些仍有劳动力的老人，也会参与一些灵活就业。在篁岭，老人闲余时间在景区路边捡拾垃圾，一天也能获得60元收入。父母辈则重在创造家庭收入，多渠道参与就业或创业，如旅游旺季时开展乡村民宿经营、旅客运输、农产品销售等活动，旅游淡季时则进行农业生产、就近择业，如饲养家禽、种植黄菊等。孙辈主要负责认真学习文化知识，鲤鱼跃龙门，开眼看世界。家庭成员各司其职，有助于家庭收益最大化，更有利于实现家庭和睦。

3. 重视读书改命运

乡村旅游开发前，篁岭是个有名的文盲村。乡村旅游开发后，随着村民收入水平提高以及村内集体资产增加，篁岭村新建篁岭文化新村小学，增添教学软硬件设施，解决了三年级以下儿童的受教育问题，但受师资限制和区位约束影响，四年级以上的儿童需要离村到江湾镇、婺源县城就读，有条件的家长甚至会将孩子送到市里、省里的好学校学习。越来越多的家庭重视教育投入，村里也实现了大学生零的突破，有些甚至已经在211、985等名牌大学就读，或是从这些学校毕业后进入国企、事业单位、私企等脑力劳动工作领域。

4. 女性地位大改观

篁岭乡村旅游业的发展，最大的受益者估计会是该村的妇女。旅游的开发建设与经营，使得该村女性获得了"家门口"的就业机会，比如导游、景区"御管家"、"晒秋大妈"、做特色小吃、酒店餐饮接待或扫晒除尘等。妇女就业后，新增了自己的劳动价值，提高了自身的家庭地位，使妇女在家庭会议和村民大会上都有了话语权，家庭更加和睦，邻里关系更加和谐。

5. 娶妻生子非难事

在旅游开发前篁岭是个贫困村，村内年轻力壮的男性青年在适婚年龄常常遇到娶不到老婆的窘境，而在旅游开发后，由于生活居住条件的变革以及家庭收入的可持续性增长，使得篁岭村的适婚男女青年成了县域范围内的"香饽饽"，今非昔比。

（二）财源广进增收入

1. 收入来源多样化

篁岭景区开发之前，村落无人问津，篁岭村民的主要收入来源仅为农业种植、外出打工，村民家庭收入较低，年均不到 2 万元。在篁岭景区被有序开发后，游客量逐年攀升，2018 年游客总量突破 130 万人次，最大单日游客量可达 2 万余人次。篁岭村民的收入来源发生了革新。首先，村民有了景区就业的工资性收入或劳务性收入。篁岭景区的整体性打造，为村民提供了 300 多个就业岗位，村民可以在符合景区公司招聘要求的情况下自由选择是在景区内务工还是选择农田种植务工、展示民俗文化务工、制作民俗小吃务工等灵活就业形式，就业人员每人每月至少可以获得两千元以上的工资性收入，最高可达七八千元。对景区大部分就业岗位而言，公司也允许灵活就业，村民可根据自己的时间安排务工，按周结算所得劳务收入。其次，村民可通过旅游创业获得经营性收入。半数以上村民通过开餐饮、建民宿、经营农家乐，每年收入可达十几万元；还有一些村民联合起来搞旅客运输，实行高铁站到景点一条龙服务；对于临街的安置房，村民也会留出一部分空间用于经营小吃店、皇菊茶叶特产专卖店、便利店等，同时也销售油纸伞、团扇、休闲玩具、古玩等旅游产品。最后，村民获得资源使用费、房产增值等资产性收入。篁岭景区开发时，采用"公司+村民"合作模式，村民以村庄内的水口林、古树等生态资源入股，参与公司分红。为打造"篁岭花海"，公司向 600 余户村民租赁了近千亩梯田，村民每年可获取租金收入。篁岭新村的新建房屋每栋面积 200 平方米，占地面积 88 平方米，建成时的市价约为 9.6 万元，现已增值为每栋 80 万元以上，即使出租房屋，每年也可获得 8 万元以上的租金收入。

总的来说，旅游开发之前，篁岭 66 户村民，人均年收入约 3500 元，户均年收入 1.5 万元；旅游开发之后，2018 年人均年收入为 3.8 万元，户均年收入为 14.88 万元。家庭年收入最高可达 45 万元，但最低的不到 2 万元。其中，年收入 2 万元以下的家庭 3 户，15 万以上的 21 户。

2. 产业转型大升级

旅游开发前，篁岭是典型的农耕文明，农业生产规模小，基本以家庭生产为单位，分工简单。旅游开发后，属于景区辐射范围内的梯田被公司租赁，由公司统一安排农作物种植品种、耕作时间，农作物的收成归公司所有。未被公司租赁的田地，则由村民自行根据自身和市场需求安排种植菜籽、辣椒、皇菊、稻谷、地瓜等农产品。每年 3—4 月油菜花季，村民也积极在游客必经的公路沿线田地种植油菜花，与"花海梯田"遥相呼应，村民也由"庄稼户"摇身变为"造景者"。2017 年 12 月，篁岭景区采用"公司+合作社"模式推进休闲农业一二三产业融合试点项目建设，建设内容包括休闲农业一产基础设施中的梯田整治、游步道等融合能力建设，休闲农业二产基础设施中的加工场地、加工设备融合能力建设，休闲农业三产中景观能力提升建设。篁岭村民为助力乡村旅游发展，村集体也对农业发展进行了改造。其一，开展趣味采摘乐园活动，让游客直接参与农业体验，增强乡村认同感及收获农产品的成就感；其二，在特色民俗小吃制作过程中，欢迎游客全程观赏，能根据不同游客的口味制作不同的成品，让游客买得放心吃得开心；其三，开发农村电商新产业，鼓励村民在淘宝、去哪儿网、途牛旅游等网站开办网店，宣传篁岭、售卖农产品、发布旅游广告等，且对于不懂技术的村民集中进行培训，为他们提供技术支持。篁岭同时把高效农业、特色农业、生态农业项目招商作为调整农业产业结构的方向。

（三）基础设施再完善

篁岭新村建成时，依靠"政府出规划、企业抓建设"模式，公司完善了村内的供水、供电、排污、硬化等公共基础设施，彻底改善了村民的生活居住条件。

2018 年 3 月，全国各地的游客涌入婺源篁岭观赏"梯田花海"，受限于道路容纳量以及为确保旅游秩序和安全，景区不得不发布"限客令"。为解决游客自驾游车辆通畅行驶和篁岭村民外出通行问题，在县政府支持下，公司垫资约 200 万元人民币对原晓容乡道进行了道路拓宽硬化，又垫资约 300 万元人民币新建与拓宽篁岭停车场至晓鳙村的公路，大力推动"篁岭—江湾—江岭"旅游公路建设，并在路面设置了相应路灯，解决了交通拥堵难题，也保障了村民的出行安全。婺源县城距离篁岭景区 39 公里，往返巴士的运营时间为每日早上 7：20 开始到下午 5：20 结束，每隔 20 分钟发一趟车，票价 16 元，行程约 40 分钟，车次频繁，极大地增强了村际、县乡之间的沟通与联系。

因游客量加大、新村生活常住人口增多，原有的地下排水管道设施已不能满足村民生产生活需要，而雨季时村内更是积水成片，为解决问题，村委会在公司的资助下正着手排水管道二期工程建设及村内道路修缮。

随着公共资源和村集体资产的增多，可以集中力量办大事，栗木坑村村委会对篁岭村内饮用水工程建设、水源工程建设、管网建设等都加大了资金投入，保障了篁岭村民都可以喝上和城里人一样的自来水，也满足了村民和游客对通信业务的需求。

为解决农民看病难、看病贵问题，县政府积极建设县、镇、村三级卫生网络服务设施，考虑到篁岭游客量庞大，决定在篁岭新村新设一个大型村级卫生室，医务人员除看病治疗外，还不定期组织进行公共卫生知识宣传活动，加强对疾病的防控，让村民少生病，践行了以"病人为中心"转变为以"健康为中心"的理念。

为彻底解决篁岭村垃圾污染问题，改善村内和进村公路环境卫生，村小组运用"企业出规划、村委会抓建设"方案，采取"三级联动，分级负责，规范运行"的工作方式，开展垃圾集中收集处理工作，建立了保洁队伍和短途垃圾收集清运团队；为提高保洁质量，掌握清扫保洁作业技能，还专门为村内清扫保洁人员进行了业务培训；落实了农户门前屋后的责任包干制度，做到垃圾入位；要求村清扫保洁人员按照标准及时清扫，按时清运，确保村卫生环境整洁，无垃圾污染。

为使村民过上更丰富的文化生活，在县、镇政府的支持下，新辟了室内外文体活动产地，建成运动休闲场所，新增乡村图书阅览室，公众化的农村文化设施网络正在逐步形成，真正打通公共文化服务"最后一公里"。

（四）乡风建设新征程

1. 休闲娱乐花样多

旅游开发前，村民居住在山上，受区位因素限制，平时的休闲活动仅限于村内走门串户聊闲天，年底过新年时，常见三五成群围着火炉打牌赌博。旅游开发后，群众性的文体活动常年开展，农村文化节、全民健身节经常进行，书法、绘画、唱歌、舞蹈、象棋等娱乐活动更为常见，打糍粑、舞龙灯、晒秋等民俗活动成为弘扬民俗文化新内容。村民忙着旅游致富，休闲时的走门串户也变成了农家乐经营经验与游客信息的交流与共享。

2. 村规民约新范式

篁岭是个自然村，隶属于栗木坑行政村，2014年1月12日，栗木坑村民代表大会通过了村规民约。村规民约分为五章，第一章是总则，规定了村规民约的立约宗旨是"推进美丽乡村建设和依法治村，全面提高村民素质，规范村民日常行为，建设好婺源美丽家园"。第二章对村民行为进行了规范，包括热爱家乡和村集体，保护好古建、森林、水、环境等资源，敬老爱幼、家庭和睦，崇尚科学、破除迷信，团结友善、邻里相亲，依法办事、依规维权等。第三章对违反规约的行为规定了相应的处罚措施。第四章对非栗木坑村户籍的常住村民的权利义务进行了规定。第五章是附则，介绍了规约条文的解释主体是村民委员会和规约的施行日期。另外，篁岭村民也根据自己本村实际情况形成了一些不成文的互惠合作约定，最典型的就是为避免村民争抢客源等旅游乱象发生，自发达成协议，约定将开农家乐的村户按一周7天等分为7份，每天只允许事先规定好的村户到景区门口进行公开揽客活动。

3. 新建健康文化长廊

2018年村委会在进村公路一旁建起了栗木坑村健康文化长廊，长廊以砖构架为主，运用马头墙、小青瓦加以修饰，与村庄徽派风格房屋遥遥相对，全长约50米，分为三个部分。第一部分讲述了习近平总书记强调家庭建设的"三个注重"，即"家庭是社会的基本细胞，是人生的第一所学校。不论时代发生多大的变化，不论生活格局发生多大变化，我们都要重视家庭建设，注重家庭，注重家教，注重家风"。第二部分图文并茂地介绍了产业兴旺、生态宜居、乡风文明、治理有效、生活幸福等内容。第三部分描写了社会主义核心价值观，即"富强、民主、文明、和谐，自由、平等、公正、法治，爱国、敬业、诚信、友善"。

四、篁岭村发展新挑战

2019 年 1 月 3 日发布了中央一号文件《中共中央国务院关于坚持农业农村优先发展做好"三农"工作的若干意见》。文件提出，今明两年是全面建成小康社会的决胜时期，"三农"领域有不少必须完成的硬任务，比如打赢脱贫攻坚战，完成农村人居环境整治三年行动任务，实现农民人均可支配收入比 2010 年翻一番，确保农民生活达到小康水平等。为实现小康社会，篁岭村还面临着一些困难和挑战。

（一）村级财务管理制度不健全

农村集体资产是关乎农民最直接、最现实利益的物质保障。随着乡村旅游业的发展，篁岭村民的农村集体资产发生了变化，但篁岭村作为自然村隶属于栗木坑行政村，其村民对于篁岭本村的集体资产不享有直接支配的权利，需要受栗木坑村委会的统筹协调安排。栗木坑下属的几个自然村，发展模式和发展程度存在较大差异，各村的集体资产存量和增量也不相同，村际之间的贫富差距较大。而栗木坑村领导缺乏财务管理意识以及各村村民监督力度弱，造成了财务公开项目不齐全、内容不具体、时间随意性等问题，加之会计核算混乱，导致村内账目不能真实、准确、完整地反映有关资金的筹集、分配和使用情况，引起村民不满，甚至引发群体性上访事件。

（二）村内基础设施待升级

因游客量加大、新村常住生活人口增多，原有的地下排水管道设施已不能完全满足村民生产生活需要，而雨季时村内更是积水成片，为解决问题，村委会在公司的资助下正着手排水管道二期工程项目建设及村内道路硬化修缮。另外，篁岭村民主要采用的燃料仍以木材为主，不仅破坏森林资源，也严重污染空气，需要村委会及村小组加大对沼气、太阳能热水器等清洁能源的宣传和推广，转变村民生活观念，发展乡村绿色经济和循环经济。

（三）乡风文明建设面临新问题

乡村旅游的发展是把双刃剑。最大的问题是使村民的贫富差距就地拉大，突出表现在农家乐村户与非农家乐村户之间。旅游开发前，村民之间的资源禀赋差异非常小，能否富足主要还在于家庭劳动力数量，外加村庄内外交通不便，篁岭村也是个有名的贫困村。旅游开发后，新村的 68 套安置房沿街面 10 户一排，依次向街后分布。由于安置房的区位优势不同，那些房屋远离旅游公路和旅游线路的村民，参与餐饮、民宿业的机会少，房屋增值也低。据了解，位于景区门口附近的 5 家村户，如若自家经营餐饮、住宿业，年收入能达到将近 40 万元；若出租，房屋租金年收入也能高达 15 万之多。而当初安置房的归属，由抽签决定，村委会也未有收入再分配的任何安排。因此出现了自私自利的个人主义泛滥现象，村民更多的是关注自身利益，人际关系出现信任危机，具体表现为邻里关系疏离，亲人之间互相算计，破坏了原本村中守望相助的淳朴风气。

五、篁岭村振兴经验

现如今，全国各地乡村掀起"旅游热"。据统计，截至 2018 年 1 月，全国共有一万余个村庄发展乡村旅游。篁岭村作为一个远近闻名的旅游村，它的发展模式有一定的借鉴意义：依托当地民俗文化"晒秋"，打造整体古建筑群，发展特色旅游；创新产权置换，缓解公司与村民的矛盾；重视本土人才发掘培养，实现公司和村民的经济共享。篁岭的开发与保护并重，乡村旅游的可持续发展在这里得到充分体现。但并不是所有区域都适合发展旅游，对于具有大规模生产用田的村落，新兴农业的振兴是新农村建设的重心；而对于具有独特旅游资源的村落，应深入挖掘当地特色，因地制宜，实现美丽乡村的建设和旅游发展的紧密结合。对于具有丰富旅游资源的江西省而言，乡村旅游的开发无疑是农村脱贫的重大助力。旅游产业辐射范围广，旅游业的发展能够有效带动当地经济的快速增长，一业兴则百业旺，产业振兴是乡村振兴的关键。

（一）篁岭产权置换模式助力乡村旅游开发

婺源景区素以两大特色闻名，油菜花田和古徽派建筑。"小桥流水人家"李坑曾是婺源景区中最具代表性的徽派古村落之一，粉墙黛瓦梨花落，紫薇芬芳绕梦梁。2001 年李坑村委会和金叶公司签订旅游开发协议，双方共同经营李坑景区。协议规定，门票的收益将近 2/3 归旅游开发公司所有。随着"小桥流水人家"知名度的不断提高，游客逐渐增多，景区餐馆酒店在旅游旺季常常爆满。在供不应求的利好驱动下，当地许多村民将自家用地出租给经营者或是自发改建成各式各样的商业店铺、客栈和餐馆，对土地进行违法流转，违规占地，违法用地发展旅游项目。这不仅带来了严重的土地流转隐患，使得土地资源无法得到可持续的利用，而且使得原有独特质朴的古徽派建筑也遭到破坏，古街商业气息愈加浓厚。另外，原住居民在景区旅游开发中只享有微弱的话语权，村民与公司之间因为利益分配而关系紧张。在当地发生过恶性事件，原住民因不满当初的门票收益分配，于 2002 年、2004 年、2011 年三次围堵景区，造成景区秩序混乱，社会影响恶劣。

乡村的土地资源利用是制约乡村发展旅游业的重要因素，农村用地的产权明晰是土地资源可持续发展的前提。篁岭的景区开发采取了"产权置换"的模式，以新房换旧居，这里的"产权"指的是村民的宅基地使用权。农村宅基地使用权是我国特有的一项独立的用益物权，是农村居民在依法取得的集体经济组织所有的宅基地上建造房屋及其附属设施，并对宅基地进行占有、使用和有限制处分的权利。现如今，在很多空心化乡村中存在不少闲置的宅基地。在发展乡村旅游业的大背景之下，合理利用闲置宅基地是整合开发旅游资源的有效方式。具体有以下三种做法：一是村集体将宅基地收储，进行集中规划；二是宅基地市场化转让，旅游开发公司高价收购闲置宅基地；三是宅基地置换，村民通过自己的宅基地换取新住房。回顾篁岭模式，旅游公司在政府的大力支持下，通过地质灾害整村搬迁和移民办的有关项目，推动古村的整体搬迁。房屋以旧换新，村民对新建的房屋依旧享有宅基地使用权。在一般异地搬迁模式中，原有的宅基地会变更为农耕地。而在篁岭样本中，原先村落的土地并不适合复耕，但却是绝佳的乡村旅游资源，政府通过"招拍挂"的模式将山上的国有土地使用权出让给公司。

篁岭的这种创新模式带来了双丰收，不仅使原先村庄的地质灾害危机、村民的生活威胁得到了很好的解决，而且古村落也能通过整体旅游开发得到更好的保护。在篁岭的这种模式中，前文所提婺源其他景区如李坑的困境能够得到有效避免，旅游公司可以更加完整有效地开发利用古村落资源，原有徽派建筑毁坏、生态环境恶化、村民与企业纷争不断的悲剧在这里不会重演。从篁岭模式中可推知，公司对旅游资源的开发应当合理有效地利用当时当地的政策，同时公司一定要正确处理自身与村民之间的关系，另辟蹊径，破除农村产权混乱的僵局，推动乡村旅游的可持续发展。

（二）本土人才的发掘与培育推动篁岭的振兴

乡村振兴的关键靠人才，习近平总书记在中央农村工作会议上强调：乡村振兴要靠人才、靠资源。要着力抓好招才引智，促进各路人才"上山下乡"投身乡村振兴。篁岭振兴的关键同样在人才。

首先，篁岭十分注重本土人才的发掘与培养。篁岭独特的民俗风情与文化特色是景区的核心要素，这便需要一批真正了解当地民俗文化的人才参与到开发中来。篁岭把本土人才的发掘与培养作为重点，一直致力于打造出一支从基层服务到高级管理俱全的本土化团队。篁岭村是一个曹姓大村，篁岭团队中便有很多曹姓员工。曹锦钟出生并成长于篁岭，原本是当地的一名小学老师，2009 年他被招入篁岭开发团队的麾下，成为篁岭景区的一名员工。如今曹锦钟已经成为婺源县乡村文化发展有限公司的副总经理，是篁岭景区的得力干将，他成功地从一名乡村教师蜕变为一名企业的高管，带领他有着浓厚感情的家乡腾飞。篁岭原本是一个空心化的村子，当地绝大多数的年轻人都选择外出务工。篁岭景区的开发需要大量的人力资源，这吸引了一大批年轻人陆陆续续回乡就业。景区的业务拓展需要一批专业的旅游服务、酒店餐饮管理人才，篁岭景区在吸纳当地村民就业后对他们进行有针对性的职业培训，原本文化知识水平并不高的村民在篁岭也逐渐成长为出色的专业型人才。

其次，篁岭也十分注重引进人才。篁岭世外桃源般的风景与独特的民俗文化使得篁岭村极具旅游业发展潜力，如何开发利用好当地的资源，让篁岭在一批乡村旅游目的地中脱颖而出成为难题。篁岭在开发与建设中十分重视人才的引进，充分利用外来人才先进的理念与创新的技术帮助本土化团队解决在发展中面临的问题。油菜花盛开的春季是篁岭的旅游旺季，其他季节则成为游客人数较少的淡季。为了增加淡季景区的吸引力，篁岭在二期建设中尝试突破传统乡村旅游的思路，尝试新增主题乐园板块，篁岭引进世界顶级的美国 Adirondack Studios 专业团队来做主题乐园的项目策划与设计，在外来人才的帮助下，世界一流的冰雪馆、滑道漂流、花街、水街等新项目陆续在篁岭展开。篁岭村将实现从一个破败的小乡村到世界风情小镇的华丽转身。

游走在传统与现代之间

——蔚县青砂器的传承困境与创新道路

南 凯 李 妍 冯艳蓉 延宣臻 成 钰[*]

摘 要： 青砂器是张家口蔚县特有的传统手工艺品，至今已有 500 多年的历史，青砂器制作工艺也已入选河北省省级非物质文化遗产名录。青砂器依托张家口蔚县的独特生态环境，具有诸多传统烹煮功能与养生特质，也承载着丰厚的文化意涵与精神价值。然而，在现代化进程中，青砂器面临传统工艺与现代机械的市场碰撞、恶劣环境与低薪收入的改善乏力、市场狭窄与乡土情怀的拓展僵局、技艺革命与功能扩张的创新难题等。为此，蔚县青砂器厂坚持创新发展，实现了技艺功能与外观美学的传统突破，促进了店厂并举与创收攀升的相辅相成，同时也深化旅游合作与多位宣传的开放策略，使得青砂器起死回生。未来，青砂器仍应深度探索生产性保护方式，加快技术升级与非遗振兴。同时政府等主体也须保障传承人的权利，助力传承人的培育，并履行资金支持与政策导向的政府职能。

关键词： 青砂器 价值 困境 创新 未来面向

引言——传统与现代的对话

习近平总书记在十九大报告中指出："中国特色社会主义文化，源自于中华民族五千多年文明历史所孕育的中华优秀传统文化，熔铸于党领导人民在革命、建设、改革中创造的革命文化和社会主义先进文化，植根于中国特色

---

* 南凯，中国政法大学比较法学研究院 2017 级硕士研究生；李妍，中国政法大学马克思主义学院 2018 级硕士研究生；冯艳蓉，中国政法大学法学院 2018 级硕士研究生；延宣臻，中国传媒大学政法学院 2018 级硕士研究生；成钰，中国传媒大学传媒教育学院 2018 级硕士研究生。

社会主义伟大实践。"中华优秀传统文化是中华民族的精神命脉，是中华民族的根与魂，对于中国特色社会主义建设与中华民族伟大复兴有着不可替代的意义。非物质文化遗产承载着人类社会的文明，是世界文化多样性的体现。我国非物质文化遗产所蕴含的中华民族特有的精神价值、思维方式、想象力和文化意识，是维护我国文化身份和文化主权的基本依据，是中华民族得以繁衍发展的精神寄托和智慧结晶。加强非物质文化遗产保护，不仅是国家和民族发展的需要，也是国际社会文明对话和人类社会可持续发展的必然要求。

几十年来现代化的发展，对非物质文化遗产造成了相当的破坏，这使得它们从物质和精神两个层面逐渐走向衰落。物质层面的衰落直接表现为非物质文化遗产的载体逐渐减少甚至消失，精神层面的衰落则是对具体的非物质文化遗产的轻视与漠视心理，尽管近半个世纪以来中国人在进行现代化建设的同时基本开启了非遗保护的自觉心理，但从目前来讲，对非遗保护的认识和理念仍待进一步深化和厘清，对单独个别的非遗产品的保护之路还应认真探索，这是对非遗产品的保护，更是对中华优秀传统文化的保护。因此，对非物质文化遗产的发掘与保护还应再接再厉。

作为蔚县最典型的传统手工器具，青砂器一度在市场浪潮中面临发展绝境。从明清时期的黄金阶段，到2014年仅剩一家青砂器厂，青砂器的传承异常艰难。然而，2015年起，蔚县青砂器打破常规，走上创新发展之路，使濒临灭绝的青砂器制作工艺重新焕发活力。青砂器的浴火重生，是传统与现代的和谐对话，是传统手工艺等非物质文化遗产向死而生的重要典型，对于其他非遗项目的传承与发展，具有重要的借鉴意义。以青砂器的振兴为参照，深度解构我国非物质文化遗产的传承困境与创新道路，也是弘扬优秀传统文化、加快中国特色社会主义文化建设的重要路径。

一、游走在传统与现代之间的蔚县青砂器

（一）青砂器的历史溯源与当代处境

蔚县，古称"蔚州"，为"燕云十六州"之一，是中国历史文化名城，号称"雄壮甲于诸边之铁城"，建于北周大象二年（580年），民国二年（1913年）改州为县。蔚县位于河北省西北部，张家口市最南端，东临北京，南接保定，西倚山西大同，北枕张家口。县境东西长74.55千米，南北长

71.25 千米，地处恒山、太行山、燕山三山交汇之处，属冀西北山间盆地，形成了明显的南部深山、中部河川、北部丘陵三个不同的自然区域。

青砂器是蔚县的传统汉族手工艺产品，至今已有 500 多年的历史，[1] 2013 年被列为河北省首批非物质文化遗产项目。相传在明代，一位在朝为官的蔚州人将此器皿进献至宫廷，备受赞誉，自此青砂器名满天下。[2] 明清以来，青砂器的主要用途就是在宫廷之中为皇帝、大臣们熬药，用青砂器熬制的中药无毒无害、药力倍增，因而颇受青睐。

在数百年的历史长河中，青砂器作坊由小到大、由少到多、时兴时衰，曾经历了个体经营、集体所有、承包责任制等不同的发展阶段。在 20 世纪七八十年代，仅南留庄镇白河东村就有四家村办青砂器厂，但如今白河东村只剩王启杰青砂器厂一家。蔚县青砂器王氏家族的第一代传承人为王贞吉（1811—1892）、第二代传承人为王丙润（1879—1951）、第三代传承人为王汝耀（1908—1988），第四代传承人即为如今的掌舵王启杰，亦是目前蔚县青砂器省级非物质文化遗产代表性传承人，现已传至第五代王龙磊。

2016 年，蔚县釜鼎青砂器文化开发有限公司（以下简称"釜鼎青砂器公司"）在蔚县工商行政管理局注册成立，是一家以青砂器研制生产销售和以青砂文化研究开发为主的企业，不断致力于把蔚县青砂打造成具有高端功能的养生产品和具有北方文化底蕴的青砂工艺品，挖掘青砂器的历史文化价值，提高青砂器的工艺价值、艺术价值和对中国优秀传统文化的传承价值。

（二）青砂器的生态依托与独家技艺

亿万年前，古老的桑干河盆地沉积以后，在蔚州小盆地里留下了一条母亲河——壶流河，它汇集了来自金河口、松子口、石门峪和平舒邑等众多境内山川的河流和泉水。壶流河两岸水草充盈，土地肥沃，孕育出沉淀在沟壑中和河床里的"矸子土"。蔚县青砂器的横空出世与独特功效，正得益于这种丰厚的天然瓷土。矸子土实际上是一种高铝质黏土，经过反复的碾压过滤以及矿物质添加，矸子土的可塑性增强，用其烧成的器皿，质地比较疏松，有小气孔，比用其他原料烧成的器皿轻且薄。

---

〔1〕 具体历史时间难以考证，此处采用通说。

〔2〕 也有说法为清朝康熙年间的刑部尚书魏象枢（蔚州人）把蔚州特产青砂器皿带入皇宫内，深受朝廷的赞誉，钦定为"砂锦子"，并且因一个砂锅妙用而让蔚州免赋 3 年。

青砂器的生产主要由两部分组成，一部分是捏制，另一部分是烧制。在捏制方面，共分为七个步骤，分别为：碾筛矸子土、和矸子泥、筛黄土、筛白土、揉矸子泥、捏制青砂器、晾晒坯子。在烧制方面，共有六个步骤，分别为：打笼盔、点火、装炉、看火、出炉、验质打包。

制作时，首先将矸土矿石粉碎取磨，煤烧焦粉碎取磨，然后按 3 : 1 的比例加水混合均匀成泥；接下来是踩泥，赤脚踩，踩时由起点一脚一脚紧挨着转圈踩，直至把块状泥全部踩碎，这样反复踩，一般要十五六遍，踩的次数越多，泥就越有韧劲，成品越结实。准备工作做好，便开始捏制坯子。工人们坐在龙道沟内，一边转动轮盘，一边敲打泥饼，进而用手捏制出不同的形状，用炉火烤制，并使用清水黏合。坯子治好后，拿到院外晾晒，直至完全晾干。

制坯工作结束后，便可以用笼盔烧制。工人介绍，每做够 500 个壶，便可以进行烧制，每天最多可以烧 10 次，一次能烧 50 个。烧时主要烧大件，小一点的都会塞到旮旯里，避免占用太多的空间，一般情况下，小的物件不会单独进行烧制，那样的话成本会提高很多。烧坯用明火，一人填煤窝，一人烤坯，火焰高达一米，温度高达 1400 度，烧至笼盔通红，取下笼盖，迅速拿出青砂器，放在铁锅下焐 2~3 分钟，再取出，这样的成品才会发亮。至此，青砂器制作完成。

（三）青砂器的传统功能与养生特质

如前所述，历史上的青砂器主要用来熬药。据青砂器厂厂长、第四代非物质文化遗产代表性传承人王启杰老先生介绍，"自古熬药，必用砂壶"，传统青砂器在我国中医药事业中的地位可见一斑。但青砂器的功能不仅限于此，它还具有"砂壶烧水水好喝，砂壶热酒酒更香，砂锅熬粥色味美，砂锅炖肉香可口"的特点。用青砂器煎熬食品、药品等，不变质、不变色，是任何铁、铜、铝、瓷等器皿所不能相比的。在当前的青砂器店铺中，还有诸多茶具、酒具、花瓶等器物的出现，使得青砂器的传统功能有了更大范围的拓展。

青砂器的特点来源于它以当地独特的天然矿土和古老的技艺烧制而成，所以青砂器用以烹饪，大有防疾、少病、延年益寿之效，气味纯正，还有辅助烹调作料的作用。1987 年，为证实蔚县青砂器的独特性和卫生价值，县政协邀请中央地质矿产部岩矿测试技术研究所对成品进行了化验，化验结果显示：蔚县青砂器含有大量人体不可缺少的微量元素，如铝、锰、铁、铜、钴、硼、钾、锡、硅等，上述成分均未超过国家标准，具有独特的纯净特点和营养卫生价值。

（四）青砂器的文化意涵与精神价值

任何一种传统手工艺都是原生民众物质文化与精神文化共生共享的价值依托。换言之，传统手工艺的锐减与消逝，忘却的不仅仅是手艺与工艺品本身，更是一种文化、一种精神。尽管缺乏相应的史料支撑，蔚县青砂器的产生与发展，必然与文化长河中的文明进步有着不可磨灭的联系。

2016 年，李克强总理在国务院政府工作报告中指出："鼓励企业开展个性化定制、柔性化生产，培育精益求精的工匠精神，增品种、提品质、创品牌。"工匠精神出现在政府工作报告中，引起了社会的强烈共鸣。青砂器的烧制工艺与时代创新，所体现的正是蔚县人民继承传统、推陈出新的工匠精神。承载工匠精神的手艺人对其掌握的技艺拥有不容丝毫侵犯的强烈自尊心，这种自尊的起源，并非社会的推崇，而是对文化的敬仰。

此外，青砂器也是当地民众的心灵寄托。当被问起缘何投入巨资用以青砂器传承时，釜鼎青砂器公司总经理闫有军坦言："青砂器，本身是一种煮器。小时候，我们村里吃的，都是青砂器煮的饭，那是妈妈的味道。而如今，这种味道很难寻觅。我投身于青砂器，就是希望能够帮助乡亲们再次找到'妈妈的味道'。"闫有军对于青砂味道的追寻，恰如很多人对于乡土精神与故事情怀的投奔，这也正是青砂器等传统手工艺品所具有的独特精神价值。

二、现代化进程中青砂器的传承困境与市场挑战

（一）传统工艺与现代机械的市场碰撞

在现代化机械市场中，同一性与标准化的效率追逐使乡土的手工技艺无法与之抗衡，这也意味着原来构筑我们生活主体的手工产品面临生存上的挑战。[1]恰如 20 世纪的百年历史，工业化在持续探索中不断推进，而传统手工艺却渐而走向低谷。

《医学源流论》讲："煎药之法，最宜深讲，药之效不效，全在乎此。"中

---

〔1〕　周乙陶：《经济转型时期的民族传统手工艺》，载《中南民族大学学报（人文社会科学版）》2007 年第 2 期。

医对中药的煎制十分考究，不同类型的中药药方往往对应不同的煎制器皿、煎制方法，如此才能保证中药的功效。以中药壶著称的青砂器，本是中药煎制的首选。然而，传统的中药煎制方法程式繁多，耗时较长，相比近些年普及开来的机器煎药有着明显的劣势。尽管机器煎药会导致药物疗效打折，但在快节奏的生活状态下，机器煎药仍然成了多数人的首选。更何况在西医的冲击下，中医药市场已然缩小，青砂药壶的数量锐减成为必然。传统手工艺等非物质文化遗产，通常以匠心独具的手工技艺而著称，其所蕴含的文化价值恰体现于此。青砂器的发展，当然可以借助模具，从而提高生产效率。但模具和机械的使用，应当有所限度，倘若引入大量模具及现代机械，必然会造成非物质文化遗产的价值淡化，实质上是披上"生产性保护"的外衣而对非遗进行的机械化改造，只留下了非遗的空壳，其精髓只能被压缩。这样的传承理念是否符合非遗保护的初衷，仍然有待商榷。

经济利益是"非遗"传承与振兴的内在需求，是文化发展所必需的经济基础，是社会转型期传统文化危机必然要面对的根本问题。社会资源（包括人力资源和金融资本）总是天然地流向有利可图的领域，当手工制品与工业制品在市场上发生冲突，人工成本较高的手工制品会在一定时期内被廉价的工业制品击败，传统手工艺人无法获得维持自身与家庭生存发展的经济利益，只能放弃传统制作技艺。[1]

（二）恶劣环境与低薪收入的改善乏力

纵观中国传统手工艺的发展阶段，其在明清时期仍处于高端态势，至20世纪受西方现代工业的冲击，开始走下坡路，20世纪末跌入低谷。其重要原因无外乎传统手工艺所承载的经济价值较低，与工业经济时代中的劳动收入相比，具有较大的差距。在此情形下，觅经济价值高者而上，成为时代的必然。

目前青砂器厂的工人做工，计件付费。这种收费方式更加适于青砂器的制作方式，也便于统计。最常见的药壶、砂锅等，熟练的工人每天可以做50个左右，每月即使从不间断，大约1500个，每件计2元~3元。烧制中的残次品，不予计费。具体的工作时间与工作时长由工人自行掌握，但多数工人

〔1〕 张礼敏：《自治衍变："非遗"理性商业化的必然性分析——以传统手工艺为例》，载《民俗研究》2014年第2期。

会选择高强度的工作状态，并且在工作期间不敢有丝毫马虎，一旦马虎，将会直接降低工作效率。

此外，青砂器厂的工作环境亦十分恶劣。由于青砂器在制作过程中需要大量的泥土与特殊的烧制环境，因此想要改善其生产环境，绝非易事。相较于2015年，王启杰青砂器厂新修了厂房大门，古色古香的设计，共花费3万余元，这也是其进行青砂宣传、产业旅游的客观需要。厂房四周修起了新的屋子，用作仓库、展厅、待客区等，但是工作区始终未能改善。破旧的院子里堆着煤山和土山，角落里扣放着几个烧制用的笼盔，台阶上摆满了方形的泥板以及晾晒的青砂坯子。工人们在屋内工作，屋里有一条龙道沟，可以同时坐四个人，但是走访期间，只有一位工人在开工，年纪五十上下。屋里摆满了捏好的锅与壶，如叠罗汉一般上上下下好几层，走路稍不小心，就会碰到，一旦碰到，工人们便前功尽弃。据介绍，夏天工作时的闷热尚可接受，一到冬天，工人们工作片刻就要出去通风，因为屋内的一氧化碳过重，若不常出去通风，很快便会晕倒。

相比于王启杰青砂器厂，釜鼎青砂器公司的厂房条件更差。釜鼎青砂器公司目前资金有限，在青砂厂建设方面十分乏力，目前尚没有一间像样的厂房。加之当地特殊的土地政策，兴建新厂房的工程，还有待时日。

（三）市场狭窄与乡土情怀的拓展僵局

传统手工艺等非物质文化遗产具有明显的地域性，这既是我国文化多样性的体现，也是不同地区不同情怀的特殊承载。在农业社会时代，不同地域间的交汇贯通程度有限，故特定文化的市场辐射较小，往往限于本地区及周边。尽管近年来地域间的阻隔日趋淡化，但特殊的乡土情怀未必能够得到其他地区的共鸣。

在青砂器的鼎盛时期，砂锅、砂壶行销全国，尤其在北方各省有着不小的市场。但是伴随着人们生活方式的改变，青砂器的市场逐渐萎缩，即使在蔚县本地，青砂器也有着市场困境。当地人对于青砂的特性有一定的了解，青砂器熬药、煲粥、炖肉，往往能起到事半功倍的效果。关键在于，青砂的使用需要耗费较多的时间，因而并不能成为现代生活饮食的首选。更何况，砂锅、砂壶并非蔚县所独有，其他地区亦有各自不同类型的砂锅、砂壶，故蔚县青砂器在其他地区并不具有无可替代的价值。

非物质文化遗产具有独特的精神承载，其精神价值不亚于其实用价值，甚至可以说，在当今时代，非遗的精神价值已然超出其实用价值，成了文化传承的落脚点。如闫有军所讲，如果只是把传统青砂器当作工具来使用，这对于非物质文化遗产的理解必然是片面的。实用功能只是其一，或者是物质化的载体，是精神的象征。一把精心制作的青砂壶，可能会偶尔拿来烧水泡茶，更多的是将其当作一件工艺品进行观赏，这个过程便像是与器物的对话，是对青砂器历史的怀念，是对匠人精神的尊敬。但这样的情怀，外地人并不一定能感受到。如闫有军曾将青砂壶卖给一位新疆的军人朋友，这位顾客对青砂壶的关注全然在于壶本身，他对于青砂文化以及匠心精神无法感同身受，直至闫有军反复解读，该顾客方逐渐接受并认同。而类似的事情，不止一次。因此，如今所销售的不仅仅是青砂器本身，更是一种匠人文化或乡土情怀，但这样的乡土情怀，在对外拓展时，不免遇到诸多地域僵局。

（四）技艺革命与功能扩张的创新难题

不同的时代具有不同的社会土壤与时代需求，且在历史的进程中，土壤与需求的变化越来越快。传统手工艺往往有数百年的文化根基，成长缓慢亦十分牢固。在日新月异的现代社会，传统手工艺因独特的历史承载而不可避免地具有创新难题。

关于青砂器，自古流传着"青砂不做细"的说法，这一古训由蔚县青砂器的泥料性质而决定。如果青砂器泥料过细，在烧制过程中会出现炸坏或裂坏的现象，影响成品率，也会影响新造型的设计。受此观念影响，蔚县青砂器行业一度惨淡经营，发展基本处于停滞状态。传统的青砂锅与青砂壶，主要用来熬药、煮饭，而这些功能早已被新时代的其他器具所替代，故青砂器要想得到更好的发展，必须实现功能的扩张，争取让青砂器摆脱局限于熬药煲饭的生活品历史，逐步向文化艺术和收藏领域迈入。但受制于传统的技艺水平，青砂器想要实现外观设计与功能的飞跃，仍有不小的阻碍。

作为国家级贫困县，蔚县政府的财政压力较大，在短时间内，县政府难以落实对于青砂器产业的资金支持，这固然成为阻碍技艺革命与功能扩张的因素之一。勉强维生的收入与恶劣的工作环境，使得当地年轻人不愿从事青砂器工作，纵使有年轻人希望尝试或挑战，也往往在家庭的力压之下无奈放弃。青黄不相接的传承断层，是非物质文化遗产的共有难题。新生代的欠缺，使得青砂器过于保守，技术创新动力不足，也难以适应日新月异的市场。

三、创新之路上青砂器的处实效功与浴火重生

（一）技艺功能与外观美学的传统突破

非物质文化遗产具有鲜明的历史特征，其独特的手工技艺亦是由代代前人逐步发展而成。但传承不代表固守，而是应当在新时代的土壤中，找寻发展的路径。同时，随着后工业时代的到来，快节奏、亚健康、浮躁的现代生活方式已经引起了现代人的诸多反思，在此之际，健康、环保、原生态、承载工匠精神的产品得到了更多的关注，而这便是蔚县青砂器实现技艺功能与外观美学传统突破的最好机遇。

为了挑战"青砂不做细"的传统观念，釜鼎青砂器公司总经理闫有军投资 300 多万元建设工厂、开办店铺、博物馆等，并多次前往景德镇等地进行考察学习，终于探寻出"青砂可做细"的奥秘，即在掌控好土和砂比例的基础上，增砂降泥。从 2015 年到 2016 年，闫有军和他的团队在矸子土和砂石的比例上、在原料研磨的粗细程度上，做了上千次实验，他们对土和砂的配比进行了大胆调整，最终得以对传统工艺进行技术上的改良，促使青砂器有了更大的可塑空间。2016 年，闫有军还将该技术申请了蔚县釜鼎青砂器新工艺的国家专利。王启杰青砂器厂也在不断考察学习，探索新工艺，其在坚持手工制作、最大程度减少模具使用的基础上，不断改进拉胚技艺，一体成型。

在外观设计方面，蔚县青砂器也在不断尝试新造型，如栖凤壶、步云壶、如意壶、风车壶、竹节杯、白象壶等，在尽可能保持原有设计韵味的同时，加入现代设计元素，形成了新的文化标签和独特的视觉美学形象，从而为青砂器改造提供了一种新的思路，加快了青砂器的时代振兴。2016 年，为坚定自己的青砂传承之路，让青砂器再现当年辉煌，白河东青砂器第五代传人王龙磊经历了多次失败后，终于在父亲、朋友的帮助下，烧制出第一把精美的冬奥壶，这既是为冬奥会写下的赞歌，也是对自己苦心追求的诠释。每一把壶上，都写着手艺人的固执、缓慢、少量、劳作，但是，这些背后所隐含的是专注、技艺、完美与敬畏。

（二）店厂并举与创收攀升的相辅相成

非遗保护并非单纯地将其放入书斋、博物馆或影像馆，而是需要将其有

效盘活，实现经济与文化上的双重自救。从历史发展来看，传统工艺的产生与成长，从来都是与市场需求有着紧密的联系。当今传统手工业要想更好地发展，扩大市场与增加受众，便是其不得不逾越的鸿沟。

为扩大营销范围，釜鼎青砂器公司在青砂器厂之外，还开办了釜鼎青砂暖泉古镇店、釜鼎青砂县城剪纸街店、釜鼎青砂县城建材城店等店铺，每一间店铺的装饰均十分考究，不仅有"釜鼎青砂"的背景墙设计，更是将烧制过程中破损的青砂碎片贴在墙上，与青砂成品相得益彰。与实体店相伴随，釜鼎青砂器公司亦初步开设淘宝店铺、微店等，最终希望实现线上线下相结合的销售模式。王启杰青砂器厂在原有的厂房内进行装修，改进青砂器仓库、青砂器精品展区等，集青砂器制作、存储、销售、参观等于一体，营造出传统手工艺的文化仪式感，吸引了众多游客。

在店厂并举的模式下，蔚县青砂器的经济效益日渐提升。王启杰青砂器厂去年上半年便已经接到 6 万个青砂器订单，全年销售额已逾 70 万元，相较前几年已有质的飞跃，并利用日渐增长的资金，对青砂器厂进行新的修缮。作为青砂器的新生代，釜鼎青砂器公司前期投入 300 万巨资用于青砂器振兴。尽管直到目前，釜鼎青砂器公司的投资并未完全回本，但总经理闫有军信心十足，坚持青砂产业的工艺探索，认为"做锅，做到极致就是工业化；做壶，做到最后也是要保留传统工艺，保留文化与手工价值"，相信青砂器有大放光彩的一天。

传统手工艺的经济创收并非朝夕之计，往往需要反复的探索与尝试。未来的青砂器，必然会继续加强文化品牌的打造，寻求传统手工艺与现代商业的契合，从而扩大青砂器的市场与影响力，以实现传统手工艺的全方位振兴。

（三）旅游合作与多位宣传的开放策略

蔚县是国家历史文化名城，文旅产业亦是蔚县的重要产业之一。蔚县青砂器本身是重要的文化资源，同时，青砂器的烧制过程也吸引众多摄影爱好者的到来。青砂器在烧制时，炉火要达到 1400 度的高温，笼盔通红，火焰高一米左右，蔚为大观。匠人要凭借多年的经验来把控火候，时机一到便将笼盔掀起，挑出青砂器继续降温。烧制过程是青砂器成功的关键，也是青砂旅游的重要视点。蔚县青砂器厂欢迎游客免费观赏青砂器烧制，并且会在逢年过节时，适当增加青砂器的烧制次数，以满足游客的观赏需求。

2017 年 7 月，蔚县涌泉庄乡多方筹资 500 多万元，在王朴故居基础上开工改造建设，经过 3 个多月的建设，于 2017 年 10 月竣工，建起了占地 10 余亩的"蔚州青砂博物馆"，博物馆内摆放着砂锅、药壶、酒具、茶具、火锅等 600 多件青砂器工艺品。蔚州青砂博物馆共有五个功能区域：青纱展区、王朴展区、沙龙区、体验区、会议中心。青砂展区由七个部分组成：溯源（历史发展展区）、循迹（工艺材料展区）、食粟（传统食器展区）、问道（传统饮具展区）、品茗（茶具展区）、闻香（香器展区）、慎思（创新精品展区）。蔚州青砂博物馆的落成，与青砂广场、蔚州青砂研究院及周边青砂生产基地，共同形成蔚县青砂器产业发展的着力点。

青砂器也在对外不断进行市场宣传，最典型的方式便是积极参与文化领域的展销会。同时，釜鼎青砂器公司也通过"快手"等新媒体展示青砂器的制作过程，引起了很多人的关注。2017 年，蔚县"青砂第一锅"开业，店中的厨具、餐具等均来自王启杰青砂器厂，首次将蔚县青砂饮食文化推向商业领域。2019 年，中央电视台《传承》节目组来到蔚县，针对青砂器拍摄了纪录片《相生》并在中央电视台播出，借第五代传人王龙磊之口说出："青砂器有 500 年的历史，我就在想怎么使青砂器让更多人知道，用一种形式表达出来，让人们观看，就像打树花那样。"既突出了非遗传承的现状，也体现出传承人的坚守和执着，为青砂器的宣传起到了重要的作用。

表 1　青砂器近几年宣传工作记录表

时　间	活　　动	地　点
2017 年	蔚州青砂博物馆	蔚　县
2017 年	张家口旅游博览会	张家口
2017 年	蔚州青砂第一锅开业	蔚　县
2017 年	首届张家口市旅游产业发展大会	张家口
2018 年	文化部文化产业双创人才作品展	北　京
2018 年	第十三届中国（义乌）文化产品交易会	义　乌
2018 年	南留庄白河东首届蔚州青砂节	蔚　县
2019 年	北京国际设计周张家口分会场暨张家口首届设计周	张家口

时　间	活　　动	地　点
2019 年	第五届"京津冀"非物质文化遗产联展	天　津
2019 年	第十一届北京端午文化节世园会非遗精品展	北　京
2019 年	CCTV4《传承》第三季第六集"相生"	—

四、传统与现代的价值复合与未来面向

(一) 生产性保护与传承的深度探索

非物质文化遗产生产性保护是指在具有生产性质的实践过程中，以保持非物质文化遗产的真实性、整体性和传承性为核心，以有效传承非物质文化遗产技艺为前提，借助生产、流通、销售等手段，将非物质文化遗产及其资源转化为文化产品的保护方式。目前，这一保护方式主要是在传统技艺、传统美术和传统医药药物炮制类非物质文化遗产领域实施。

"需求决定了生产和发展，对非物质文化遗产保护来说也不例外。"[1]生活水平的提高决定了民众日常需求的变异性和多样性，同时也影响着非物质文化遗产的生产目的和生产方式。[2]当今多数非物质文化遗产的传承难题，在于相关产品无法满足社会市场的消费需求，以至于其所带来的经济收益无法满足传承人的合理期望，或者该收益在市场经济环境中并不具有足够的劳动吸引力。为此，以生产带动保护与传承，在生产与创新中发展非物质文化遗产项目，使其适应不断变化的市场需求，从而让非物质文化遗产回归人们的日常生活，成为生产性保护的重要目标。

目前，蔚县青砂器已经有了两个固定性的生产基地，迈出了青砂器生产性保护的关键一步，且伴随着实体店铺、博物馆展厅的增加，该基地的规模也将会继续扩大，品牌效应愈加显著。今后蔚县青砂器应当更加注重对生产性保护的深度探索，全面了解自身发展状况，根据不同状况采取相应的治理

---

〔1〕　张志勇：《众多专家学者呼吁——非物质文化遗产应注重生产性方式保护》，载《中国艺术报》2009 年 2 月 13 日。

〔2〕　朱以青：《基于民众日常生活需求的非物质文化遗产生产性保护——以手工技艺类非物质文化遗产保护为中心》，载《民俗研究》2013 年第 1 期。

措施。同时要努力借助政府、行业协会、专家学者等群体的力量,及时发现问题、总结经验、改进工作,以促进青砂器的长久高水平发展。

(二) 技术升级与非遗振兴的创新基础

非物质文化遗产是重要的文化资源与经济资源,对其进行传承与发展的最好形式便是对其母体基因予以重构,在保持其精神内核和象征符号不变的情况下,实现现代形式的复活。而此"复活"的本质,便是技术创新。[1]

青砂器在技术升级与创新发展方面,较前些年已经有了质的飞跃。在今后的发展道路上,仍有必要从以下几方面继续坚持。首先,应当通过技术升级以实现功能的拓展。部分青砂器产品需要通过精品路线以达到相应的艺术效果,但多数青砂器仍然需要满足公众的日常生活需求。传统的工艺与产品同现代社会生活有了一定的脱节,故需要通过技术转型,让传统和现代结合起来,让传统工艺文化融入生活中,融入现代工业生产之中,长久地保持其生命活力。其次,要进行外观的改良。既要把工艺做细,也要有更多的外观设计,为日常生活用品注入必要的美学价值。此外,有必要尽量降低市场价格。近年来经过改良的青砂器产品受到更多人的欢迎,但在张家口地区乃至整个河北地区,部分青砂器的定价相对较高,与同价位的瓷器等相比,并不具有足够的市场竞争力。而价格的降低,很大程度上也依赖于技术的进一步成熟。

同时需要注意的是,创新并非标新立异、割裂传统,而是要在保证传统工艺的精髓和本质"不变味"的前提下推陈出新,故此也需要加强传承者对于传统文化和传统工艺内涵的理解,才能立足传统,提高工艺制品的品质,使当代创新成为传统的延续。

(三) 权利保障与有效传承的主体培育

代表性传承人是非物质文化遗产的守护神,是非遗的重要承载者和传递者,是非遗保护和活态传承的核心载体。我国相关法律中并没有"传承人"的概念,常见"代表性传承人"。《中华人民共和国非物质文化遗产法》(以

---

〔1〕 陈建宪:《文化创新与母题重构——论非物质文化遗产在现代社会的功能整合》,载《民间文化论坛》2006 年第 4 期。

下简称《非物质文化遗产法》）对代表性传承人的界定条件,[1]暗含了代表性传承人的概念与主要义务，他们不仅仅要进行技艺的传承，还有义务参与更多具有领导性质的行业管理工作，因而具有凝结非物质文化遗产最高技艺代表符号的象征隐喻。[2]所以，要想做好非物质文化遗产的传承工作，保护好代表性传承人至关重要。目前，青砂器制作工艺的省级代表性传承人为王启杰，且仅其一人。据悉，河北省文化主管部门每年为代表性传承人拨款8000元，以扶持非物质文化遗产的传承。该项资金基本能够落实，但除此之外，必要的活动保障与宣传帮助仍有明显不足，这也是王启杰曾力阻王龙磊学习青砂器制作工艺的重要原因之一。尽管王龙磊受多方文化的影响，在这条路上得以坚守，但更多的年轻人，渐渐远离了青砂器手工艺，导致整个行业面临青黄不接的困境。

传承人的权利保障与新人培育并非朝夕之计，而是需要多重主体的互相配合。代表性传承人自身应加快技术革新与效率提升以及市场拓展，从而吸引更多年轻群体的加入；在政府文化部门层面，应当充分发挥政府的管理优势与资源调度的优势，开展各类培训活动，提高传承群体的工艺技能与理论水平，对地区社会资源进行有效配置，实现资源利用最大化，同时应加大宣传力度，提高青砂器等非物质文化遗产的社会影响力；社会公众也应当积极响应社会号召，充分尊重古老的文明技艺与崇高的匠人精神，努力共同营造良好的文化氛围，从而为非物质文化遗产的时代振兴提供良好的社会环境。

（四）产业规划与政策导向的政府职能

2005年国务院办公厅发布的《关于加强我国非物质文化遗产保护工作的意见》指出工作原则为："政府主导、社会参与，明确职责、形成合力；长远规划、分步实施，点面结合、讲求实效。"此处的"主导"并不能按照字面含义去理解，而应当理解为"管理上的主导，发展上的推动"。在非物质文化遗产的传承中，政府既不能大包大揽，也不宜完全放任，而应当履行相关职能

---

〔1〕《非物质文化遗产法》第29条第2款：非物质文化遗产代表性项目的代表性传承人应当符合下列条件：①熟练掌握其传承的非物质文化遗产；②在特定领域内具有代表性，并在一定区域内具有较大影响；③积极开展传承活动。

〔2〕谢菲：《场域——资本视域下非物质文化遗产代表性传承人遴选实践反思——以宝庆竹刻和花瑶挑花为例》，载《三峡论坛（三峡文学·理论版）》2016年第6期。

以推动相关项目的活化传承。

《河北省非物质文化遗产条例》第18条规定："县级以上人民政府应当建立健全非物质文化遗产代表性项目的代表性传承人政策扶持机制，采取下列措施，支持其开展传承、传播活动：①提供必要的传承场所；②提供必要的经费资助；③为其参与社会公益活动创造条件；④加强对传承人的培养；⑤支持其参与传承、传播活动的其他措施。"据此，政府并非非物质文化遗产的直接传承人，但其有义务通过必要的产业规划与政策导向，为非物质文化遗产的发展提供环境保障。同时鼓励公民、法人和社会组织积极参与到非物质文化遗产保护工作中，形成全社会共同保护非物质文化遗产的良好氛围。

作为国家级贫困县，蔚县整体经济水平落后，政府在非物质文化遗产的资金投入方面力不从心。再加上近年来地方重工业的发展困境，县政府财政压力越来越大，脱贫已成为蔚县政府的首要任务。虽然无法进行直接的政府资金支持，政府可以借助全域旅游的春风以及蔚县"国家历史文化名城"的身份，对蔚县内部的诸多非物质文化遗产，如蔚县剪纸、打树花、青砂器等进行全新的产业规划，从而实现全域旅游视域下文化生态保护区的构建，这不仅有利于重现蔚县当年"百工竞技"的辉煌，也有助于文化扶贫的目标实现。

结 论

不出意外的是，无论对蔚县青砂的非遗传承人王启杰、王龙磊来说，还是对作为文化品牌的釜鼎青砂器公司的创始人闫有军来说，他们都在用自己的方式寻找着蔚县青砂新的生命之路，如同他们所期待的，现在的蔚县青砂在造型与用途上也都在逐渐摆脱着这个古老器具原有的样貌。青砂器是一种实用型手工艺品，与其他非遗产品不同的是，它的传承和发展对融入现代生活有更为迫切的要求，青砂器在"青砂第一锅"的使用便是其现代功能主义特征的体现，这似乎也是现代社会非遗传承和存在的理由之一。有人曾说"我们在对民间工艺进行制度性保护的时候，就要注意创造一定条件，让民间工艺生产重新回归到一种与乡土日常生活相联结的、充溢着精神创造旨趣的'副业'活动……进而言之，我们要保护的绝不仅仅是民间工艺的技术，更要注意保护民间工艺所赖以存身的文化生态。如果没有了后者的依托，民间工艺永远只能是表层的技术的存在，是一种没有心灵、随处飘荡的无根浮萍，直至成为只能存照归档的'遗产'。"[1]这提到了一个明显的事实：脱离了具体生活语境和文化生态的传承人，在周围对自己的手艺或传承的文化已经失去兴趣的情况下，年轻人不学，家族人不愿接受，传承人失去热情等这些问题就成了许多非遗的手工艺产品普遍会存在的问题。

　　游走在传统与现代之间的蔚县青砂是"消逝了的过去"和"活着的现在"，将来也会成为过去与现代优良因子的完美结合，尽管让这些传统的非物质文化遗产获得新生的难度比较大，但只要推动了非物质文化遗产的前进，让更多的文化、宝贵的文化遗产在濒于灭亡之际，重新为大众所认可，满足当代大多数百姓对文化的需要，在文化精神的延续中唤起百姓的热爱和认可都将成为现实。

---

　　[1] 张士闪、邓霞：《当代民间工艺的语境认知与生态保护——以山东惠民河南张泥玩具为个案》，载《山东社会科学》2010 年第 1 期。

边境地区扶贫工作开展情况研究

——基于云南省文山州西畴县的实地调查

杨关生*

摘　要：通过考察云南省文山州西畴县扶贫工作的开展情况，结合改革开放的成功经验，兹提出重视青年人才队伍建设、重视思想再解放、重视保护自然人文生态、重视监督机制创新和尊重市场经济规律的建议。

关键词：农村扶贫　"西畴精神"　生态保护　规则创新

习近平总书记在十九大报告中全面总结了我国脱贫攻坚的伟大历史成就，提出了 2020 年农村贫困人口全部脱贫的目标，展示了中央打赢脱贫攻坚战的坚强决心。为深入了解边境地区扶贫工作开展状况，2018 年 1 月 16 日至 19 日，笔者跟随"法大博士边疆服务团"来到云南省文山州西畴县进行实地调研。本文拟根据调研的情况就继续推进改革开放与边境扶贫的融合发展做一定的分析。扶贫工作开展以来，参与扶贫事业的工作人员普遍都面临着巨大的填表格、写报告压力。[1]因此，本次调研采取实地观察、口头对话和走访村民等方式展开，希望可以直接、具体、生动地反映出扶贫一线的面貌，以掌握一手的调研资料。当然，该调研方式观察到的可能只是某些表面的现象或者事物间的外在联系，考察的地点和所采访的人员也具有偶然性，这是本次调研在开始时就一直试图避免但始终无法完全避免的问题。

---

* 杨关生，中国政法大学国际法学院国际法专业 2017 级博士研究生。

〔1〕顾仲阳：《国务院扶贫办要求力戒形式主义——填表报数检查考评，减!》，载《人民日报》2017 年 7 月 25 日，第 2 版；林亦辰：《勿让"精准填表"侵蚀扶贫成果》，载《中国纪检监察报》2017 年 6 月 4 日，第 2 版；魏永刚：《精准扶贫不是"精准填表"》，载《农村经营管理》2017 年第 2 期。

一、基本情况："捆身索"与"脱贫计"

（一）西畴人民的"捆身索"

根据最高人民检察院第二批扶贫干部、该村书记巩宸宇提供的资料显示：该县的基本情况可以用"老、少、山、穷、战"5个字来概括。

一谓"老"，即革命老区；二谓"少"，即耕地少，人均耕地只有0.78亩；三谓"山"，即山大石头多，石漠化程度深，"只见石头不见土，苞谷种在石窝窝"很贴切地说明了该县恶劣的耕种环境；四谓"穷"，即财困民穷，2016年人均生产总值、人均财政收入和城乡居民人均可支配收入几项主要指标与全国、全省、全州差距较大；五谓"战"，即受战争影响大，20世纪50年代的援越抗法、60年代的援越抗美、70年代末对越自卫还击战，该地一直是屯兵积粮的战略重地，战争导致其错过了经济建设的良好时机，改革开放比其他地区整整晚了14年，致使全县经济社会发展严重滞后。

在这个"基本失去人类生存条件"的地方，贫困与落后是长期缠绕在西畴人民身上的"捆身索"。[1]

（二）西畴人民的"脱贫计"

一直以来，西畴人怀抱着建设美丽家园的愿望，想方设法挣脱身上的"捆身索"，将"恶水穷山"建设为"绿水青山""金山银山"。

第一，创新石漠化综合治理模式："六子登科"[2]，从炸石造地转向综合整治。近年来，西畴人民通过对"山、水、林、田、路、村"进行综合治理的方式，将昔日危险的乱石堆变成了宜居、宜种、宜游的"喀斯特绿洲"，在解决水土流失问题的同时也优化了人们居住的生活环境。

第二，探索农村公路建设模式："四轮驱动"，从修路保通转向全面硬化。西畴县99.9%的面积是山区，大多数村民居住在大山深处，交通出行极其不便。2010年以来，全县通过财政投入补助资金、积极发动群众自筹资金和投工投劳的方式，修成农村硬化公路共2100多公里，在完成"行政村通公路率达100%"目标后，西畴县正向"自然村通公路率100%"的目标前进。

---

〔1〕 联合课题组：《"等不是办法，干才有希望"——对云南省西畴县农村脱贫致富的调研》，载《经济问题探索》2001年第2期。

〔2〕 时磊：《弘扬'西畴精神'讲好'西畴故事'，坚决打赢精准扶贫攻坚战——云南省西畴县贯彻落实习总书记扶贫开发战略思想的创新实践》，载文山新闻网，最后访问日期：2018年3月12日。

第三，实施科技高效耕种战略："科教兴县"，从传统耕种转向科技耕种。在习近平总书记提出"注重扶贫同扶志、扶智相结合"后，西畴县开始把"治愚"作为"治穷"的根本，村民们学科技、用科技的氛围蔚然成风。

据《云南日报》2018 年 3 月 27 日的报道，2017 年全县地区生产总值达 37.7 亿元，比上年增长 10%。[1] 从全年走势来看，各季度累计增幅波动范围保持在 1.8 个百分点内，总体呈现平稳增长态势。2015 年以来，共整合投入产业发展补助资金 3872 万元，带动 7744 户发展产业实现增收；投入补助资金 1.132 亿元，实施易地扶贫搬迁 2150 户 8336 人，其中建档立卡贫困户 1864 户 7142 人，扶贫成效显著，当地民众生活条件得到了改善。

二、实际案例：脱贫摘帽六七事

（一）桥路设施的建设

据村民反映，现在铺设水泥桥的位置以前是由两三根木头搭建的简易木桥，一遇到下雨天，河水漫过木桥，桥面会变得非常湿滑和危险。而这条木桥是村民从山上走到外面的必经之路，经常会发生河水漫灌导致就医延误的事故。在水泥桥、硬化路等公共设施建成后，此类事故再也没有发生。

（二）农村生态循环经济

车辆在山间盘旋几分钟后来到了当地的生猪养殖场和苞谷酿酒厂。生猪养殖场和苞谷酿酒厂位处山坡中间，山上是苞谷种植基地，山下正在建造一个大型沼气池。从上而下形成了一个规模化、集约化的"苞谷种植—苞谷酿酒—剩料养殖—发酵发电"的现代生态循环农业基地。实时的监控摄像、机械化的清洁工具、自动化的饮水装置等科技产品使村民的工作负担大大减轻。而且，所有人进入养殖场之前都必须穿戴经过消毒的防护服。养殖场已经和部分政府部门和外地企业、工厂签订了猪肉供销协议。在工厂工作的村民表示，其实大家一直都想返乡就业，但以前在村里只能种庄稼，收入比较低，现在就近上班，不用背井离乡就可以增加收入，还可以照顾家里的老人和孩子，一举多得。

（三）"太阳谷有机商城"电子商务

随后，我们来到了该县某村的"农村电子商务为民服务站"。虽然坐落在

---

〔1〕《西畴：弘扬"西畴精神"决战脱贫攻坚》，载《云南日报》2018 年 3 月 27 日，第 7 版。

一片瓦房之下，但从门店装潢、广告设计、产品展示、电脑配置等情况来看，这个电商服务站已然可以和沿海地区的电子商务站相媲美了，在某些方面已经超过了沿海地区的很多"网上店家"。该服务站的负责人在深圳工作过，熟悉电子商务的运营模式，在了解到国家对家乡的扶持政策之后，她便回到家乡建设了这个电子服务站。现在，"太阳谷有机商城"的运营已经基本步入正轨，通过这个服务站，产自文山当地的姜、薏米等特色农产品陆续远销到全国各地。可是，个别农户看到"有利可图"便大幅提高农产品的价格，导致部分农产品收购价格过高，市场竞争力下降。

（四）"太阳新村"的建设

针对当地住房条件落后、安全隐患较多等问题，当地政府采取了易地搬迁的做法，正加紧落实"太阳新村"的建设工作。一排排整齐的房屋坐落在附近比较少有的一片平地之上。据了解，很多在现场施工的工人都是建档立卡的贫困户，在工地的劳作可以给他们带来每天 120 元以上的收入。带着我们考察的时书记还亲自爬上梯子查看房屋的建设状况。"在设计房屋时有没有考虑到当地民众需要在大厅中间摆放节日祭祀用品的习惯"，在听取完工人的建议后，时书记立即给房屋设计人员打了电话，督促立刻整改。"要在两三年内完成整体脱贫摘帽这项历史任务，工作效率和工作质量都非常重要"，时书记向我们说道。

（五）当地村民的生活条件

在该地某村的贫困村民家里，我们看到了墙体开裂、地基严重倾斜的 D 级危房，也看到了人畜共住、四面透风、家具残旧的落后居住环境，深刻体会到了开展扶贫工作的必要性。习总书记曾说过，"绝不能落下一个贫困家庭，丢下一个贫困群众"。在下山途中，时书记告诉我们，在当地人认为"环境比家里好很多"的学校里，孩子们其实还是直接咬着水龙头去饮用没有经过消毒、带有泥沙甚至蚂蟥的"山泉水"。农村净水工程，也是扶贫工作中必须尽快完成的任务。

（六）乜星旅游合作社的运营

从山上下来，已经是傍晚六点多，黑暗的村落依稀闪烁着点点灯光。时书记给我们介绍了"民俗乡村文化旅游示范村"项目的进展情况。"乜星"是"找太阳传说"中女主人的名字，驻村干部把"乜星"注册成为一个商标，并帮助当地村民成立了"乜星旅游合作社"，希望通过"农家乐""文化旅游"的模式带动整个村寨群众脱贫致富。但是，在项目的实际开展过程中，个别村民喜欢把房子修成欧洲别墅的风格，有的贫困户甚至举借外债装上了罗马柱、玻璃吊灯，攀比风气盛行。即使困难重重，但时书记依然保持着非常乐观的心态，"'扶贫这件事，只要心中充满爱，就会有智慧，就会有办法，'对于我们扶贫干部而言，扶贫路上缺的不是柔情，不是感动，而是真真切切对老百姓、对农村毫无保留的爱！"

（七）"等不是办法，干才有希望"

在离开之前，我们临时增加了一项行程——在当地检察院工作人员的帮助下，驱车前往因坐落在大山悬岩之上而得名的岩头村，亲身感受当地人民艰苦奋斗的人文精神。在进村道路的旁边，怪石林立，我们脚下的道路却平平整整。这条路是该村村民花了整整 11 年时间挖凿而成的。在岩石上，一个鲜红艳丽的"干"字，刚毅有力，让路过者无不为之动容。当年带领村民挖凿公路的李村主任带我们参观了当地的精神实践教育基地。"当年因为路难走，村里的媳妇跑掉了 6 个。"李村主任感慨地说道，"以前没有路，建房的材料根本运不进来。进村公路修完了，改革致富之路仍要继续。"

三、调研启示：新征程 再出发

（一）重视青年队伍建设

本次调研所接触到的工作人员主要有：文山州和西畴县当地公务人员数名，云南网和《云南日报》记者两位，派驻西畴县参与扶贫工作的最高人民检察院干部两名，返乡带领村民创业的"领头羊"一人。参与扶贫工作的大部分工作人员是 1985 年后甚至 1990 年后出生的，参与扶贫工作的人员大多数都取得了大学本科或者研究生以上学历。而且部分创业人员在"北上广深"等沿海地区有过长期的工作经验。他们对改革和扶贫中的弊病也有着清醒的认识，对如何结合当地资源优势与沿海地区进行产业对接有着更清晰的谋划。

扶贫工作已经形成了"中年一代中流砥柱，把舵导航；青年一代崭露头角，冲锋陷阵"的稳定梯队。从扶贫政策的制定，到扶贫工作的落实，再到扶贫成效的宣传，已经形成了一套井然有序、便捷高效的工作模式。"90 后"的扶贫人员开始"肩负重任"。国家和政府为年轻干部提供了相对更大的权力和发挥空间，就是希望调动年轻人"朝气蓬勃，热情冲天"的干劲，在"扶贫攻坚战"中杀出一条血路。一些看似离我们很远的大政方针执行者其实就是我们青年一代,就是我们身边的一个个普通人。正所谓"一代人有一代人的使命",这就是我们的使命。国家的重任、历史的重担已经压在我们年轻一代身上。扶贫致富的任务并不只是身处边境地区的年轻干部的任务,而是全中国年轻一代共同的任务。只有这样做,我们才能不负历史的重托,不负社会的期待。年轻一代已经来到了脱贫大战的战场,一支年轻、有担当、有活力、有想法的横跨政府、企业、媒体、科研机构的扶贫纵队已经形成!

(二) 重视思想再解放

"脱贫攻坚有两件事最难,一是把政策落实到位;二是得到群众的理解和配合。"现在国家精准扶贫工作正不断推进,如何再次解放思想,让人民群众积极配合脱贫攻坚工作成了最大的问题。

第一,长远发展的思想。脱贫致富非一日之功,也不会一蹴而就。靠着"趁机捞一笔"的心态,"在电商供货紧张时临时提价","在市场上购买,冒充原生态有机农产品","在民俗文化村里漫天要价"等都是投机取巧的行为,赚取的是蝇头小利,消费的是市场的信心,失去的是长远发展的机会。

第二,积极自信的思想。边境地区虽然交通不便,自然资源不丰富,但也有自己独特的优势。边境地区的营商环境已经得到了较好的改善,只要在经营理念、经营模式等方面找准自己的定位、保持昂扬的斗志和自信,边境地区的发展一定可以赶上改革开放的潮流,成为我国新时代经济增长的重要一极。

第三,迎难而上的思想。电商负责人和养殖场工人都向我们表示过"文化水平不高"的想法。其实,这也是一种不自信的表现。作为扶贫前线的工作人员,他们可以接触到最鲜活的案例,只要通过不断学习管理知识,把村民落后的观念纠正过来,把当地的资源配置好、管理好,把当地经济盘活,把村民收入提高,这些经验一定会成为社会管理学上成功的案例。我国正在进行的扶贫攻坚工作,在世界上并没有成功的经验可以直接复制。这是最好的时代,这是最坏的时代,无论如何,这是一个需要"新经济学""新管理学"也一定能产生"新经济学""新管理学"的时代。

(三) 重视保护自然人文生态

习总书记在考察云南时反复强调,云南的发展要把生态环境保护放在更加突出的位置，要像保护眼睛一样来保护生态环境，要像对待生命一样来对待生态环境，要坚持走"绿色脱贫"道路。

一方面，文山州西畴县等边境地区的生态环境极其脆弱。环境一旦遭到破坏，需要的恢复时间很长，恢复成本非常高昂。因此，在政策的制定、政策的实施过程中都必须做好环境评估工作。修路进村、劈山建厂的确可以较快地带来经济效益的提高，但是若这些方案会危及某地的生态环境，就应该毅然舍弃。

另一方面，云南是我国民族种类最多的省份，具有丰富的人文资源。易地搬迁工程的实施不能以破坏当地人文生态为代价。部分村民之所以住在"深山野林"里是经上千年、经过几代人甚至几十代人选择的结果，在特殊自然灾害发生时，安全系数相对较高。而且，各个民族的风俗习惯各有不同，分开居住也是自然而然的事情。搬迁聚居后，如何将有着不同生活习惯、不同思想观念的村民融合、团结在一起？易地搬迁是否可以妥善解决未来新增人口带来的住房问题？土地是农民赖以生存的重要资源，也是农民情感的归属，只要是涉及土地政策变动的事情都必须经过认真的考虑。

（四）重视监督机制创新

在扶贫工作中，我们有时会看到改革开放初期"粗放式发展"的身影，比如环境污染问题、集体经济定位问题、国有资产流失问题和集体土地性质转化问题等。大量财政资金和社会扶贫资金正以亿万计输往贫困地区，我们应该重视监督机制的创新，加大监管的力度，防范扶贫资产被侵吞。

（五）尊重市场经济规律

互联网经济为农村发展打开了一条发展的新路子。在互联网环境下，"坏事传千里"的风险也会增加。农村电商应该吸取城市电商发展的经验和教训，在货物质量、包装、运输方面尽可能做到完美。部分贫困地区利用微信、淘宝等互联网方式进行销售，销量上去了，如果质量未能跟上，就会为长远发展埋下了隐患。电商发展在物资的调配、产品的包装等方面已经有许多成熟的案例值得参考与借鉴。既然已经下定决心参与市场竞争，我们就必须经得住市场的考验。毕竟，以挂靠销售、定点收购的方式发展终究不是长久之计。

四、结论

我国正在进行的扶贫事业是伟大的，但也是艰巨异常的。我们不仅要妥善处理历史遗留问题，还要处理社会变革引发的新情况、新矛盾。因此，我们应该吸收改革开放四十年的经验和教训，坚持生态、经济、文化、物质多方面综合发展的理念，处理好扶贫、改革、发展、稳定之间的关系，才能让边境地区的人民共享改革开放的成果，在脱贫后不再返贫。

助力精准扶贫·漯河市舞阳县农村社会救助考察报告

王充*

摘　要：社会救助是精准扶贫工作的一个重要方面，对进行社会救助对象的精准认定，可以保障公民的基本生活，促进社会公平，维护社会和谐稳定。本文对漯河市舞阳县的社会救助对象进行考察评估，首先描述了社会救助对象的基本情况以及存在的一些问题，其中发现农村低保的认定存在偏差，不符合率为 12.1%；然后笔者结合入户考察过程中的所见所闻分析了社会救助对象认定不精准的原因，叙述了社会救助政策执行中存在的一些问题；最后笔者对当地社会救助政策的执行和社会救助对象提出了一些建议。

关键词：精准扶贫　社会救助　农村低保　特困人员　社会政策

一、研究背景

2017 年 10 月 18 日，习近平同志在十九大报告中指出，坚决打赢脱贫攻坚战，要动员全党全国全社会力量，坚持精准扶贫、精准脱贫，坚持中央统筹省负总责市县抓落实的工作机制，强化党政一把手负总责的责任制，坚持大扶贫格局，注重扶贫同扶志、扶智相结合，深入实施东西部扶贫协作，重点攻克深度贫困地区脱贫任务，确保到 2020 年我国现行标准下农村贫困人口实现脱贫，贫困县全部摘帽，解决区域性整体贫困，做到脱真贫、真脱贫。[1]

＊ 王充，中国政法大学社会学院 2018 级硕士研究生。

[1]《习近平提出，提高保障和改善民生水平，加强和创新社会治理》，载新华网，http://www.xinhuanet.com//politics/2017-10/18/c_1121820849.htm，最后访问日期：2018 年 9 月 15 日。

社会救助是国家和社会对由于各种原因而陷入生存困境的公民给予财物接济和生活扶助，以保障其最低生活需要的制度。社会救助制度是我国精准扶贫的一项重要方法，也是兜底性的方法。2018 年 4 月 19 日民政部在全国开展为期 3 年的农村地区社会救助专项治理工作，旨在解决农村社会救助政策在实施过程中的各种问题。

为了能够真正把需要救助的对象纳入到救助范围，提高人民群众的满意度，漯河市民政局拟对所有的社会救助对象进行评估和重新认定，对漯河市三区（源汇区、召陵区、郾城区）两县（舞阳县、临颍县）及城乡一体化示范区的农村社会救助政策的执行情况进行调查评估，主要评估社会救助项目中的农村居民最低生活保障（简称"农村低保"）和特困人员在基层的生存状况以及政策的执行情况，以期为漯河市社会救助的修订、低保对象和特困人员的精准认定等提供意见和建议。

二、考察地点简介

本次考察项目中，笔者所带领的是漯河市舞阳县的工作小组，经过随机抽样，选择了姜店乡的社会救助对象作为研究样本。

舞阳县位于河南省中部偏南，属漯河市辖县，南邻舞钢市，北接襄城县，东连源汇区，西靠叶县。2017 年，全县实现生产总值 187.2 亿元，比上年增长 8.5%；城镇居民人均可支配收入 21 921 元，增长 8.5%；农村居民人均可支配收入 9440 元，增长 9.3%。[1]姜店乡位于舞阳县中部，距县城 15 千米，面积 62.5 平方千米，人口 41 719 人，辖姜东、姜西、焦庄、李湾、郎庄及和善李等共 32 个行政村。[2]

姜店乡的农村低保户有 2100 余户，特困人员有 400 余人，该地区的最低生活保障线为 3450 元（2018 年最新标准）。当地的低保对象分为五类，分别是 A 类、B 类、C 类、D 类（高龄补贴，年龄超过 80 岁，2018 年已经取消）和 E 类（困境儿童），每个低保对象的救助金额（2017 年标准）分别为 1944

---

〔1〕 舞阳县人民政府：县情概况，载舞阳县人民政府官网，http://www.wuyang.gov.cn/wuyang-gaikuang/xianqinggaikuang/，最后访问日期：2020 年 5 月 27 日。

〔2〕 舞阳县人民政府：行政区划，载舞阳县人民政府官网，http://www.wuyang.gov.cn/wuyang-gaikuang/xingzhengquhua/，最后访问日期：2020 年 5 月 28 日。

元/年、1764 元/年、1584 元/年、1200 元/年（2018 年已取消）、3144 元/年。当地特困人员每年的救助标准为 4488 元/年。

三、调查方法与考察对象

本次调查对象的抽样方式以随机抽样和整群抽样相结合，根据工作需要选取某一行政村，对该行政村所有农村低保户和特困人员进行整群普查。采用的社会调查方法有问卷调查法、实地观察法、结构式访谈法等各种调查方法。

本次考察的主要对象是农村低保户（以家庭为单位）、特困人员。本次调查共收集到问卷 920 份，其中通过直接入户收集到 815 份，经村干部或普通村民间接结构式访谈收集到 105 份；问卷中的农村低保户是 825 份，特困人员 95 份；经筛选发现已经死亡或失踪有 16 份，本研究暂不做重点分析。

四、调查结果描述

以下结果分析的问卷总数为 904 份，采用的分析工具是 Excel 2010、SPSS 20.0。

（一）救助类型

本次考察工作的对象是农村低保户和特困人员，共收集有效问卷 904 份，如表 1 所示，农村低保户共 809 户，占总数的 89.5%，在农村低保户中，A 类有 6 户，B 类有 731 户，C 类有 63 户，E 类（困境儿童）有 9 户；特困人员共 95 户，占总数的 10.5%。

A 类低保对象主要是指因主要劳动力亡故、重度残疾、常年患病等原因造成基本没有收入来源的特别困难的家庭；B 类低保对象主要是指家庭成员因病、残等原因造成劳动力缺乏、不能外出务工的家庭，因病、因学等原因造成支出负担沉重，影响基本生活的家庭；C 类低保对象主要是指有劳动力，但因家庭成员出现疾病或其他情况，导致基本生活出现暂时性困难的家庭；E 类是漯河市所特殊制定的救助类型，针对未满 18 周岁却家庭十分贫困陷入生存困境的儿童而提供的救助。特困人员在农村又称为"五保户"，老年人、残疾人以及未满 16 周岁的未成年人，同时具备无劳动能力，无生活来源，无法定赡养、抚养、扶养义务人或者其法定义务人无法履行义务的，应当列入特困人员救助供养范围。[1]

表 1　社会救助类别表

		频　率	百分比	有效百分比	累积百分比
有　效	低保 A 类	6	0.7	0.7	0.7
	低保 B 类	731	80.9	80.9	81.5
	低保 C 类	63	7.0	7.0	88.5
	困境儿童	9	1.0	1.0	89.5
	特困人员	95	10.5	10.5	100.0
	合　　计	904	100.0	100.0	

（二）家庭基本信息

1. 性别与年龄结构

（1）性别比例。由表 2 可以明显地看出，农村低保户主和特困人员中，男性明显高于女性。结合表格分析可知，低保户主为男性的数量是 522 个，占低保总户数的 64.5%，户主为女性的为 287 个，占低保总户数的 35.5%；特困人员为男性的有 86 个，占特困人员总数的 90.5%，女性仅 9 人，占特困人员总数的 9.5%。

农村低保户主和特困人员多为男性其实也是正常现象。在农村地区，男性一般都是一家之主，在各种政治、经济、文化等生活中占据主导地位。在低保申请时，需要申请人提供户口本、农村信用社存折等证件，这些证件的户主一般也为家庭的男性，所以低保户主为男性既符合中国传统文化也符合低保工作人员的工作习惯。特困人员更是绝大多数为男性，其原因主要是农村的特困人员大多是年龄较大的未婚人员，农村地区人口结构多是男多女少，一些男性早年没有结婚生子，到了老年没有劳动能力、没有经济收入、没有子女赡养，最终只能靠国家保障其基本生存。

---

[1]　民政部：《社会救助暂行办法》，载 http://www.mca.gov.cn/article/gk/fg/shjz/201507/20150715848487.shtml，最后访问日期：2018 年 9 月 17 日。

表 2 性别和救助类别的交叉制表

		救助类别					合 计
		低保 A 类	低保 B 类	低保 C 类	困境儿童	特困人员	
性别	男	4	458	55	5	86	608
	女	2	273	8	4	9	296
合 计		6	731	63	9	95	904

（2）年龄结构。由图 1 可以看出，低保户主和特困人员在年龄分布上：0～18 岁的人数所占比例为 2.8%；19～45 岁的人数所占比例为 7.5%；46～60 岁的人数所占比例为 19.8%；61～80 岁的人数所占的比例最大，为 57.5%；81 岁及其以上的人数所占比例为 12.4%。45 岁及其以下的人所占比例较小，其原因是该年龄段人群身体健康，未成年人的监护人经济条件一般较好，成年人一般有劳动能力，有一定的收入，所以他们需要申请社会救助的人数较少；46～60 岁的人群是一个特殊的人群，"4050"人员[1]难以适应日益剧烈的社会变迁，可能会申请社会救助；60 岁以上的人是社会救助的主要人群，该年龄段人群几乎没有劳动能力，经济收入极少且各种疾病高发，所以导致家庭经济困难需要通过享受社会救助维持基本生存 。

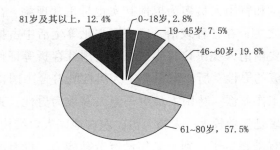

图 1 年龄结构图

---

[1] 4050 人员是指处于劳动年龄段中女 40 岁以上、男 50 岁以上的，本人就业愿望迫切、但因自身就业条件较差、技能单一等原因，难以在劳动力市场竞争就业的劳动者。

2. 人口结构

（1）家庭人口数量。由表3可以看出，特困人员的家庭人数全部为1人，低保户的家庭人口多为1人或者2人。结合表格并分析可以得知特困人员的家庭人口全部为1人；低保户家庭人口为1人的数量为275户，占低保户总数的34.0%，家庭人口为2人的数量为298户，占低保户总数的36.8%，家庭人口为3人的数量为131户，占低保户总数的16.2%，家庭人数为4人的数量为77户，占低保户总数的9.5%，家庭人口为5人及其以上的共28户，占低保户总数的3.5%。

表3　家庭人口和救助类别的交叉制表

| | | 救助类别 | | | | | 合　计 |
		低保 A 类	低保 B 类	低保 C 类	困境儿童	特困人员	
家庭人口	1	1	261	6	7	95	370
	2	4	277	16	1	0	298
	3	0	115	15	1	0	131
	4	1	57	19	0	0	77
	5	0	12	3	0	0	15
	6	0	9	2	0	0	11
	7	0	0	2	0	0	2
合　计		6	731	63	9	95	904

（2）家庭劳动力系数[1]。本次考察的一个重点就是社会救助对象及家庭的劳动能力。由表4可以看出，家庭劳动力系数为0的有521户，占总户数的57.6%；家庭劳动力系数为0.5的有117户，占总户数的12.9%，家庭劳动力系数为1的有167户，占总户数的18.5%，家庭劳动力系数为1.5及其以上的共99户，占总户数的11.0%。

家庭劳动力系数是家庭成员劳动能力的总和，如表5所示，家庭劳动力系数与家庭总收入的相关系数为0.611，显著性水平0.000小于0.01，所以家

---

[1]　家庭劳动力系数为家庭成员劳动能力总和。劳动能力分为0（无劳动能力）、0.5（部分丧失劳动能力）、1（有劳动能力）三种。

庭劳动力系数和家庭总收入的相关关系为正向的且相关性很强。

表 4　家庭劳动力系数表

		频　率	百分比	有效百分比	累积百分比
有效	0	521	57.6	57.6	57.6
	0.5	117	12.9	12.9	70.5
	1.0	167	18.5	18.5	89.0
	1.5	36	4.0	4.0	93.0
	2.0	48	5.3	5.3	98.3
	2.5	10	1.1	1.1	99.4
	3.0	5	0.6	0.6	100.0
	合计	904	100.0	100.0	

表 5　劳动力系数与家庭收入的相关性表

		家庭劳动力系数	家庭收入合计
家庭劳动力系数	Pearson 相关性	1	0.611[**]
	显著性（双侧）		0.000
	N	904	904
家庭收入合计	Pearson 相关性	0.611[**]	1
	显著性（双侧）	0.000	
	N	904	904

注： ** 在 0.01 水平（双侧）上显著相关。

3. 健康和就业状况

（1）健康状况。如图 2 所示，低保户主和特困人员身体健康状况总体较差，其中身体健康的仅有 91 人，占总数的 10.1%；身体一般的有 376 人，占总数的 41.6%；重病人数为 278 人，占总数的 30.8%；重残人数为 159 人，占总数的 17.6%。

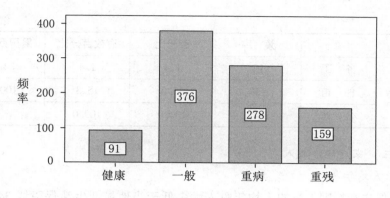

图 2　健康状况统计图

在考察过程中，笔者发现身体状况一般者大多是年龄较大且患有老年慢性病的人群，该群体有很多是部分丧失劳动能力或者是没有劳动能力的；重病者一般患有卫生部门规定的特殊慢性病和重大疾病，这部分人都是没有劳动能力的，基本上没有太多经济收入；残疾者主要是一级二级残疾，其中大多是肢体残疾和精神障碍，这个群体也没有劳动能力和经济收入。

（2）就业状况。低保户和特困人员因为大多没有劳动能力，所以难以就业。如表6所示，社会救助户主为"三无"[1]的数量为712人，占总数的78.8%；职业为种植的有138人，占总数的15.3%；学生有14人，占1.5%；在职的、离退休的、灵活就业的以及外出务工的仅有40人，占总数的4.4%。

表 6　就业状况表

		频 率	百分比	有效百分比	累积百分比
有　　效	三　　无	712	78.8	78.8	78.8
	在　　职	4	0.4	0.4	79.2
	离退休	1	0.1	0.1	79.3
	灵活就业	22	2.4	2.4	81.7
	学　　生	14	1.5	1.5	83.3

---

〔1〕　三无：无工作、无劳动能力、无稳定收入。

续表

		频 率	百分比	有效百分比	累积百分比
有 效	务 工	13	1.4	1.4	84.7
	种 植	138	15.3	15.3	100.0
	合 计	904	100.0	100.0	

（三）家庭经济收入

1. 人均年收入

低保户和特困人员的人均年收入大多低于当地最低生活保障线 3450 元，基本符合社会救助政策的执行标准。由表 7 可以看出，人均年收入在 0 元~1000 元的户数为 309 户，占总户数的 34.2%；人均年收入在 1001 元~2000 元的户数为 250 户，占总户数的 27.7%；人均年收入在 2001 元~3450 元的户数为 168 户，占总户数的 18.6%；人均年收入在 3451 元~6000 元的户数为 80 户，占总户数的 8.8%；人均年收入超过 6000 元的户数为 97 户，占总户数的 10.8%。

表 7 人均年收入表

		频 率	百分比	有效百分比	累积百分比
有 效	0 元~1000 元	309	34.2	34.2	34.2
	1001 元~2000 元	250	27.7	27.7	61.8
	2001 元~3450 元	168	18.6	18.6	80.4
	3451 元~6000 元	80	8.8	8.8	89.3
	6001 元~10000 元	45	5.0	5.0	94.2
	10001 元及其以上	52	5.8	5.8	100.0
	合 计	904	100.0	100.0	

经过分析可以发现，低保户和特困人员的人均年收入不超过当地最低生活标准 3450 元的比例为 80.5%，他们符合暂行的社会救助标准；人均年收入超过 6000 元的占 10.8%，这部分人群收入明显过高，基本不符合社会救助的救助范围，笔者建议取消其社会救助资格；人均年收入在 3451 元~6000 元的这一部分群体，笔者建议结合其他的维度来判断其是否继续享受社会救助。

2. 收入来源

低保户和特困人员的收入来源一般有工资性收入、经营性收入、转移性收入和其他收入等。经过入户访谈和统计分析,笔者发现他们的主要收入来源为经营性收入为主;有工资性收入的家庭很少,一旦家庭中有劳动力,其工资性收入就会成为家庭主要收入来源,其家庭人均年收入一般也会超过当地最低生活保障线 3450 元,也就是说该家庭不符合社会救助标准。

(四) 家庭财产情况

1. 金融资产

金融资产包括银行存款、股票基金债券、其他有价证券和现金等,是非常难以收集的一项数据,笔者只是通过对低保对象的直接询问得出的数据,低保户和特困人员的家庭金融资产非常少。如图 3 所示,低保户和特困人员的金融资产在 0 元~500 元的户数为 832 户,占总户数的 92.04%;金融资产在 501 元~1000 元的户数为 54 户,占总户数的 5.97%;金融资产超过 1000 元的户数共有 18 户,占总数的 1.99%。

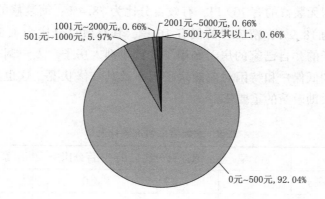

图 3　金融资产图

2. 住房情况

(1) 住房面积。经过笔者的入户考察发现,农村地区的房子大多是三间(50 平方米~60 平方米) 或是四间 (70 平方米~80 平方米),低保户和特困人员鲜有楼房。由图 4 可以看出,住房面积在 0 平方米~30 平方米的户数为110 户,占总户数的 12.2%;住房面积在 31 平方米~60 平方米的有 403 户,

占总户数的44.6%；住房面积在61平方米~100平方米的有274户，占总户
数的30.3%；住房面积超过100平方米的有117户，占总户数的12.9%。

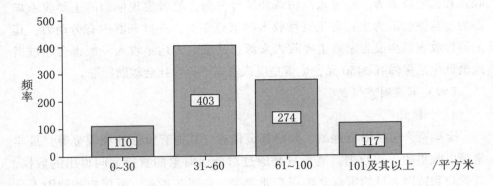

图4 住房面积统计图

（2）住房装修情况。在入户考察的过程中，很直观地发现低保户和特困
人员的房子较为简陋，基本上都不装修，精装修的很少。如表8所示，房屋
的装修情况为无装修的有709户，有效百分比为78.4%；简装修的有171户，
有效百分比为18.9%；精装修的仅有16户，其有效百分比为1.8%；还有6
户是没有房子的，自己家的房子倒塌了，借住别人房子。入户调查可以非常
直观地观察到低保户和特困对象的房子大小及其装修状况，这也是评估其是
否符合社会救助政策的重要依据。

表8 房屋装修情况统计表

		频 率	有效百分比	百分比	累积百分比
有 效	无房子	6	0.7	0.7	0.7
	精 装	16	1.8	1.8	2.5
	简 装	171	18.9	18.9	21.4
	无装修	709	78.4	78.6	100.0
	合 计	902	99.8	100.0	
缺 失	系 统	2	0.2		
合 计		904	100.0		

（五）家庭支出情况

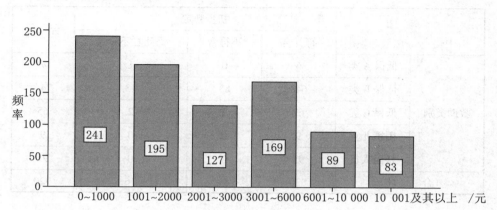

图5 人均年支出统计图

家庭人均年支出是本次评估是否符合社会救助的又一重要因素。由图5可以看出，低保户和特困人员的人均年支出在 0 元 ~1000 元的有 241 户，人均年支出在 1001 元 ~2000 元的有 195 户，人均年支出在 2001 元 ~3000 元的有 127 户，综上人均年支出在 3000 以下的共计 563 户，占总户数的 62.3%；人均年支出在 3001 元 ~6000 元的有 169 户，人均年支出在 6000 元以上的共172 户。

（六）社会救助认定符合程度

本次考察的一个非常重要的任务就是作为第三方做出是否符合社会救助标准的初步判定。如表9所示，本次共考察 920 户，其中符合社会救助政策的有 820 户，占总数的 89.1%，不符合社会救助政策的户数有 100 户，占总数的 10.9%，其中包括 16 人因户主死亡而不符合规定的。从社会救助的类别来分析，可以看出特困人员 95 户全部符合社会救助政策；农村低保户中有725 户符合，占低保户总数的 89.6%，还有 100 户不符合社会救助政策，占低保户总数的 12.4%。

表9 救助类别和初步判定的交叉制表

		初步判定			合 计
		符 合	不符合	因死亡不符合	
救助类别	低保A类	6	0	1	7
	低保B类	648	83	13	744
	低保C类	62	1	2	65
	困境儿童	9	0	0	9
	特困人员	95	0	0	95
合 计		820	84	16	920

综上所述，该地区社会救助政策执行情况总体较好，尤其是特困人员认定准确率为100%，低保户的认定精准率为89.6%，但是该地区农村低保仍然有12.4%的认定是不符合标准的。社会救助和低保是政府进行精准扶贫的兜底性政策，如果出现了偏差会导致国家的财政资金和各种救助资源的浪费，甚至会导致政府的公信力下降。

五、问题及对策

（一）存在问题

1. 社会救助政策执行中的问题

（1）社会救助对象的识别精准度不高，评价机制不健全，唯"收入论"。在这次考察中发现当地农村低保的不符合率为12.1%，这说明识别的精准度还有待提高。当前的社会救助政策是根据人均年收入低于当地最低生活保障这个唯一的标准，并没有全面地考虑农村地区的特殊情况。首先，农村地区的收入很难计算和量化；其次，农村地区现在出现了城镇化的倾向，部分农户会在城镇买房子来转移资产；再次，救助对象可能现在没有收入，却在年轻时存有大量金融资产，这一部分资产也很难考察；最后，农村地区的老年人主要是家庭养老，由子女赡养老人。

（2）当地社会救助对象存在一些"关系保""拆户保"。在本次考察的过程中笔者发现一些人明显是"关系保"，其家庭经济条件明显看起来不错，却享受农村低保，结合当地村干部和村民反映，可以判定部分低保户是有问题的。更有甚者，村干部直接跟笔者说，某些户没有经过村里评议却被"上面"直接安排为低保户，村干部居然也不知道。

"拆户保"的现象比较严重，由于社会救助政策是以"户"（户口簿）为单位统计家庭收入的，一些老年人虽然和儿子或女儿一家住在一起，但是他们却分成两个户口簿，成为两个独立的家庭。在这种情况下，统计每户的经济收入，老年人几乎是没有收入，所以更容易符合低保的标准，更容易享受农村低保。

（3）社会救助的动态管理机制没有正常运行。该地区的社会救助尤其是农村低保的动态管理机制运行效率低下。据当地一些村干部所说，有一些低保户是2009年认定的，一直享受到2018年，中途没有任何人进行再次的评估考察。还有一些因大病致贫而享受低保，但是在其大病康复后通过就业取得了很高的经济收入，然而其低保并没有及时取消。这里也存在一些客观的原因，如基层的民政所工作人员较少，很难做到对所有的社会救助对象定期考察。

2. 救助对象贫困的问题

（1）有部分低保对象有劳动能力，却不参加工作。在笔者入户考察的过程中，发现有些年轻人享受低保，经过询问发现其并没有正当的不参加工作的理由。虽然他们有劳动能力，但是他们不愿意参加工作，没有经济收入，所以符合现行的农村低保政策而享受低保。西方很多国家对这一部分贫困户是不给予救助的，中国也可以借鉴西方相关经验。

（2）农村地区参加社会保险尤其是商业医疗保险的较少。导致农民贫困的很重要一项原因就是因病致贫、因病返贫。虽然农村地区现在已经建立起了"新农合"，但是在农民患大病时还需要自己花费高昂的费用。农村居民参加其他社会保险、商业保险意识淡薄，参加商业医疗保险的更是少之又少，所以在得大病时，不得不自行承担巨额医疗费，因而返贫。

（3）农村劳动力在劳动市场上没有竞争力。由于农村地区的农民受教育程度普遍偏低，再加上当今社会变迁日益加剧，农村的劳动力在劳动力市场上没有核心竞争力，一般都是通过体力劳动获得较低的收入。结构性失业、摩擦性失业现象在农村普遍存在，当今时代社会变迁如此之快，一些原本已经就业的农民和农民工不得不失业，返回农村待业。

（二）对策和建议

1. 对政策执行实施的建议

（1）提高社会救助对象认定的精准度、健全评价机制。社会救助尤其低保是政府进行精准扶贫的兜底性政策，如果出现了偏差会导致国家的财政资金和各种救助资源的浪费，甚至会导致政府的公信力下降。因此提高社会救助对象的认定精准度是很有必要的。在如何精准认定中，需要健全评价机制，可以全面地考察其各项指标，如家庭人均年收入、家庭成员劳动能力、子女赡养能力、金融资产情况和住房情况等。

（2）加强监督和定期考察。针对存在的"关系保""拆户保"，相关部门应该加强考察力度，全民参与监督。政府相关部门应该对社会救助对象定期考察，真正地做好动态管理，"该保则保""当退则退"，使国家的财政支出用到最需要的地方去。

2. 对救助对象脱贫的建议

（1）给予劳动技能培训，提高其就业竞争力。就业是经济收入的重要来源，针对农村居民的特点，可以由社会保障部门为当地的居民提供各种劳动技能培训，使他们掌握实用的劳动技能，积极进入到劳动市场，实现就业，获得一定的经济收入。

（2）因地制宜发展特色产业，提高村民收入。笔者在入村入户的过程中，发现已经有一些村子根据本村的特点和传统开办了一些集体产业，如菌菇种植、服装加工、农产品种植等。各个村子可以根据市场需求和村子优势招商引资引技，安排村子里的低保对象参加劳动来获得报酬，提高生活水平，最终完成脱贫致富。

精准扶贫背景下少数民族地区产业扶贫研究

——以务川仡佬族苗族自治县官学村为例

于雅馨*

摘　要： 本文通过对贵州省务川仡佬族苗族自治县官学社区产业扶贫的研究，探索了中西部少数民族地区产业扶贫现状、问题及其优化机制。研究发现：少数民族贫困地区受内外部条件制约，合作社与企业难以有效带动贫困户脱贫，而政府主导下的产业扶贫基地，承担了带动贫困户脱贫的主要角色。然而政府主导下的产业扶贫却存在以下发展困境：精准识别工作落实不到位；贫困户思想观念落后；缺乏资金、技术和人才；尚未形成产业扶贫规模优势；产业扶贫价值链较短等五大问题。笔者从创新工作方法、提升贫困户参与产业扶贫的积极性、健全技术人才培养机制、聚焦优势特色产业、延伸产业价值链条等方面提出了相关的解决措施。

关键词： 产业扶贫　政府主导　贫困户　少数民族

一、引言

自党的十八大以来，我国扶贫事业取得了显著的成效。截至 2018 年末，全国农村地区贫困人口从 2012 年末的 9899 万人减少至 1660 万人，全国农村贫困人口累计减少 8239 万人，贫困发生率从 2012 年的 10.2% 下降至 1.7%。[1]2016 年，第十二届全国人大第四次会议表决通过了《关于国民经济和社会发展第十三个五年规划纲要的决议》，其中明确指出，按照六个精准要

---

* 于雅馨，中国政法大学马克思主义学院 2018 级硕士研究生。

〔1〕 熊茜、叶建飞：《精准扶贫场域下的现实困境及解决路径》，载《领导科学》2019 年第 10 期。

求，截至 2020 年，5575 万农村贫困人口全部脱贫，通过产业扶贫 3000 万
人。[1]国家发展改革委员会、农业部、财政部等九个部门联合印发的《贫困
地区发展特色产业促进精准脱贫指导意见》也指出，产业扶贫是我国精准扶
贫的重要一环，在扶贫攻坚克难的关键时期，必须进一步加大力度。要科学
的把握产业发展的类型，综合分析贫困县的天然优势、环境情况、产业带动
能力，调整产业结构，优化产业布局选准适合自身发展的产业。完善利益联
结机制，在产业发展链条中贯穿共享互惠的理念，将贫困户的切实受益作为
衡量产业发展效果的条件。[2]

产业扶贫是"五个一批"中重中之重，对于决胜全面建成小康社会具有
重要的意义。然而，在开展产业扶贫的广大贫困地区，由于政府起主导作用，
行政化倾向明显，有时忽视了贫困户与其他扶贫主体的利益诉求，贫困户参
与意愿不高，处于被动参与乃至消极参与的处境。与此同时，政府鼓励企业、
农民专业合作社带动扶贫，但是由于少数民族贫困地区条件有限，如缺乏发
展资金、产业基础薄弱、基础设施落后、技术人才缺乏、难以有效吸引企业
或者发展农民专业合作社等，难以发挥带动贫困户脱贫的功能。此外，由于
贫困户承担风险能力较弱、自身能力缺乏，难以从中得到好处。[3]

为了解产业扶贫在我国少数民族地区开展的现状，笔者利用假期时间开
展实地调研，结合务川县官学社区产业扶贫个案，对目前中西部少数民族贫
困地区的产业扶贫实践进行考察，就政府在产业扶贫过程中如何发挥重要作
用和促进政府的角色转型，如何转变贫困户思想观念、提高其自身的主观能
动性和增强其劳动技能等问题进行研究，并提出相应的解决措施。

---

〔1〕《中华人民共和国国民经济和社会发展第十三个五年规划纲要》，载新华网，http://
www.xinhuanet.com//politics/2016lh/2016-03/17/c_1118366322.htm，最后访问日期：2019 年 3 月 1
日。

〔2〕《国家又出大动作：三千万人将这样脱贫》，载互联网文档资源，http://www.360doc.com，
最后访问日期：2018 年 12 月 1 日。

〔3〕李辉婕：《政府主导下的农村地区产业扶贫实践与路径优化——基于江西省 N 村产业扶贫
现状的考察》，载《农林经济管理学报》2018 年第 2 期。

二、研究设计

（一）研究方法

案例研究方法。通过对官学社区田园综合体、养殖基地、种植基地等扶贫脱贫案例进行探究，整理并获得精准扶贫措施创新的经验，给处于贫困中的区域提供丰富其产业扶贫开发手段的参考。

访谈法。笔者利用假期时间，在总结文献的基础上设计访谈提纲，在官学社区驻村干部的带领下，深入社区走访，以获取第一手资料。对官学社区扶贫工作的开展情况实施逻辑细致的调研分析。

（二）研究对象

本研究以官学社区产业扶贫的实践为研究对象，包括产业扶贫开展的效果、存在的问题以及未来发展等内容，以产业扶贫中的利益相关方，包括开展产业扶贫的多方主体即政府、市场主体、贫困户等为调查对象，涉及政府扶贫工作相关工作人员、龙头企业负责人、农民专业合作社负责人，村干、驻村干部、居民、建档立卡户等。

表1 访谈对象基本情况汇总表

编　号	类　型	职务（身份）	民　族	年　龄	性　别	访谈形式
1	街道	党工委书记	仡佬	40	男	电话
2	居委会	总支书记	仡佬	35	男	面谈
3	驻村干部	科员	苗	25	女	线上、线下
4	企业	管理员	苗	32	男	面谈
5	个体户	群众	仡佬	36	男	线上
6	合作社	负责人	仡佬	35	男	面谈
7		贫困户	仡佬	52	男	面谈
8		贫困户	苗	45	女	面谈
9	居民	贫困户	仡佬	48	男	面谈
10		非贫困户	仡佬	38	男	面谈
11		非贫困户	仡佬	39	男	面谈

三、官学社区产业扶贫现状

（一）官学社区基本情况介绍

众所周知，贵州是中国脱贫攻坚的主战场。该省 88 个县（区）中有 85 个具有扶贫开发任务，85 个县（区）中贫困县 66 个，还有 51 个贫困县需要实现脱贫摘帽，因而贵州的脱贫攻坚工作备受关注。务川仡佬族苗族自治县，位于黔、渝边沿结合部，是我国两个以苗族、仡佬族为主体民族的自治县之一。长期以来，务川仡佬族苗族自治县复杂多样的山形地貌制约了生产发展，扶贫开发项目效益发挥不充分，农村生产生活条件改善艰难，贫困人口缺乏创造收入的机会和能力。本次研究选取的官学社区（原大坪镇官学村）地处务川县城东北部，社区面积 31.9 平方公里，土地面积 12 000 亩，辖 9 个村民组，40 个自然组，农业人口 1616 户、6649 人，其中少数民族人口占 98%。农民生产劳作还停留在"广种薄收"和"靠天吃饭"的状态；农村孩子上学难、群众看病难等问题还非常突出；社会救助和社会保障总体上仍然是惠及面窄、保障有限。当下官学社区需要脱贫的主要是低保户、需要国家财政兜底才能完成的一级贫困户等，此外存在大量因残疾和孩子上学致贫、因为疾病返贫的人口。还有一种是灾害型返贫，部分农户由于生活水平低，经济基础薄弱，遇到自然灾害导致返贫的现象突出。

近几年来，贵州省把脱贫攻坚作为头等大事，五年来累计脱贫减贫 670.8 万贫困人口，贫困发生率从 26.8% 下降到 7.75%。2019 年，贵州要将再减少农村贫困人口 110 万人左右，实现约 17 个贫困县摘帽。[1] 根据国务院及省、市扶贫办对建档立卡工作的要求，务川仡佬族苗族自治县从 2014 年 4 月全面启动精准扶贫建档立卡工作，共识别贫困村 67 个、国家级贫困人口 98 400 人。2017 年末，全县城乡居民人均可支配收入分别为 26 546 元、9082 元，在档贫困人口 24 000 户、103 000 人，贫困发生率为 7%；2018 年全县城乡居民人均可支配收入分别为 29 253 元、10 127 元，完成脱贫标注 6000 户、24 000

---

〔1〕 《贵州 2019 年拟再减少农村贫困人口 110 万人》，载中国新闻网，https：//baijiahao.baidu.com/s？id=1622812770149356316&wfr=spider&for=pc，最后访问日期：2018 年 12 月 1 日。

人，贫困发生率下降到 1.6%，在 2019 年将退出贫困县的行列。[1]官学社区自 2014 年开展的精准扶贫贫困户识别，贫困人口累计 1746 人，贫困人口比例占总人口比例的 26%，属于一类贫困村。精准扶贫实施以来，官学社区采取了一系列措施，取得了一定的成绩，大部分贫困户摘掉了贫困的帽子，截至 2018 年底，已经脱贫 350 户 1599 人，未脱贫 47 户 147 人，贫困发生率降至 2%。

（二）官学社区产业扶贫现状

1. 产业扶贫总体布局

产业扶贫既是扶贫工作的重点，也是扶贫工作的难点。官学社区一是紧紧围绕"一达标、两不愁、三保障""四场硬仗"开展扶贫工作。积极融入全县产业布局，在务川县农牧局技术专家的指导下，结合当地实际情况，认真规划，大力发展养殖业、种植业，投入大量资金改善基础设施环境。二是突破性发展金果林和生猪产业，稳定发展烟叶和蔬菜产业，重点加快蔬菜基地建设，规划打造 1200 亩的农业产业园。三是提高农产品加工技能，扶持农业产业化改造升级、重组整合，如开发蜂蜜、花椒、手工红苕粉的加工、生产、包装、上市等。截至 2018 年底，官学社区实施组组通公路 14.2 公里，30 户以上的自然村村寨组组通覆盖率达 100%；安全饮水工程 6 个，总投资 1200 万元，实现安全饮水全覆盖；全面实施农村电网改造，里程达 30 余公里。该社区规划发展精品水果 4000 余亩，群众自主种植的有 2000 余亩，蜜蜂养殖 2000 余箱，用于官学手工红苕粉制作的红苕种植 1000 余亩，密本瓜种植 1000 亩，西瓜种植 500 余亩，辣椒种植 1000 余亩。

2. 田园综合体，"龙头企业+村集体+贫困户"模式

官学社区田园综合示范基地位于丹砂街道官学社区桂家村村民组，距县城 20 公里，该基地是丹砂街道招商引资的重大项目，并由贵州省务川仡佬族苗族自治县照石坊农林（集团）有限公司负责经营，其主要功能区域有蔬菜集约化育苗中心、有机蔬菜标准化示范基地、标准化水果种植区、标准化示范养殖区、综合服务冷链物流储存区。规划总面积 3500 亩，其中核心示范基

---

〔1〕《遵义市扶贫开发办公室 2018 年动态调整工作总结》，载遵义市政府门户网站，http://www.zunyi.gov.cn/zwgk/zdgk/tpgj_58928/201901/t20190102_796890.html，最后访问日期：2018 年 12 月 1 日。

地350亩，投入资金3600万元。基地的建设采取"龙头企业+村集体+贫困户"的运作方式，全面实行绿色有机种养技术，通过立体循环生态农业示范带动，并通过免费提供幼苗和技术、订单回收农产品、解决就业等方式为核心区域贫困户落实精准扶贫帮扶政策，可实现年户均增收10 000元以上，并力争3~5年的产业化经营和多元发展，将该基地打造成为标准化蔬菜水果种植示范基地、休闲农旅观光基地、产业扶贫示范基地。2018年，该田园综合体利益联结贫困户分红183户，分红资金共计18.3万元。

我们官学社区是在田园综合体的示范引领下，发展了经果林和蜜本瓜，以及红薯粉加工和蜜蜂养殖这一系列产业，这些产业的基础就是田园综合体起的示范带头作用，基地给我们提供了一个很好的模板，同时也给我们群众提供了技术服务，群众在示范引领下自力更生，自助发展，通过这种方式就地就业，能够实现增产增收，最终实现脱贫致富。（2019年2月15日，访谈对象1）

3. 丰贝经济果林，"大户带头人+贫困户"模式

邹某出生在丹砂街道官学社区，是土生土长的农民，1997年7月毕业于贵州农学院园艺系园艺专业。为不荒废学识，将所学运用于实际，也能为给家乡父老做点贡献，大学毕业后，他主动放弃分配工作的机会，毅然回到家乡官学社区丰贝组务农，培植精品水果产业。20多年来，他不分天晴下雨地埋头苦干，将果园从第一批40多亩1000多株果苗，扩大到现在的200多亩20多个品种，其中能全面产生效益的已有60亩，且每个精品水果都在200克以上，深受消费者的欢迎，市场价每斤在4元~6元，亩产1000公斤，2010年起总产值30万元以上，年获净利润20万元以上。创业艰难路更难走，但他没有畏缩，而是锁定目标，一步一个脚印前行，作为一名有知识的农民，他觉得自己有责任和义务在建设自己家乡的过程中贡献一份力。他自己花钱购买了500余株果苗全部免费送给了周围乡亲们，让他们一起走上丰收、富裕之路。要想富先修路，为解决官学社区丰贝组的运输、出行困难，解决乡亲们在种植管护果园上的交通问题，他出资3万元，组织乡亲们投工投劳30多天，修通了一条1500米长的通组公路。同时组织果农异地学习切磋果树种植管护技术，目前已培育果农大户50余户，户均年收入5万元以上。20多年

的苦心经营，他先后荣获省、市、县各级"优秀乡土人才""劳动模范""优秀共产党员""农村科普示范带头人""科普工作先进个人""全国科普惠农兴村带头人"等称号。

> 我是一名普通的农民，今天能够取得这样的成绩深感荣幸，倍觉振奋，这一切都是靠党的好政策，我愿意当农民，更愿意服务好农民！我将更加努力、竭尽所能，用实际行动将官学社区培育成县城水果基地、后花园、会客厅，让更多精品水果运销遵义、贵阳、重庆等地。（2019年2月16日，访谈对象5）

4. 土蜜蜂养殖，"农民专业合作社+贫困户"模式

官学社区养蜂产业十分发达，而且历史悠久，至今已经有200多年的历史了。在村头，还竖立着一块写有"仡佬蜜蜂寨"的石碑。但是村里养蜂的多是老年人，他们还是使用传统的方法养殖蜂蜜，不仅效率低下，而且没有品牌。虽然当地的蜂蜜质量非常好，但是常常滞销，卖不出去，销售渠道没能打开。土蜜蜂养殖农民专业合作社成立于2016年7月，专业合作社主要职能包括组织采购、供应社员所需的生产资料，组织收购、销售社员生产的产品，开展社员所需的运输、贮藏、加工、包装等服务，引进新技术、新产品，开展技术培训、技术交流和咨询等服务，蜜蜂养殖基地建设，产品服务等。专业合作社带动了村里的蜂蜜产业发展，逐步形成产业链。

> 我们注册了商标，但是还没有QS认证，有自己网店但是卖的很少，外面很多公司要和我合作，但是我不相信他们，我怕他们捣乱，把我的产品弄坏了。我的徒弟有30多个，带动了50多户。还有自家酿的蜂蜜酒，纯天然。养蜂就是一种爱好，你喜欢它就不会觉得辛苦。（2019年2月16日，访谈对象6）

5. 花椒产业逐步壮大，"政府+企业+合作社+贫困户"模式

花椒产业是由县政府推出的重要产业之一。为改善生态环境，实现生态宜居，务川仡佬族苗族自治县坚持绿水青山就是金山银山理念，着力"产业扶贫、山地特色"，因地制宜合理布局花椒产业，利用花椒产业带动当地建档

立卡贫困人口精准脱贫，建立充分的产业利益联结机制，务川自治县花椒种植面积计划达到 5 万亩。由林业局技术人员进行调研评估，将花椒产业主要布局在海拔 300 米~900 米的石骨质土壤，将集中连片创建 1000 亩以上的花椒产业基地 50 个以上，形成花椒产业示范种植区，充分发挥经营主体对贫困户的带动作用，吸纳部分贫困人口就近就业，政府也会扶持有条件的花椒经营主体做大做强。官学社区作为花椒产业的规划区，在走访期间，社区干部正在组织群众召开群众会，鼓励农户种植花椒。以土地入股的群众，花椒产业产生效益后，按照 25% 分红。不愿以土地入股的群众，每年每亩土地流转费 100 元。企业负责农药、种子、施肥，政府负责土地流转，花椒产出后，由村合作社占 30%，公司占 70% 进行分红。

花椒产业是由县政府推出的重要产业之一，请林业局的专家到村里面进行指导，确定哪些区域适合种植花椒。届时会签订订单合同，所以销路是不存在问题的，之前的话都是我们村里面发展小范围的产业，但是这个是全县大规模推广的，所以销路肯定有保障。选择花椒的原因还有，花椒生命力比较顽强，比较好种植，不需要耗费大量的劳动力，即使老年人也可以栽种，这样就可以让年轻的劳动力在外务工挣钱，增加收入。（2019 年 2 月 17 日，访谈对象 3）

四、官学社区产业扶贫中存在的问题

官学社区在脱贫攻坚过程中，采取了一系列措施，取得了显著的成效。但是对照同类村，差距仍然较大。尤其是产业扶贫发挥的效益有限，究其原因，主要有以下几个方面的问题：

（一）精准识别工作落实不到位，影响村干部公信力

只有真正做到精准识别，才能将有限的资源得到合理的分配。扶贫对象精准不仅仅是对于新识别的贫困户要精准，建立起灵活的退出机制也是必不可少的部分。然而在现实中信息不对称的情况很普遍，导致社会资源的极大浪费、扶贫资金没有用到最需要的地方。在精准识别过程中需要秉着公平、公正、公开的原则识别贫困户以及致贫原因，才能在后续的工作中开展扶助工作。长期以来，少数民族偏远地区村委领导班子存在严重的老化现象。村

领导班子成员一般是村里德高望重的族长担任，年龄大部分在 50 岁以上，一方面，年纪大的村干部人缘好、熟悉乡情民情、生活阅历丰富，在当地建设和处理日常村务中具有年轻干部所不具有的优势，另一方面，却导致贫困户精准识别的过程不能完全做到公开、透明、公平。在开展产业扶贫项目上，老百姓关注的更多的是能否享受国家的优惠政策，而非产业项目本身。同时村干部和群众的关系也会出现剑拔弩张、甚至冲突的时候，村干部觉得老百姓顽固不化，老百姓认为干部做表面文章。所以当村干部在鼓励群众参与到产业扶贫中来时，老百姓往往积极性不高，甚至还会出现排斥。

我们官学社区贫困户识别是从 2014 年开始的，那时候的干部是之前的，在申报的时候都是村寨里面的组长随便报上来的，存在关系户的情况，所以造成我们工作很难做。有的家里面住着漂亮的楼房，却还是贫困户。因为贫困户清退的程序非常复杂，同时新增贫困户的名额也有限。真正需要帮助的贫困户却享受不到国家优惠政策。所以造成群众的误解，认为村里面工作不力，只有有关系的才能评上贫困户。所以争当贫困户也特别多，因为贫困户确实可以享受许多优惠政策，最为严重的案例是一户人家两口子为了争当贫困户，甚至闹假离婚。(2019 年 2 月 15 日，访谈对象 3)

（二）贫困户思想观念落后，参与产业扶贫意愿较弱

官学社区许多的贫困户由于个人主体思想保守、不思进取导致贫困。"我们努力没有什么用，如果被评为贫困户还会有国家扶持。"坐、等、靠、要的"懒汉思想"在官学社区是非常普遍的现象，具体表现为：看天吃饭，不积极主动地学习，不愿意劳动以增加收入。另外，一些群众不愿自食其力，缺乏科学种植和养殖观念，对一些新品种、新做法、新技术不愿接受或心存抵抗。该社区相当一大部分的老年人，被自己的儿女霸占宅基地并抛弃，致使这些没有固定收入的病、弱、残的老人被纳入贫困户。从一定程度上来讲，有儿女的病、弱、残不属于贫困户的范畴，但由于一些农村村民道德意识浅薄，儿女不赡养父母使其无生活来源。

官学因为之前长期闭塞，人们的思想非常落后，村民们顺其自然，

觉得现在这样已经很好了，过得好不好也不用政府管。最为严重的是不愿意赡养老人，甚至有的家庭家里面几个孩子，居然把老人家送到村里面，要政府赡养。每年都需要村里面调解，签订赡养协议书。儿子住在小洋楼里面，老人家则住在破旧的木房里面。（2019 年 2 月 16 日，访谈对象 3）

贫困户长期以来都是以家庭为单位，日出而作、日落而息，对产业扶贫基地这样新形式的经营方式接受还需要时间的积累，虽然政府会组织大量的技能培训，但贫困户参与积极性不高，甚至需要政府出钱请才会参加。政府由于依赖雇佣贫困户参与产业基地劳动，很多贫困户是抱着为扶贫基地打工心理，有限的劳动报酬无法让他们全心全意为基地的发展贡献自己的力量，也不愿意在技术人员的指导下采用新的种植养殖技术，如此下去将极大影响产业扶贫基地的可持续性发展。另外国家鼓励贫困户通过入股形式参与到扶贫基地当中来，这样他们也是基地的主人，可以以主人翁的意识为基地的发展而努力，但是贫困户小农思想根深蒂固，对于具有较强风险的事情非常排斥，由于一些经济作物收益周期较长，而贫困户更加注重短期的效益，没有长远眼光，因此错失了发展良机。

村里面不让我们承包，那还有什么意思，一家人能种几亩嘛，还不如我在外面做几天活儿挣得多，没得工夫去种。（2019 年 2 月 16 日，访谈对象 10）

这个收益太慢了，还不如种苞谷，今年种今年收，家家户户都种花椒，到时候卖不出去怎么办。（2019 年 2 月 16 日，访谈对象 11）

（三）缺乏资金、技术和人才，制约扶贫的质量

缺乏资金。农业产业项目投资回报率低、周期较长、潜在风险极大，想要吸引社会资本参与到产业扶贫项目中来难度较大，而产业扶贫基金立项、申报手续也是非常复杂，申报范围窄，想要通过银行的审核，就需要抵押，但是对于没有抵押资产的项目来说，就得不到产业扶贫基金的支持。缺乏技术。农民在我国还不是体面轻松的职业，而农活更是又苦又累，在种植业上，目前仍停留在牛耕人种传统耕作，农业机械化发展水平滞后。由于技术匮乏，

农业产业都呈现规模不大、效益不高的状况。农民的文化水平不高，没有发展产业脱贫致富的意识；技术人员年龄较大、技能停留在传统的方法上，跟不上现代产业发展的步伐。缺乏人才。一方面，缺乏致富带头人。官学社区农林、牧、渔门类齐全，但都没做大做强，或者说才起步，规模小，抗风险能力不强，留不住人才。一些具备较高学历的专业人才更倾向于更好的工作环境，农村尤其是贫困地区不是他们的最佳选择。另一方面，由于专业技术人员主要负责"开药方"，具体的实施操作需要由当地的"土专家""田秀才"予以完成，受当前农村"空心化"的影响，本土人才同样面临供小于求的问题。

官学在经济社会发展工程中，资金短缺和技术欠缺是主要问题，导致社区的传统产业蜜蜂养殖和灰豆腐加工难以壮大，难以形成规模化生产，难以打造成品牌拓宽市场。现计划筹集资金 20 万元壮大蜜蜂养殖合作社、组建灰豆腐加工合作社，让更多群众参与到这两项传统产业中来抱团发展，使这两项产业成为官学的支柱产业。让官学人民早日脱贫致富奔小康。(2019 年 2 月 15 日，访谈对象 2)

(四) 政策依赖性过强且处于发展初期，难以形成品牌

因官学社区纳入城区规划，产业布局也受到极大限制，所有扶贫产业只能往外围靠，难以实现产业的合理分布，无法保障扶贫产业全覆盖，贫困户没有权利根据自身条件发展适合自己的产业，而是由政府一手包办。产业扶贫基地主要是由政府提供支持，因而政府与产业扶贫基地的关系比较复杂，有些时候产业扶贫并不是为了让贫困户获得长久可持续的利益，而是成为当地政府谋求政绩的工具。有些产业扶贫基地项目处于发展初期，还未形成规范经营体系，很大程度上依赖于政府的财政资金支持。如果经营失败造成损失，贫困户就会失去收入来源，重新返贫，极大的降低他们的脱贫决心。

受到地区内外部条件的影响，官学社区没能发展出真正能与贫困户进行利益联结的企业，目前政府招商引资建设的扶贫产业基地等项目，发挥的作用有限。在政府支持下的产业扶贫基地应成为该县脱贫主要载体，但是贫困户流转了土地，没有了收入来源，基地通过雇佣贫困户，并给他们发放工资，但薪资水平只能保障最低标准，贫困户的收益微乎其微。另外农民专业合作

社未形成产业化规模优势，还无法承担起带领众多的贫困户脱贫的任务，品牌的确立需要具有较强市场竞争力的龙头企业用优质产品"打出"。官学社区农业产业的农、林牧、渔门类齐全，产业众多，却杂而不精。龙头企业、专业合作社规模过小，品牌知名度不高，带头作用微弱，如官学精品水果、手工红苕粉、土蜂蜜、灰豆腐、小锅酒等，没有规模生产，也没有形成品牌。

周期比较长的产业，资金也主要是由政府投入，农户基本不会出什么钱。至于受益方面，那就只能看多少的问题了。至于品牌的打造，官学村的"歪哥蜂蜜"曾上过东方卫视的《我们在行动》节目，当时接到了几十万的订单，主要是由上海那边的对口帮扶企业订购的。但是这也是只能在短时间内达到效果，由于缺乏市场宣传，市场没有打开。像高粱这样的农作物，主要是用于酿造高粱酒，但是对于农户来说，只能是零星的种植，也不会说要形成多大的规模，村里面有两个村干部承包了400亩的高粱地，可是高粱市价也不过几毛钱一斤，难以带动贫困户脱贫。(2019年2月15日，访谈对象3)

(五)　产业集中在传统种植、养殖业，没有形成产业链

官学社区目前还主要集中于传统型农产品种植业、养殖业，出售的产品也仅仅限于初级农产品，产品的附加值低，未能形成深加工工业体系和产业链。并且在这个互联网电子商务高速发展的今天，产业扶贫基地没有搭上"互联网+"的快车道，其主要原因还是缺少管理人才，无法将产品通过各种市场渠道推销出去，基地管理水平与真正的现代化企业管理也是相去甚远，那么如何打通市场，拿到市场订单，扩大种植、养殖规模，这对于处于发展初期的产业扶贫基地来说遥不可及。同时，务川县作为少数民族的聚居地，并没有发展出体现出民族特色的产业，银饰、苗绣等没有打开市场，交通的局限、贫困户眼界的局限等导致这里生活闭塞，没有将生态优势转化为生产力，旅游业不发达，手工业产品更是无人问津。

坦白说，在农村也只能搞种植，还有其他什么更好的出路呢？看到其他村子的水果发展得比较好，我们也希望搞好水果产业，并且凭借我们的地理位置优势，县城里面的人下班了可以到我们这里来采摘新鲜的水果。但是我们这里不敢发展其他产业，因为投入比较大，现在市面上的产品较多，我们难以发展出自己的优势。（2019年2月15日，访谈对象3）

五、提升产业扶贫成效的优化路径

（一）优化基层干部队伍，创新工作方法

首先，充分发挥大学生村干部、驻村干部在脱贫攻坚中的引领作用，进一步拓宽农村选人用人视野，优化村干部队伍的年龄结构和知识结构。要把加强基层组织建设作为脱贫攻坚的重要内容，基层应当加强对人才的吸引和培养，对于素质突出，个人意愿强烈，善于做群众工作，奉献精神强，有较大发展潜力的年轻干部要重点培育。与此同时，可以吸引在外务工的优秀人才，大中专毕业生，退伍转业军人，致富能人等成为村级干部的主要力量，拓宽选人用人渠道，培养想干事、会干事、能干事的村级班子带头人，让更多的能人起到示范带头作用。

其次，创新群众工作方法，大力开展结对帮扶，精准到户，精准到人，干部有事没事进村入户，创新帮扶方式，真正为困难家庭排忧解难，为他们创业增收出谋划策。

最后，对于贫困户应该进行动态识别，健全精准识别、退出机制，与此同时，还可以接受社会力量监督与扶贫，通过网络发布贫困户贫困信息，接受社会慈善爱心人士、单位"一对一"或"多对一"直接帮扶贫困家庭，发布官学社区贫困信息，依据官学社区的资源状况，吸引社会扶贫项目。

（二）转变贫困户思维，提高脱贫积极性

贫困受环境的制约，环境也决定了人的思维。产业扶贫要想带动贫困户脱贫致富，就必须提高贫困户参与扶贫项目的积极性。首先，贫困户才是产业扶贫的主体，要运用优惠政策激励贫困户。当前国家各项脱贫攻坚政策含金量非常高，许多有责任有担当的企业、社会组织、各级机关单位也都在竭力开展帮扶工作，要以多种方式宣传国家的优惠政策，让贫困户自觉产生强大的精神动力，参与到产业扶贫项目中来。其次，要充分利用优惠政策吸引在外务工青年返乡创业，将城市先进技术、技能向农村普及，比如说加强以家庭为单位的合伙制、多个股东参股的股份制在农村地区推广。再次，要树立脱贫攻坚典型，让农民看到政府对脱贫致富能手的支持，加大奖励力度，政府可以组织学习能力较强的贫困户去参观学习，将先进的产业项目经验引进来，激发其脱贫致富的决心与信心。最后，要健全产业扶贫基地主体间的利益联结机制，不仅要让经营主体成为收益主体，更要让贫困户享受到扶贫项目的红利，使其也成为产业扶贫基地的收益主体，增强贫困户的可持续性脱贫建设。

（三）加大资金投入、健全技术人才培养机制

有限的资金是阻碍产业扶贫基地发展的最关键的因素。国家和地方政府应完善产业扶贫体制机制，如建立诚信公开机制、贷款担保机制、政府财政贴息补偿机制等，形成资源合力，改善资金不足问题对贫困地区产业发展的制约。专业技术人才缺乏的同样是贫困地区面临的一个比较严峻的问题，可以通过与科研院校或企业合作来解决。充分发挥学校的专业人才优势，组织农业技术专家团队，利用寒暑假到贫困农村地区开展培训，帮助贫困户解决技术难题，这样不仅为贫困地区培养了一批懂技术的专业人才，也促进了学校科研成果的转化和学生实践能力的提高。最后，还应加强贫困户技术培训和理论知识学习，让贫困户有一技之长。

（四）聚焦特色优势产业，强化农业品牌

官学社区有着独具特色的生态环境和优势产业，首先，政府应在专业技术人员的帮助下，找到适合官学社区发展的产业项目，而不是盲目跟风、随大流，看别的地区发展什么产业，去复制别人的成功经验。其次，在做好产业发展规划之后，当地的驻村干部和村级干部可以主动带头，学习新进的产业项目经营管理发展经验，先发展一批产业，在市场上形成一定的优势，以此吸引贫困户积极参与进来，让贫困户看到脱贫希望，让该产业成为该地区贫困户脱贫致富的经济支柱。再次，重点扶持已经形成一定规模的农业产业化改造升级、重组整合，开发手工红苕粉加工，生产以及包装上市。脱贫攻坚关键在于发展特色经济，而官学社区要想在激烈的市场竞争中取胜，可以大力发展以"农家乐"这样的生态旅游业。最后，大力开展树品牌、创名牌活动，除了"歪哥蜂蜜"和"妈妈灰豆腐"，还要打造出一批具有官学特色的品牌产品，充分发挥少数民族特色，利用网络等媒介的扩大宣传力度，提高产品的知名度。

（五）丰富产销渠道，促进产业链条延伸

在产销渠道的拓展上，可以与农产品流通企业合作，让这些企业发挥其市场资源优势，探索适合官学社区的农产品产销对接措施。农产品批发市场、零售企业设立官学社区农产品销售专档、销售专柜和扶贫频道，让官学社区的农产品走进学校、走进企业、走进机关、走进县城居民的菜篮子。加快电子商务建设，建立一套完善的物流体系，培养一批互联网人才，坚持线上推广和线下服务的同步运行。通过"互联网+"的手段丰富销售渠道，利用现在非常流行的农产品直播、短视频等方式让大山里的东西飞到城市的千万家。通过微商、天猫、京东自营等方式搭建产销线上平台，推进田园直购、产品认筹、网络定制等新兴业态发展。同时，要打出产品的特色优势牌，做市场调研，创造出一些符合现代人口味的产品。最后，引进先进的生产技术，延长产品产业链，提高产品附加值，进一步提高产业扶贫项目收益，助推国家精准脱贫。

六、结论

产业扶贫以带动生产力发展为目的，是一条长久稳固的脱贫致富之路。官学社区是处于武林山区的重点帮扶县，其脱贫发展备受瞩目。然而，扶贫工作不会一帆风顺，官学社区扶贫工作中出现的问题有着普遍性和特殊性，属于中西部少数民族地区的典型代表。在政府的帮扶下，形成了以田园综合体、丰贝经济果林、土蜜蜂养殖、花椒产业等为主的产业布局。不过还存在着一系列的问题影响了产业扶贫的成效发挥，主要包括精准识别工作落实不到位；贫困户思想观念落后；缺乏资金、技术和人才；政策依赖性过强且处于发展初期，没有形成品牌；产业集中在传统种植、养殖业，没有形成产业链等五大问题。提升产业扶贫的成效需要政府、市场主体和贫困户的共同努力。其一，优化基层干部队伍，创新工作方法；其二，转变贫困户思维，提高脱贫积极性；其三，加大资金投入、健全技术人才培养机制；其四，聚焦特色优势产业，强化农业品牌；其五，拓展产销渠道，促进产业链条延伸。总而言之，产业扶贫应当遵循注重产业精准、可持续性、合理利益分配三个原则，平衡好政府、市场主体和贫困户三者之间的关系，让产业扶贫真正成为让少数民族贫困地区脱贫致富的有效解决措施。

河北省农村"医养结合"养老模式调查报告

姜 浩*

摘 要：十九大报告提出实施健康中国的战略，积极应对人口老龄化。而在养老问题压力巨大的背景下，如何解决老年人尤其是农村老年人的养老与医疗问题，成为当前我国养老服务体系建设的重要议题。较之于传统的居家养老模式和单一的养老院养老模式，在机构养老基础上整合医疗单位资源，探索一条新型的养老模式以便有效解决农村养老困境是本项目研究的核心问题。此次调研以河北省武强县朗瑞尔老年服务中心和广平县南阳堡镇卫生院为例，分析了"医养结合"模式特性以及现行"医养结合"模式存在的问题并提出了一系列可操作性建议。

关键词：养老模式 医养结合 特性 困境

一、研究背景

（一）问题的提出

随着我国社会进入快速老龄化，农村的老龄化现象及其衍生的问题尤其严重。在农村，养儿防老观念仍存在，但子女多外出打工，农村空巢老人基本靠自助，除了经济压力、疾病缠身之外，更多的是缺乏亲情，所以居家养老等传统养老模式已不再是农村养老的良策。探索有效解决农村养老问题的模式之路是必要的且迫切的。

党的十九大报告中明确提出"医养结合"养老模式是实施健康中国战略的重要组成部分。"医养结合"养老模式把"医疗机构"和"养老机构"统

---

* 姜浩，中国政法大学马克思主义学院 2017 级硕士研究生。

一起来，实现了"医"和"养"的结合，实现了养老服务的连续性。然而该模式在实际运营中，尤其是在农村地区运营的现状如何，需要我们加以研究，并以促进医养结合与儿女尽孝为出发点，实现新的进步和发展，为新常态经济建设和新时代农村养老问题的有效解决做好铺垫。

针对这些问题，我们分两个阶段开展此次调研，使得社会更加关注农村养老问题，促进农村养老模式的完善。首先，深度调查农村"医养结合"养老模式的现状，针对其存在的问题提出有益的建议；其次，将收集到的信息反映给有关部门，引起社会的关注，从而破解农村难以实现"老有所养老有所依"的难题。

（二）调研的前期准备

1. 实地调研对象

衡水市武强县朗瑞尔老年服务中心，衡水市武强县民政局，衡水市武强县武强镇人民政府，邯郸市广平县南阳堡镇卫生院，邯郸市广平县民政局。

2. 调研方法

此次调研采取了如下调研方法

（1）调查问卷法：包括发放纸质问卷与网络填答问卷两种形式，在调研对象填答纸质问卷时，对其进行深度追问。

（2）网络宣传法：运用微博、微信、QQ、人人等网络平台进行宣传，定期转发有关医养结合养老模式的新闻和事件，并收集整理社会关于此类事件的观点和意见。

（3）深度访谈法：问卷整理之后，根据分析总结出的问题，与老师进行探讨，透析现象背后的本质问题。

在资料分析阶段，采用定量分析方法对问卷进行分析统计，对"医养结合"养老模式进行系统的描述，同时将所有访谈稿件通过定性分析的方法进行整理总结。从不同的角度整合对于该模式的看法，进而发现其中存在的问题，并提出相关的解决措施及建议。

二、调研结果分析

根据问卷的难度系数，共发放问卷 140 份，回收 128 份，有效问卷 125 份，问卷回收率 91.4%，问卷有效率 89.3%。

由于养老院居住的老人基本为 70 岁及其以上的老人，年龄结构比较集中，故而未对年龄进行分层，而是主要对以下方面进行了研究分析：

（一）养老院入住成员主体分类

在养老院入住成员主体分类图中（如图 1 所示）我们可以看到，其中五保户所占比重最大，达 61%，低保户比例为 27%，而一般家庭的比例只有 12%。结合调研时的访谈结果可以得知，农村老人入住养老院并非是观念改变的结果，而是老人自己没有收入且无子女赡养，以及子女无力赡养或因外出打工无法赡养的无奈之举。很多老人还是对于养老院养老这一选择心有芥蒂，养儿防老的观念还是有着比较大的影响。

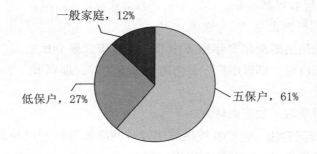

图 1 养老院成员分类统计图

（二）老人的文化水平

从老人的文化水平来看（如图 2 所示），调研结果显示有 90% 的老人未接受过教育，仅有 10% 的老人接受过教育，且多未完成。从总体上来看，农村高龄老人的知识文化水平一般都相对较低，观念也较为保守，一方面对于养老的认识较为传统，认为选择养老院是无奈之举；另一方面对于老年生活追求较为简单，多只集中于基本的饮食起居层面。通过调研发现，农村医养结合养老机构多只能满足老人的基本生活需要，相关文娱活动和配套设施较为缺乏，养老院老人也对于生活品质的要求较低，养老机构的赡养水平相对也不高。

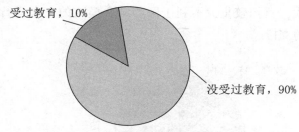

图 2　受教育水平统计图

（三）养老机构工作人员情况

在养老机构工作人员（主要为护理人员）情况这一问题上，我们发现，出身护理专业的人员非常稀缺，且专业素质不高，尤其在南阳堡镇养老院最为明显。专业医护人员 6 人，其他护工主要是周边村子的闲散人员，基本上是 4 人，并没有经过专业培训。可见在农村地区，专业医护人员严重缺乏（如图 3 所示），且养老机构对卫生人力的吸引力小，人员流失情况也较为严重。

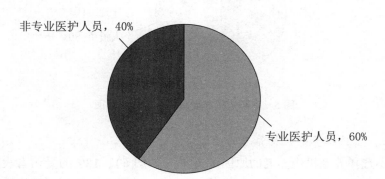

图 3　护理人员专业情况统计图

（四）养老机构资金来源

对养老机构资金来源这一数据的分析，分别从两家养老机构资金来源情况来看，如图 4、图 5 所示，朗瑞尔养老院中企业投资占 86%（500 万元），政府投资约占 14%（80 万元）；南阳堡镇养老院中个人投资占 80%（240 万元），政府支持占 20%（60 万元）。从数据中可知，在农村医养结合模式的实际运作中，企业投资和个人投资占绝大部分，政府支持较少，故养老机构往往资金压力较大，负担较重，不利于医养结合模式的正常运行和长期发展，需要政府部门的支持。

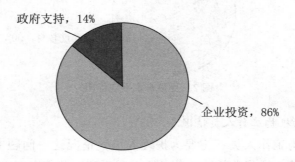

图4 朗瑞尔养老院资金来源统计图

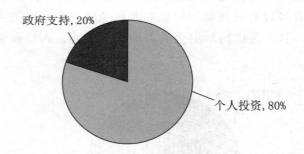

图5 南阳堡镇养老院资金来源统计图

（五）不选择养老机构养老的原因

在不选择养老机构养老的原因调查中（如图6），18%的受访者表示是对养老机构服务水平存在疑虑，44%的受访者表示受到养儿防老的传统观念影响，38%的受访者表示因为养老机构收费过高，负担较重。分析可知，农村传统养老观念和农村经济对医养结合养老模式的发展有重要影响。同时，现阶段养老机构的服务水平也需要进一步地调整，以提供更加适应农村老人的养老服务，从而缓解老人养老难问题。

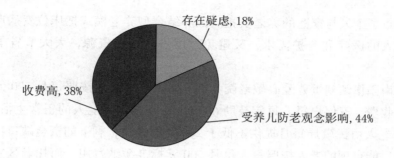

图6 不选择养老机构原因统计图

三、"医养结合"养老模式及其特性分析

（一）"医养结合"模式的涵义

医养结合养老模式是近年来兴起的一种新型养老模式，这一模式把医疗资源、养老资源、护理资源、养生资源、康复资源、服务资源等多资源相互整合，进而形成了以"医养联姻"为基础的集立体化、多元化、系统化于一身的三位一体的特色养老范式。[1]所谓"医养结合"就是指医疗资源与养老资源相结合，实现社会资源利用的最大化。其中，"医"包括医疗康复保健服务，具体有医疗服务、健康咨询服务、健康检查服务、疾病诊治和护理服务、大病康复服务以及临终关怀服务等；"养"包括生活照护服务、精神心理服务、文化活动服务。医养结合养老模式是一种利用"医养一体化"的发展模式，集医疗、康复、养生、养老等为一体，把老年人健康医疗服务放在首要位置，将养老机构和医院的功能相结合，把生活照料和康复关怀融为一体的新型养老服务模式。

（二）"医养结合"模式的特性分析

1. 服务经济性

在"医"和"养"分离的情况下，老年人不仅需要支付养老院的养护费用，还要支付医院的医疗费用。但是随着人口日益老龄化和后医学时代到来，人们越来越依赖医疗机构，使得有限的且成本较高的医疗资源越来越昂贵，

---

〔1〕 刘德春：《医养结合养老模式面临的困境及对策探讨》，载《中国农村卫生事业管理》2018年第11期。

大大加重了个人与家庭的养老负担。医养结合型养老模式把床位变病床,既满足老人的医疗和养护需求,又避免过度占用医疗资源,大大节省了服务费用。

以南阳堡镇刘贵芳爱心敬老院为例,每个老人最低按照每月 500 元的标准计算收费。五保户每人每年补助 6000 元,基本保障老人的正常生活需要;低保户老人由民政局每月提供不低于 200 元的补贴,剩下的资金缺口由养老院支付。能自理的老人按照每人每月 500 元标准缴纳费用。而托老区主要接纳社会上有条件的老人入住,托管费用根据老人情况每人每月收取 1000 元~2000 元的不等费用(如表 1)。养老院的床位由民政部门按照每张床位每年600 元进行补贴,床位就相当于病床,节省了医疗资源。同时老人享受医保政策,较之于传统养老模式,"医养结合"模式更经济。

表 1　医疗机构基本情况统计表

	占地面积/平方米	投入资金/万元	老人人数(实际人数/计划人数)/人	食宿条件	娱乐设施	医疗资源	每月收费标准/元	特　点
朗瑞尔老年服务中心	15 000	500	25/320	内设有地暖、空调、电视等。蔬菜来自有机种植园	设有康复锻炼室、老年人活动中心等	毗邻朗瑞尔马头医院	按老人自理登记收费 800 元~2000 元不等	企业自负盈亏
南阳堡镇卫生院(刘贵芳爱心敬老院)	2100	295	35/150	配备电扇、地暖等。蔬菜多自己种植	老人自行活动	依托南阳堡镇卫生院	自护 500 元,半护 1200 元~2000 元,全护 3000 元	依托南阳堡镇卫生院

2. 服务连续性

医养结合养老模式实现养老机构和医疗机构的合作,让老人得到日常生活照料的同时又能实现基本的医疗保障。以朗瑞尔老年服务中心和南阳堡镇卫生院为例,实现养老院和医院毗邻,让老人实现"零距离"就诊,及时为老人提供医疗服务和护理服务。如入住南阳堡镇刘贵芳爱心敬老院的五保老人苗如同，某天突然胃疼起来，医护人员第一时间赶到房间，确定其为急性胃肠炎，立刻实施治疗，及时缓解病情。另外，医养结合型养老院还建立了护理服务体制（如表2），根据老人自理情况和生活状况分区管理，各区有专门的负责人员。护士每天早晚两次查房，定期为老人体检，为老人建立健康档案，夜间安排专人值班，确保老人身体出现异常时能够及时进行救助和治疗。总之，老人生病时，进入"医"的状态，由卫生院医生和护士为其诊治。病情好转后，进入"养"的状态，由护工人员照料基本生活，时刻关注老人情况，避免病情恶化，实现老人在就医和养老之间的无缝衔接。

表2　医疗机构管理情况统计表

机　构	资　金	人　才	管理方式	目前运营状况	特　点
朗瑞尔老年服务中心	企业自投自负盈亏	现有护工、医生共35名；经过培训	统一管理24小时定时巡房	亏　损	卫生院贴补养老院
南阳堡镇卫生院	个人筹资政府支持55万	护工不定；主要来自周边村子；未经过专业培训	分区管理，设有五保区、特困区和托老区	基本收支平衡	

3. 服务全面性

随着我国的发展进入新时代，面对日益严重的老龄化问题，"健康老龄化"促使老年人的心理健康状况越来越受到重视。相较于2000年、2010年一代户和二代户组成的家庭超过80%，家庭结构简化和家庭规模缩小意味着老年人和子女居住在一起的比例降低，而且子女面对工作和学习等社会压力以及教育下一代的压力时，常常忽略照料老年人和与其进行情感交流，对于一些特殊需求如慢性病患者、残障老人和绝症老人的临终关怀等更是无能为力。医养结合型养老院要求医护人员把每一个老人当作亲人，对老人开展亲情式服务，用专业护理知识宽慰老人，尽力对他们的心理问题及时给予疏导，并安排专门人员负责关注老人情况，防止空巢老人自杀等悲剧产生。如南阳堡镇80岁孤寡老人王春井，患有高血压、脑梗死后遗症，入住养老院后，每天有医生量血压、发药，更有护理人员照料他的生活，经常陪其拉家常，为老人送去亲情关怀。较之于传统养老模式，医养结合养老模式不仅注重老人身体健康还注重其心理健康，更符合"健康老龄化"的要求。

4. 服务专业性

普通的养老机构只能进行基本的生活照料，当老人身体遇到突发状况时不能及时地进行治疗，而医养结合便能很好地解决这个问题。医养结合可以发挥其"医"的优势使养老院的老人接受专业人员的养护，使老人足不出户便可以得到专业治疗。以广平县南阳堡镇卫生院为例，养老院每天安排1名护理部长、2名护士、2名护工值班，对老人进行健康监护并且照料老人的基本生活，一旦发现问题及时报告和解决。2015年8月该养老院成为南开大学医学院学生社会实践基地；同年11月，该养老院与邯郸市中心医院建立长期合作关系，成为邯郸市中心医院医疗服务帮扶基地，并且接受了市医院捐赠的医疗药品。这有效地提高了南阳堡镇养老院养护人员的专业水平，养老院的老人可以享受到更高水平的专业养护，有力地推动了医养结合养老模式的发展。

四、现行"医养结合"模式存在的问题及相关建议

较之于传统的居家养老模式和单一的养老院养老模式，在机构养老基础上整合医疗单位资源，这一条新型的养老模式可以有效解决农村养老困境。但是，通过对两家医养结合机构的实地调研，我们发现，这一养老模式在农村的实际运行中面临着很多困境，对此，我们在咨询相关专家学者和政府职能部门的基础上，初步提出了一些有针对性的建议。

（一）现行"医养结合"模式的问题分析

1. 资金投入负担较重，服务主体参与积极性不高

根据原国家卫生部（现国家卫生健康委员会）2010年印发的《诊所基本标准》规定，医务室建筑面积不少于40平方米，设有独立的诊室、治疗室、处置室和输液观察室等场所，可见养老机构设置医疗机构的标准和成本相对较高。同时，养老机构要保证医务室24小时运营，至少须配备2名以上全科医生（至少分为内科和外科）、3~4名护士，且养老机构还需视规模配备一定数量的专业护工（至少2人）以照顾老人生活。参考衡水市和邯郸市人均可

支配收入标准，医护人均工资至少在 1000 元~1500 元左右，则一年需要支出的人员工资大概在 10 万元~15 万元左右，对微利甚至不盈利的养老机构而言负担较重，本次调研中的两个养老机构的负责人均表示，短期来看持续亏损，长期发展会有盈利，但周期较长且盈利空间微小。其中南阳堡镇卫生院的孙院长表示，为筹建养老院，其个人已负债 50 余万元，且在较长时间内资金问题仍将是其主要问题，养老机构长期稳定运营的压力很大。

2. 机构内医护人员整体素质不高，医疗服务水平有待提高

影响医养结合养老模式顺利实现的困境之一是医养结合养老机构的专业人才短板，最明显的表现就是专业人才种类不全。按照相关理念与设计，医养结合养老机构的相关从业人员应该具有专业性，理念上讲应包含综合医生、专科医生、执业护士、保健师、厨师、药师、医疗机构管理人员、医技人员、保洁员、心理医师、社区工作者等多种专业类型人员[1]，但根据实际调研情况显示，一般养老机构仅具备基本的医师和相关工作者，专业类的人员不论是从数量上还是职业种类上都存在较大缺额。同时，医养结合服务机构中老年人医疗服务需求高，医护人员工作强度大，相比综合性医院工资水平和福利待遇差，社会认可度低，人员流失率高。农村养老机构对卫生和医护人才的吸引力小，且缺乏对就业人员的规范化培训和指导，导致机构内工作人员的整体专业素质低，影响服务质量和水平的提高。尤其是在农村地区，医护人员的专业素质更是偏低，专业人才严重缺乏。更好发挥医养结合的作用，必须提高卫生院的医疗服务水平。

3. 政府多头管理，政策监管落实难度大等问题影响这一模式发展

根据《社会福利机构管理暂行办法》（已失效）的规定，养老机构属于民政部门的审批单位，民政部门为主要管理部门，但医养结合模式下，养老机构在运营过程中需要接受民政部门、卫生部门、公安消防部门、土地部门等多头管理。如广平县南阳堡镇卫生院孙院长介绍，每年民政部门进行年终考核时要审核"医养结合"型养老机构的医护人员资质、设备等项目，这就与卫生部门的职责存在交叉，导致管理部门和养老机构的人力、物力资源浪费，同时也导致了养老机构运行时部分问题难以找到明确的负责部门。同时，

---

〔1〕 孙雯芊、丁先存：《公立医院医养结合模式可行性研究——以合肥市滨湖医院老年科为例》，载《安徽农业大学学报（社会科学版）》2013 年第 5 期。

多头管理导致职能分散，扶持优惠政策难以落实到位，政策监管工作难度大。

4. "养儿防老"的传统观念下，老人及子女对医养结合认同度较低

养老意识和理念是指引养老行为的思想观念和精神境界的追求，对于解决农村养老问题，尤其是推进医养结合模式显得尤为重要。[1]现阶段农村传统的"养儿防老"孝道养老思想和"叶落归根"乡土家庭观念依旧较为浓重，农村老人及其子女对于医养结合的认同程度有待提高，在一些地方甚至还存在着抵制心理与抵制行动。在农村地区，如果老人被送入养老院，不光老人自己心理上和情感上会有诸多不适，其子女也会承担"不孝"的压力，甚至会受到左邻右舍的非议。所以衡水和邯郸两地养老机构中的老人均以五保户和低保户为主，选择医养结合的养老模式基本上是无奈之举，短时间内农村主体对医养结合模式仍难以全面接受。这一问题严重阻碍医养结合新型养老模式的推广。

（二）对于完善"医养结合"养老模式的建议

针对以上问题，我们通过走访政府部门、对两地养老院实地调研、与养老院负责人和老人以及农户交谈等途径收集了大量数据并加以整合，同时通过查阅大量相关资料和咨询专家学者，对当前的"医养结合"新型养老模式存在的问题提出以下建议：

1. 政府政策支持方面

以综合协调为前提，健全政府管理机制。医养结合特色养老模式的成功构筑需要政府机构出台相关政策为其保驾护航。政府应发挥统筹协调作用，组建联合工作小组，统一协调相关工作，做好医疗机构、养老机构间的衔接。政府部门尤其是要构建起多环节、多层级、多机构参与的医养结合特色养老保障和管理部门配合协作机制，统一筹划关于医养结合特色养老的整体方案，将人社、卫生、民政、教育培训等相关部门进行功能整合，统筹管理和协作，解决政出多门的问题。例如广平县民政局已率先成立专门工作组进驻南阳堡镇刘贵芳爱心敬老院，有效地提高了民政部门工作效率和效果，但破除多头管理的瓶颈需要多部门协调配合，成立联合工作小组是较合适的选择。

---

〔1〕 刘德春：《医养结合养老模式面临的困境及对策探讨》，载《中国农村卫生事业管理》2018年第11期。

2. 在专业人才培养和提高医疗服务水平方面

以吸收引进人才为手段，以提高医护人员专业素质和水平为目标。高素质、专业化的人才队伍是保证医养结合养老服务质量的基础，也是吸引老年群体入住的关键因素。[1]养老机构应着眼于人才培养，着力提升人员素质。为提高养老机构人员素质，解决专业人员稀缺的难题，除对原有工作人员加强专业培训外，养老机构可采取和高校医护专业合作的方式，建立高校医护专业的实践基地，为高校医护专业学生提供实习机会，也利用高校人才优势，提高养老机构专业水准。政府部门也应采取相关措施帮助养老机构引进和留住人才，如对养老机构工作人员进行一定的工资补贴，对于有过养老机构工作和服务经历的医护人员和医护专业学生，在评职和深造时给予一定优惠政策，以鼓励更多的高水平专业人才进入养老机构。

3. 在养老机构护理体系建设方面

以多方面护理体系建设为努力方向。要推动医养结合新型养老模式顺利建构，除了建设基本医护体系外，更是需要一系列相关配套建设为这一养老模式增砖添瓦。在对老人进行养和护之外，新型医养结合养老模式更要建立起涵盖食品、药品、心理健康以及意外保险等多方面的综合性护理体系。养老机构在食品、药品的使用上应以老人健康为目的，建立搭配合理的营养食谱，药品的采购和使用应公开合理；应配备专业心理咨询师或心理医生，及时掌握入住老人的心理健康状况和情绪动态，在日常生活照料和医疗服务的基础上做好老年人的心理卫生服务；同时，还可以适当地引入商业保险，为老人购买意外险，防止老人自己活动时出现重大意外。

4. 在对养老机构的监管方面

以构建监管体系为主要方法，由政府部门、社会和老人及其子女共同构建全面的监管体系，监督养老机构的运行。若是养老机构缺乏相关制度规范的约束，对其监督评价工作就会受到影响，养老机构也难以监管到位并发挥监督实效。现阶段对于医养结合相关养老机构的监督评估工作往往趋于形式化，难以得到预期的效果。因此，在对医养结合养老机构的监管方面，政府部门应发挥主导作用，依靠政策和法律，在养老机构的准入门槛、

---

〔1〕 郝涛、商倩、李静：《PPP 模式下医养结合养老服务有效供给路径研究》，载《宏观经济研究》2018 年第 11 期。

服务层次和评价考核等方面建立一套完整的标准，并依照政策标准对养老机构进行考核监管。老人及其子女在监管过程中应发挥主体作用，对养老机构的服务进行客观评价，如发现问题要敢于发声，要能有效合理地维护自身权益。社会力量要发挥重要作用，相关社会志愿服务组织在组织志愿活动的同时，也应对养老机构的运行进行监督，同时帮助老人及其子女发出自己的声音。

5. 在农村社会意识方面

构建医养结合新型养老模式除了需要政策支持、物质基础和专业人才以外，更需要理念和社会意识的进步与更新，需要多视角、全方面、深层次地更新和完善农村社会的养老意识和理念。首先，相关部门和养老机构应加大宣传力度，让农民了解医养结合模式的优点和益处，促进农村养老观念的转变，逐步转变"养儿防老"的传统观念，推进农村养老从家庭养老向医养结合模式的转变；其次，要强化现代管理思维，运用现代管理手段，将现代管理模式和医养结合养老模式相结合，改变传统的粗放式管理思维；最后，要树立农村医养结合养老机构的社会服务意识，强化其服务理念，让老人的养老有质量、有尊严，保障其老年生活有所养、有所乐，消除农村社会对医养结合养老机构的顾虑心理，促进农村社会的意识转变。

农村彩礼返还调研报告

——以甘肃省 M 村为例

赵彩飞*

摘　要：彩礼是中国自古以来的传统习俗，在社会的不断变迁中彩礼的形式、数额会随着社会生活的变化而有一定的差异。但时至今日彩礼依然存在，尤其是在农村地区。随着人们经济收入的不断提高，彩礼的数额也是成倍地增长，同时彩礼纠纷也时有发生，我国法律对于彩礼的规定仅见于《婚姻法解释（二）》，并且规定得过于笼统、抽象，不能很好地指导司法实践中彩礼纠纷的处理。本文通过对甘肃省 M 村的调研，理清在该地何为彩礼、彩礼返还的情形以及彩礼返还时的规范等问题。同时，进行裁判文书的整理分析，分析司法实践中存在的问题，从而对我国更好地解决彩礼纠纷提出些许建议。

关键词：彩礼　彩礼返还　彩礼返还纠纷

一、引言

（一）调研缘起

近年来，农村彩礼数额成倍增长，高额彩礼引发诸多纠纷，对婚后的家庭生活也产生了恶劣影响。金眉老师在婚姻家庭法课程的教授中提到，我们国家法律对于彩礼返还的规定与某些农村地区的习俗相冲突，法律规定未考虑同居、双方过错等情形，规定得太过笼统抽象，法官在处理此类纠纷时遇到了很多问题。在笔者的家乡，彩礼数额近年来也是飞速增长，出现很多父

---

* 赵彩飞，中国政法大学法律硕士学院 2016 级硕士研究生。

母为儿子结婚而背负高额债务的情况，彩礼返还的情况时有发生，关于彩礼纠纷也偶有听闻。所以笔者萌生了以自己的家乡为调研地点，对这里的彩礼现状、彩礼返还、彩礼返还纠纷等进行深入的调研，为我国更好地完善彩礼返还方面的法律做出点滴贡献。

（二）调研概况

1. 调研地点的选择及原因

本次调研地点选在笔者的家乡，甘肃省定西市渭源县 X 乡 M 村，它是西北山区的一个自然村落。选择 M 村的原因有如下几方面：其一，笔者在这里生活 20 多年，对这里的风土人情、生活习惯都非常熟悉，便于更好地开展调研；其二，笔者与 M 村村民比较熟悉，进行访谈时比较轻松，有利于笔者收集资料和顺利开展调研；其三，笔者在这里长大，参加过这里很多场婚礼，对于这里的婚嫁习俗比较了解，进行调研访谈时更有方向。另外，虽然每个地方都有自己的婚嫁习俗特点，但这里也具有中国农村的典型性和代表性，这里传统习俗保存完整，通过研究这里的彩礼习俗，对于我们更好地处理彩礼纷争，更好地制定法律、政策都具有十分重要的意义。

2. 调研方法

本次调研采取了以下方法：一是深入访谈。共与 15 位村民进行了访谈，其中 2 位 60 岁以上的老人，主要就婚嫁习俗和彩礼的变化进行访谈；3 位 45 岁左右的中年人，主要访谈内容为彩礼的变化、对彩礼增长的看法、彩礼返还的事例；1 位 “总理”[1]，主要就婚礼流程进行了访谈；1 位媒人，针对如何促成男女双方婚事、彩礼的变化、一方悔婚时已支付彩礼的处理、媒人的作用等方面进行访谈；1 位阴阳先生，主要访谈内容是结婚时当地人有哪些讲究；7 位 2005 年以后结婚的村民，主要访谈内容是结婚时的彩礼、彩礼的去向、彩礼的主要来源、女方的嫁妆、彩礼对婚后生活的影响、对彩礼的看法等。访谈资料用以上分类、编号和访谈者的名字首字母为标记，例如，第一位老人是 “L—1—ZSP”[2]。二是文献研究。查阅当地的地方志、婚礼礼簿，大量检索和阅读有关研究主题的文献资料。三是分析研究已有判例。通过中国裁判文书网，检索彩礼纠纷相关的判决书，分析法院的判决。

---

〔1〕 M 村人对婚礼宴席上负责安排各项事宜有序进行的人的称谓。

〔2〕 因为中年人和总理的首字母都是 Z，所以总理的编码以 L 开头。

二、M村概况及其婚嫁习俗

（一）M村概况

M村隶属甘肃省定西市渭源县X乡，地处渭源县北部，距离渭源县30公里。该村地形以山地为主，气候较为干旱，土质多为黄土，较少地方为红土。基于气候条件和地理条件，M村以小麦、马铃薯和党参作为其主要农作物，有些村民也会少量种植一些玉米、高粱、大豆等农作物。M村村民的主要收入来源是马铃薯和党参。近几年来，M村党参收成好、价格高，村民的生活水平也有了很大提高。

（二）M村婚嫁习俗

M村人对婚丧嫁娶之事十分看重，必须要按照规定的做法和步骤进行，这已经成为人们处理此类事情时必须遵循的行为规范，婚嫁的传统习俗也一直被延续、保留。在M村，男女双方的结合要经历诸如"说媒""见面""看家"等多道程序，最后方能组成新的家庭。

1. "说媒"

正如费孝通先生所称乡土社会是一个"熟悉"的社会，没有陌生人的社会[1]。M村便是如此，村中的人对于别人家有几个孩子、男孩或是女孩、孩子的年龄大多知悉。在M村，男女双方的结合始于"说媒"，一般是由男方积极开始这一程序。男方或男方的家人若是看中了谁家的女儿，便去找媒人，请其去女方家里"说媒"，第一次去"说媒"至关重要，决定着事情能否往下进展，所以男方在找媒人上也要花上一番心思。一般会找与女方来往近、关系好，又比较有名望的人去，近年来请村委会的人、阴阳先生去"说媒"的比较多，用当地人的话说，这些人见的世面广、"人面子高"[2]，成功的概率也会大一些。

上述是M村比较常见的"说媒"情形，M村大多数的婚姻源自"说媒"。不过近几年来，也有很多通过自由恋爱结婚的案例，并且随着M村越来越多的年轻人外出打工或读书，这种案例会越来越多。

---

〔1〕 费孝通：《乡土中国》，北京出版社2004年版，第6页。
〔2〕 M村的方言，意思是这类人被当地人敬重。

2. "见面"

若是"说媒"成功，接下来便是"见面"。所谓"见面"即是媒人带着男方到女方家里去，第二次去女方家也有很多讲究，男方要备上"四色礼"[1]和给女方的"见面钱"。男方将"见面钱"给了女方，女方若是收下了则表示女方同意了这桩婚事。

3. "看家"

"看家"是在"见面"时便商量好时间，到这一日，媒人陪同女方和其母亲、兄弟姐妹、爷爷奶奶等人（一般是2~7人）去男方家里看看男方的家境，主要包括男方家的家庭结构、田地、房屋大小，等等。"看家"时，男方也要花费一笔不小的费用，除了精心准备饭菜之外，还必须要给"看家"的每个人"看家钱"，女方最多，其母次之，其他人酌情[2]。

4. "研礼"

"看家"之后媒人还需要再去女方家里，商量"礼钱"数额，这"礼钱"一般就是现金，不包括其他实物，当然在 M 村，结婚时女方也会要求男方赠送实物。媒人"研礼"的流程是先问女方要多少"礼钱"，再向男方汇报，若男方接受，媒人也需再去告知女方。若是男方认为"礼钱"过高，媒人还需再去女方家商量，此时媒人的作用至关重要，他两边协调撮合，尽量不让这桩婚事因为钱的原因"黄了"[3]。

5. "喝酒"

这"喝酒"便是订婚之意。在"喝酒"这天，男方需要备上之前商量好的部分"礼钱"、给女方买的新衣服、烟酒糖茶等去女方家"送礼"，男方一般是一行八人去送礼。"喝酒"在当地人看来也是认亲戚的意思，所以女方这天请来自己的至亲好友，一般是自己的"老外家"[4]、"外家"[5]、叔、姑、舅、姨。男方需和女方一起按照辈分依次敬酒。

6. "上马宴席"

"上马宴席"是在男方家举办婚宴的前一天，女方家为出嫁女儿宴请自己

---

〔1〕 M 村的习俗，是指糖茶烟酒四样礼品。
〔2〕 笔者访谈 M—1—ZXZ 时，了解到目前给其他人的"看家钱"至少是 200 元以上。
〔3〕 M 村方言，意思是已经进行的事因为一些原因中断或是结束。
〔4〕 新娘奶奶的娘家人。
〔5〕 新娘妈妈的娘家人。

的亲友，来的人都要带上礼金。这一天，男方家还需再送一次"礼"，这次是将"喝酒"时未送的部分"礼钱"和女方要求的其他礼物[1]全部送至女方家。

7. 迎亲

在 M 村，迎亲是男女双方结婚最重要也是最为热闹的一个环节。迎亲的日子需要提前找当地的阴阳先生看好，阴阳先生一般会书写一份"章书"，上面写明迎亲的"吉日""吉时""喜相""避相"[2]，等等。当地人一般认为，新娘必须在"吉时"进入新郎家才吉利。迎亲的热闹之处在于，新郎来接新娘时，必须要给了"开门钱""抱头钱"[3]，才让接走新娘，新郎需将新娘背上车，到了新郎家，还要给了"离马钱"[4]，才会让新娘下车，由新郎将新娘抱入婚房。这一切步骤、规则是 M 村结婚时的规矩，不仅增添了婚礼的热闹氛围，更是吉利的象征。

三、M 村彩礼现状

在 M 村，结婚的过程中出现了诸如"见面钱""看家钱""开门钱""四色礼"等财物，到底哪些属于我们今天俗称的彩礼呢？正如笔者调研时，Z—3—ZXW 所说："男方为啥要不断地给女方钱，还不是想和女方结婚"。在 M 村人的观念里，因为从媒人"说媒"开始，双方就已经是以结婚为目的进行之后所有的行为。所以上述提到的这所有的财物，除了迎亲时的"开门钱""抱头钱""下马钱"因为数额小，其他的财物在 M 村人观念中都是结婚的彩礼，若是以后女方反悔，都需要清算返还。但不包括招待费和男女双方办宴席的费用。所以，本文中提到的彩礼就是除了"开门钱""抱头钱""离马钱"外，"见面""看家""喝酒""迎亲""上马宴席"时男方或男方家向女

---

〔1〕 有的女孩子会要求男方买金项链、金手镯、金耳环等。

〔2〕 阴阳先生看的某些与新娘属相相合的属相，这些人在迎亲时可以送新娘；和新娘属相不合的人则需要在迎亲时回避。

〔3〕 新娘家的亲戚在新郎来接新娘时，堵住大门要求新郎给了钱才打开门，所以当地人称"开门钱"；在新郎来迎亲时，新娘家里一般安排一个人抱着新娘的头，只有新郎给了钱才让接走新娘，所以称为"抱头钱"。

〔4〕 M 村早些时候迎亲时用马或者骡，到了新郎家时，陪着新娘的人抱住新娘不让下马，要给了钱才让下马，所以叫作"离马钱"。

方或女方家给付的所有财物。

（一）M 村彩礼数额的变化

M 村彩礼数额，随着人们生活水平的提高成倍地增长。1994 年到 1998 年这段时期，M 村人最基本的温饱问题都未解决，"一升粮食、一串干菜就能换个媳妇儿"。[1]到了 1980 年以后，M 村开始实行家庭联产承包责任制，人们的生活水平开始慢慢提高，笔者调研时，1984 年结婚的 Z—2—ZXZ 说："我那时候结婚时，给了三四百块钱的礼钱"。2000 年以后，彩礼数额超过了 1 万，到 2010 年以后彩礼数额就已经超过了 10 万。在 M 村彩礼从实物到现金，从一升粮食、一串干菜到几万、十几万，这从侧面反映了 M 村村民生活水平的提高。生活水平在慢慢提高，但彩礼却是成倍地增长。这种趋势，也印证了 1986 年对中国农村的一项调查，此调查表明，1980 年到 1986 年间村民收入增长 1.1 倍，而彩礼花费却涨了 10 倍。[2]

表 1　M 村彩礼数额变化统计表

结婚年份/年	彩 礼		
	见面钱	看家钱	礼 钱
1949—1980	粮食、蔬菜等实物		
1980—1990	十几到几十	几十	几百到两千
1990—2000	几十	几十到两百	八九千
2000—2005	几百	几百到两千	一万到三万
2005—2010	一千到两千	八百到几千	两万到八万
2010—2016	几千	几千到两万	五万到十四万

数据来源：对 M 村村民的访谈（不含礼品金额）。

从上表可以看出，从 1949 年到近几年 M 村的彩礼数额发生了极大的变化，尤其是 2005 年之后，M 村的彩礼数额飞速上涨。笔者调研时，收集到 2007 年到 2016 年 6 次结婚的彩礼数额，在此做一说明：2007 年结婚时彩礼是

[1]　L—2—LGP 说。
[2]　［美］阎云翔：《礼物的流动：一个中国村庄中的互惠原则与社会网络》，李放春、刘瑜译，上海人民出版社 2000 年版，第 171 页。

1.7万；2008年一个小伙子结婚时向女方付了2.4万的彩礼；2009年结婚的彩礼则是2.8万元；2013年结婚的两个男孩子，一个付的彩礼是6万，另一个则是12万；到2016年，M村结婚时的彩礼普遍都在十万以上了，一个小伙子结婚时的彩礼是16万。如此高的彩礼让村里人唏嘘不已，笔者访谈时，M—1—ZWP说："现在娶个媳妇没有二三十万是不行的，拿不出这么多钱就只能去贷款了。"

笔者在调研时也发现在M村有越来越多的年轻人通过自由恋爱结婚，相比较前述"媒妁之婚"，自由恋爱结婚时的彩礼相对要低一些，但还是要支付一定彩礼。在M村只有"换亲"这种形式不需要支付彩礼，所谓"换亲"是指男方家有一个待嫁的女儿，女方家也有一个需要娶媳妇的儿子，双方家长商量或是一方的家长请媒人去说媒，两家按习俗完成婚事。这种方式在20世纪七八十年代的M村较为常见，现已基本消失。

（二）M村实物彩礼的变化

需要说明的是，在上表中，笔者只是列出了M村金钱彩礼数额的变化，在1980年以前，M村几乎没有什么金钱彩礼，多为粮食、蔬菜等实物，1980年以后主要是金钱彩礼，但是M村的实物彩礼并未消失，而是更加高档、贵重。礼物经历了从茶叶、挂面到糖茶烟酒的变化，喝酒时给新娘的衣服也从一套变成了好几套，有些女孩子在结婚时还会要求男方买"三金三银"[1]。

（三）M村高额彩礼对人们生活的影响

"我结婚时她们家要了六万多的礼，我很不高兴，结婚以后我们经常因为这个吵架。"笔者访谈一个2013年结婚的男青年[2]时，他这样说。M村现在的彩礼数额已经远远超过了当地人所能承受的范围，在M村彩礼几乎都是由男方父母支付，虽然有些年轻人会去外地打工，但一般不会有多少存款，父母的主要经济来源是种地，家庭平均年收入在2万元左右，高额的彩礼产生了许多影响。首先，对婚后生活产生了不利影响。在M村，男方为了支付高额彩礼不得不向亲朋好友借钱或是贷款，降低了家庭生活质量。同时也是婚后夫妻双方吵架的主要原因，也会影响女方在新家庭中和其他成员的关系。其次，高额彩礼是M村许多适婚男青年结婚的障碍。在M村，有些家里经济

---

〔1〕 一般是金银手镯、项链、耳环。
〔2〕 标记为J—1—ZYH。

不景气的男青年就是由于无法支付女方提出的彩礼要求，而无法结婚。最后，高额彩礼也引发了不少纠纷，恶化了村民之间的关系。M 村关于悔婚之后彩礼的返还经过多年实践已经形成了被人们认可的规范，但是最近几年彩礼数额过高，有些女孩子悔婚之后，出现了不愿意返还彩礼的情况，进而引发纠纷。

四、M 村彩礼纠纷及解决现状

（一）M 村彩礼返还的情形

在 M 村彩礼返还分为两种情形，第一种是婚前一方反悔或是过错导致婚约解除。若是女方反悔或女方过错导致婚约解除，则需要将男方支付的所有彩礼返还；若是男方反悔或男方过错导致婚姻解除，女方则不必返还男方已经支付的彩礼。第二种情形是男女双方结婚时间较短便离婚的情形。[1] 此时若是男方要求离婚或男方过错导致离婚，女方不需要返还任何彩礼；若是女方离婚或女方过错导致离婚，则需要返还男方支付的彩礼。这一直以来是 M 村人自觉遵循的规范，并且有媒人的"担保"，媒人在男女双方发生了上述需要返还彩礼的情形时，需要与男女双方协商处理好彩礼返还事宜。在 M 村过去的实践生活中也发生过以上彩礼返还的实例，笔者就调研所掌握的案例做一说明。

男方婚前反悔，女方未退还彩礼的案例。这个故事发生在 1996 年，M 村的一名男青年 A 尚在读书期间，家人便让他与隔壁村的一名女子 B 订立婚约，A 考上大学后反悔，提出与 B 解除婚约，男方未要求女方返还彩礼[2]，双方婚约解除。

女方在婚前反悔退还彩礼的案例。故事发生在 2008 年，M 村的一个姑娘 C 经媒人介绍和隔壁县的一个男青年 D 订立了婚约，双方已经经过"见面""看家""喝酒"这些程序，C 反悔，之后便请来媒人与 D 家商量，将 D 从媒人"说媒"开始给付给 C 家的所有彩礼（包括金钱和礼品）全部退还，双方婚约关系也随即解除。

---

〔1〕 结婚时间较短并非是一个确定的时间，需要结合女方是否怀孕、双方是否同居等因素考量，但一般不会超过 6 个月。

〔2〕 彩礼为几百元现金、衣服、糖茶礼品等。

(二) M 村彩礼返还纠纷及其解决方法

虽然在 M 村彩礼返还经过多年实践已形成了人们普遍认可并遵守的规范，但正如被大家普遍遵守的法律规范也会有人违反一样，在 M 村也发生过一些彩礼返还纠纷。在 M 村，因为男方结婚时需要支付高额的彩礼，若自己反悔还不能要求女方返还彩礼，所以男方一般不会悔婚或是要求离婚。纠纷的发生主要是因为女方在婚前反悔或是刚结婚不久要求离婚，却又不返还男方的彩礼。

正如上面提到的，农村社会是熟人社会，人们不喜争执，最怕伤了和气。当纠纷发生时，M 村人首先会请媒人去女方家里协商解决，不能解决时，M村人不得已采取的方式是男方家几人到女方家中"说理"，因为当地人都注重自己名声，这种方式有时候可以解决问题，但并不总是奏效，有时候双方不过是一番争吵。M 村人法律意识淡薄，并且诉讼费时费力，在 M 村目前尚未有通过司法途径解决此类纠纷的案例。笔者在调研时了解到 2016 年发生的一起纠纷，同村的一个小伙子 E 和一位姑娘 F 经人介绍于 2016 年 3 月举行婚礼，婚后以夫妻名义共同生活。因为 F 未达到结婚年龄，双方没有进行结婚登记。举行婚礼后 1 个月左右，F 便离开 E 家回自己家中居住。E 及其家人要求 F 和她的家人返还已经支付的彩礼 12 万，但是由于 E 的父亲（E 是单亲）已因病去世，家中只有 E 与她 80 多岁的爷爷，彩礼已经被 E 父亲偿还之前因看病欠下的债务，所以无法返还，此事至今仍未解决。笔者访谈时问，为什么不去法院起诉，提供这一实例的 J—4—WAY 说："两个人又没领结婚证，去了也没用。"笔者在调研时发现，M 村很多人都知道不进行结婚登记仅举行婚礼的婚姻并不受法律的保护，但是很少有人知道我国关于彩礼返还的规定，都认为虽然上述事例按照当地习俗，女方应该返还彩礼，但是应该并不受法律的保护。

五、司法实践案例实证分析

笔者通过裁判文书网检索并阅读了有关"彩礼纠纷"的 50 份判决书，并就案件的事实和法院的判决做了分析。这 50 份判决中，法院大都支持了原告关于返还彩礼的部分诉讼请求，同时考虑了是否同居、同居时间长短、同居期间女方是否怀孕、当地习俗、双方过错等因素，认定应该返还的比例和数

额。法官在处理这类纠纷时对于实物彩礼是否返还、父母是否承担连带责任
等问题尚有不同的判决。

（一）纠纷的情形

通过分析判决，主要有三种纠纷情形：一是双方未登记结婚，有同居情
形，后因各种原因解除婚约发生的彩礼返还纠纷。这类案件中被告主要的抗
辩理由是这种情形属于同居析产纠纷而非婚约财产纠纷。法院一般支持男女
依照风俗习惯，以追求结婚为目的给付财物而产生的纠纷属于婚约财产纠纷。
二是双方订婚，男方支付了彩礼，未有同居情形，此类案件法院一般都会支
持原告的诉讼请求，判定的返还比例比较高。三是双方结婚一段时间后离婚，
在离婚诉讼中男方提出返还彩礼的请求，此类案件中被告认为离婚诉讼不应
和彩礼返还诉讼一并审理，法院一般认为可以合并审理。对于前两种纠纷情
形法院一般以婚姻财产纠纷立案，第三种纠纷情形一般认定为离婚纠纷。其
他纠纷情形为 7 例。各纠纷情形所占比例如图 1：

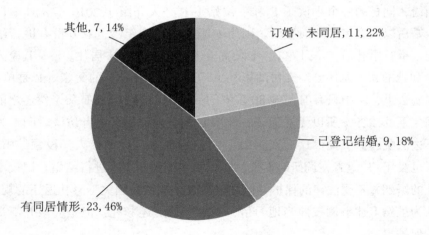

图 1 纠纷情形

注：能归纳入三种主要纠纷情形的判例数为 43 例。图 1 中各部分的比例是各
部分纠纷情形的判例数占本次研究总判决书 50 例的比例。

（二）判决的主要依据

法院对上面提到的这三类纠纷进行裁判时主要依据是《最高人民法院关
于适用〈中华人民共和国婚姻法〉若干问题的解释（二）》[以下简称《婚

姻法解释（二）》]第10条：当事人请求返还按照习俗给付的彩礼的，如果查明属于以下情形，人民法院应当予以支持：①双方未办理结婚登记手续的；②双方办理结婚登记手续但确未共同生活的；③婚前给付并导致给付人生活困难的。适用前款第2、3项的规定，应当以双方离婚为条件。对于第一种和第二种纠纷情形适用第1项的规定；对于第三种纠纷情形则适用第3项的规定，在适用第3项时法院一般根据原告提供的证据或者当地居民人均收入与彩礼数额的差额情况，来认定是否导致给付人生活困难。

（三）判决的不同之处

法院在处理彩礼纠纷时，关于金银首饰等实物是否返还、女方父母是否承担连带责任有不同的判决。关于金银首饰、烟酒礼品等实物是否应该返还，法院普遍认为烟酒水果等礼品属男方自愿的赠与。而对金银首饰等实物，有的法院认为，这是男方在恋爱期间为了增加双方感情自愿赠送女方的，男方不应该要求返还；有的法院则支持原告的诉请，认为这些实物都属于彩礼的范围，女方应该返还。金银首饰等实物是否返还占比见图2：

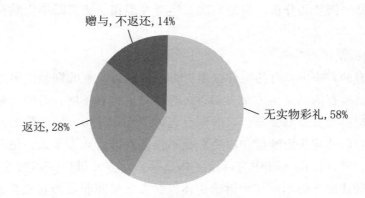

赠与，不返还，14%

无实物彩礼，58%

返还，28%

图2　实物彩礼是否返还

关于父母是否承担民事责任。支持的法院认为，女方父母是彩礼的收益者、收彩礼是家庭行为，所以父母应该和女儿一起承担返还责任；反对的法官主要理由则是，女方父母并未直接收受彩礼、未能证明父母是彩礼的直接受益者。父母是否承担连带责任占比见图3：

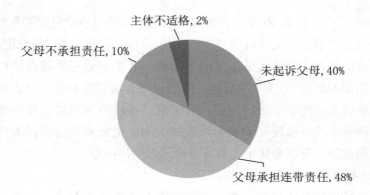

图3　女方父母责任

（四）司法实践中存在的问题

随着近年来农村彩礼数额的不断提高，在农村发生了许多彩礼返还纠纷，有些诉至法院，有些通过其他途径解决。虽然司法实际中已经产生了数以千计的判决，但是每份判决是否真正地解决此类纠纷，使当事人和当地民众信服尚未可知。阅读和分析已有的判决，笔者发现在司法实践中仍然存在以下问题。

1. 诉讼主体不明确

在已有的判决中，有的案件仅由男方一人起诉，有的则是由男方及其父母一起起诉，有的则是男方父母起诉。起诉对象也有不同，有的仅起诉了女方，有的起诉女方及其父母，有的则是起诉了女方父母。而法院的判决也各有不同，有的法院认为给付和收受彩礼不仅涉及男女双方本人，更是两个家庭的行为，所以认定父母作为诉讼主体适格，女方父母应该承担连带责任；有的法院则认定父母不应作为诉讼主体，女方父母并非是彩礼受益者，不应承担责任。我国仅有《婚姻法解释（二）》第10条对彩礼返还作了简单规定，此条文称"当事人请求……"哪些人属于可以提起婚约财产纠纷诉讼的"当事人"以及可以起诉哪些人，无法从本条文中得知，在司法实践中的判决又各不相同，所以需要进一步明确婚约财产纠纷的诉讼主体，以更好地保障各方当事人权利。

2. 彩礼范围不明晰

如前所述，在已有的司法实践中，关于金银首饰等贵重物品是否属于彩礼，各法院有不同的判决。另外，司法实践还反映出诉讼当事人对于糖茶烟酒等礼品、招待女方的支出等是否属于彩礼也有争论。对于何为彩礼、彩礼包括哪些我国法律都未有明确规定，各地的习俗也不尽相同。例如在 M 村，彩礼包括了男方为了结婚支付给女方的所有财物，但是双方家庭为招待对方支付的费用、宴席花费则不属于彩礼范围。法院处理此类纠纷时，明确哪些给付属于彩礼对于作出公正判决至关重要，所以有待进一步明确彩礼范围。

3. 法律规定与当地习俗不一致

《婚姻法解释（二）》第 10 条对于彩礼返还的规定简单抽象，只要存在可以要求返还彩礼的三种情形即双方未办理结婚登记、虽已办理结婚登记但未共同生活、婚期给付导致给付人生活困难，给付彩礼的一方就可以要求返还彩礼。这与许多农村地方的习俗冲突，比如上文提到在 M 村女方反悔应该返还彩礼，但是男方反悔则不能要求返还彩礼。虽然地方的习俗也有一定不合理之处，但是起到了保护女方和婚约信用的作用，并且经过实践被当地人普遍接受和认可。所以在用法律调整此类社会问题时应该考虑当地风俗，让法律得到人们的认可和更好的遵守。

另外，司法实践中还存在判决返还比例的问题，例如有的案件中具有同居情形，法院判决返还 60% 的彩礼，同样的情形有的法院判决返还 80% 的彩礼，有的法院却判决全部返还。虽然法院在处理这类纠纷时有法律依据，但是由于法律规定过于抽象使得司法实践中出现了许多问题，处理好这些问题对于正确处理当事人间的纠纷、化解矛盾至关重要。

结　语

随着农村经济的不断增长，彩礼数额也在成倍地增长，彩礼纠纷时有发生。但是我国关于彩礼返还纠纷仅有简单抽象的一条规定，并且这一规定与许多农村地区的习俗冲突，导致司法实践中出现了很多同案异判的现象。笔者通过本次调研提出了司法实践中对于彩礼返还问题处理存在的问题，但由于自身专业知识和社会经验的欠缺不能提出有效的应对措施。笔者希望处理彩礼返还纠纷能有结合地方习俗，考量双方过错、同居时间长短、结婚时间长短等情形的细化规定，便于法官更好地处理彩礼纠纷案件，更好平衡原被告双方的利益，作出令原被告双方都信服的判决。

新型农村社区基层互动治理研究

——以河南省新郑市为例

张谕鸽[*]

摘　要： 随着农村经济社会的发展以及城乡一体化进程的加快，新型农村社区的建设已经在我国多个地区具有一定的规模。由于复杂的农村社会环境变化，新型农村社区在发展的过程中不可避免地存在矛盾冲突，在治理过程中原有的治理模式也已不适应目前基层社会的发展。因此，本文以河南省新郑市新型农村社区为例，研究了其基层互动治理过程中存在的基层政府管理与村民自治脱节、基层互动治理方式落后、村民治理意识薄弱等问题，深入分析了其背后存在的基层政府路径依赖、利益主体多元化以及居民思想意识水平偏低等原因，并提出完善农村社区基层互动治理的保障机制、深化农村社区基层互动治理的发展能力以及提升村民参与社区基层互动治理的意识等措施，以求建立起良性的基层互动治理模式，推动农村基层社会治理的现代化发展。

关键词： 新型农村社区　互动治理　公民参与

一、引言

自十八届三中全会以来，完善和发展中国特色社会主义制度、推进国家治理体系和治理能力现代化成为全面深化改革的总目标。农村基层社会的和谐发展关系着国家的稳定，推进国家治理体系和治理能力的现代化也需要扎根于农村基层。近年来，新型农村社区建设的试点工作在我国多地展开，它

　＊　张谕鸽，中国政法大学政治与公共管理学院 2018 级硕士研究生。

区别于传统农村和城市社区，是我国农村社会变革期间不同利益和矛盾关系的交汇点。由于农民的利益诉求增多，各种隐藏的问题日渐显现出来，群体间的冲突激化，传统的农村基层治理模式不再适合新型农村社区的发展，因此急需构建一种协商合作、共同治理农村事务的治理模式。农村基层互动治理模式的提出迎合了新时期农村基层社会发展的需要，这种模式强调多元主体参与，农村基层政府与村民自治之间衔接互动，最终协同共治基层农村事务。

新型农村社区是破解城乡二元结构障碍、缩小城乡差距的重要切入点，是构建公民有效参与新型农村治理体系的重要实践平台，新型农村社区治理的创新以及公民的有效参与是值得关注和研究的重要课题。本文以河南省新郑市新型农村社区为研究对象，深入分析其建设现状、建设中面临的问题，并提出相应的解决措施，以求为新型农村社区今后的互动治理提供有益借鉴，完善现代农村基层社会治理体系，提升农村基层社会的治理能力，推进农村基层社会民主政治建设，最终推进国家治理体系和治理能力的现代化。

二、相关概念界定和理论概述

（一）新型农村社区

新型农村社区与自然形成的传统村落不同，它是指在一定区域内，按照一定的标准，对多个自然村进行统一规划建设起来的农民集中居住区。与传统的自然村相比，新型农村社区改善了农民的居住条件，改变了农民的生产方式，提供了更加完善的基础设施，优化了公共服务水平，推动了农村城镇化和农业现代化的发展。

（二）治理与互动治理

1995 年，全球治理委员会将治理的概念界定为："各种公共的或私人的个人和机构管理其共同事务的诸多方式的总和，是使相互冲突的或不同的利益得以调和并且采取联合行动的持续的过程"。治理最直接的表现就是国家政治管理职能与公民社会自治职能的良性互动合作。与传统的管理相比，治理主张政府不再独揽大权，而是强调社会各方主体协调互动从而共同完成建设任务。

2005 年，西方学者爱德兰博首次提出了互动治理的概念。在他看来，各个利益主体都参与公共政策的制定、执行和操作，发挥的作用会比以往更大。不同的利益主体进行利益交换、共同决策以实现目标的过程就是互动治理。借鉴西方理论并结合我国自身的特殊情况，本文所提出的新型农村社区基层互动治理是指农村基层政府、农村社区居委会和社区居民之间协调互动、共同治理农村社区基层事务的模式。

三、新郑市新型农村社区基层互动治理的现状分析

（一）新郑市新型农村社区的建设现状

近年来，河南省新郑市正在全力促进城乡一体化发展，推动全市建设。新郑市以建设田园临空经济强市为目标，加快实施"融入大郑州、融入航空港"战略，以国家新型城镇化试点为契机，树立全域城镇化、城乡一体化的理念，确立"北部城镇化、南部田园化"的市域空间布局，着力构筑"两城（中心城区、龙湖新城）、两市镇（辛店镇、薛店镇）、若干特色乡镇和新型社区"的城镇体系，探索适合中部地区县级市新型城镇化的道路。目前，新郑市按照因地制宜、分类实施的原则，正在有序推进新农村建设，已累计拆除各类建筑物1170万平方米，开建新区第二社区等63个社区，新建安置房657.13万平方米，回迁10 852户、41 408人，2015年全市城镇化率已经达到62%，被国务院确定为国家新型城镇化综合试点城市。未来几年，新郑市将继续建设古枣园社区、和庄镇高拱故里社区、河李社区、三里岗社区、城关乡中心社区、七里堂社区二期、城关乡居易社区三期等新型社区。"十三五"末，新郑市将建成可容纳5000~6000人居住的新型社区30个，建成美丽乡村6个，进一步推进社区规范化管理，建设基础设施完善、配套设施齐全、生态环境良好的新型农村社区，实现生活服务社区化、生活方式市民化。

鉴于对社区建设情况、社区形成条件、地理位置、社区居民参与管理状况等因素的综合考虑，并结合实地调研走访的情况，本文选择辛店镇的蓝天新城社区、具茨山社区以及薛店镇的大吴庄中心社区、岗周社区这四个社区作为对象进行详细研究。辛店镇所辖的蓝天新城社区是由位于煤矿塌陷区的界牌村搬迁而来，现有人口2800多人，原有村民小组12组，现有居民楼35栋，原农业生产的土地也已全部流转；具茨山社区是由具茨山上9个山区贫困村搬迁而建成的社区，涉及的搬迁居民有6800多人，社区占地面积504

亩，安置房有 41 栋，总建筑面积 56 万平方米；薛店镇所辖的大吴庄中心社区是由原来位于京港澳高速公路薛店镇下道口附近和新郑市航空港区附近的几个村庄搬迁而来，社区总建筑面积 15.8 万平方米，共有 6 幢商业楼和 25 幢居民楼；岗周社区则是南水北调居民安置点，涉及的移民有 221 户、894 人，社区居民楼有 12 栋。

（二）新郑市新型农村社区互动治理已有的成效

1. 互动治理新形式出现

新型农村社区在兴建的过程中会遇到诸多征地赔偿、土地流转的相关问题，这些问题都与农民的利益息息相关，畅通农民的利益表达渠道十分重要，在这方面，被调查的四个社区就做出了良好的示范。蓝天新城社区和具茨山社区为了应对这方面的问题建立了社区调解委员会，由专门的负责人员对社区相关的纠纷事件进行调解，与乡镇政府进行沟通。大吴庄中心社区和岗周社区发挥了党组织的带头作用，鼓励社会自治组织广泛参与社区事务的管理，并对其进行积极引导。

2. 互动治理物质基础优化

社区居民参与社区基层事务的管理需要有一定的物质条件支持。经过走访调查，四个社区的基础设施建设与原来的传统自然村落相比有很大改观。蓝天新城社区不断完善公共服务设施，社区内的道路得以硬化，环境绿化在不断改进，社区还修建了大型超市、健身器材、文化活动室、托老所等；具茨山社区供水供电设施得以配套，安保系统在不断完善，社区还修建了地下停车场、公共绿地等基础设施；大吴庄中心社区也建立医疗服务站和文化广场等公共服务设施以服务居民；岗周社区修建了自己的幼儿园、警务室和休闲娱乐场所，以满足居民的日常生活需要。

3. 居民尝试参与社区治理

通过对四个社区的调研采访发现，新型农村社区互动体制的建立和物质基础的优化，激发了社区居民开始参与社区事务管理的热情。蓝天新城社区和具茨山社区以"文化活动室"为平台，打造了各种各样的社区公益活动，社区居民开始参与文艺表演、体育锻炼和老年人关怀等活动，彼此之间的交流开始增多；大吴庄中心社区和岗周社区在社区党支部的带领下，定期开展学习活动，关注党内时事和国家要闻，不断培养社区居民的权利和责任意识。

四、新郑市新型农村社区基层互动治理中存在的问题

虽然新郑市新型农村社区的互动治理初步取得了一定的成效，但还客观地存在一些问题阻碍其进一步发展，通过对四个社区的调查采访和综合分析，本文认为新郑市新型农村社区存在以下一些共性问题。

（一）基层政府管理与社区居民自治脱节

在新郑市新型农村社区的治理工作中，基层乡镇政府存在"越位"和"缺位"现象。比如一些乡镇政府为了完成政绩，会向下级村委会发布命令，要求其必须完成相应指标，甚至会干预基层村民自治范围内的事务。而有的乡镇政府则持放任态度或者有选择性地对基层事务进行管理，由于沟通渠道不畅，基层村民自治组织的一些意见也常常不能被乡镇政府知晓，无法与乡镇政府进行有效交流。因此在基层事务的管理方面，基层政府和社区居民存在严重脱节现象。在对具茨山社区居委会一位干部的采访中他说道：

> 由于国家一直在搞扶贫，上级政府每年都会对具茨山的贫困村进行政策性倾斜和相应的物资补贴，也下发了一些脱贫指标，刚开始的时候上级政府会派人来视察跟进工作，但后来基本上就不怎么管了，要完成这些指标，光靠我们村里的干部根本完不成，压力也挺大的。

在对具茨山社区居民的采访过程中，一位居民说道：

> 我们对上级政府下发的通知基本上不咋了解，下拨的资金最后到了谁的手里我们也不清楚，偶尔遇到事情想要向村里或镇政府反映也不知道该怎么反映，村里的一些领导常年不在家，去镇政府办事也很麻烦，最后索性就不说了。

（二）社区基层互动治理方式落后

目前，新郑市基层社区治理的方式和技巧相对保守落后。在对蓝天社区进行调查访问时，一位60多岁的社区居委会干部说道：

> 搬到小区之后，上边给社区办公室下拨了一些电脑辅助我们办公，但是处理社区的一些日常事务基本用不到电脑，一般通知什么事情我们

还是比较喜欢用广播，这样比较方便直接，而且我们几个社区干部都上了年纪，电脑这些高科技的东西我们也不会玩，村里的一些照片拍摄和视频的剪辑还是另外一位稍微年轻点的干部学了很久之后才学会了一点，勉强可以帮助处理一些事情。

无独有偶，在新郑市的其他农村社区中，居委会的干部多由村里的原班人马担任，年龄偏大，学历和素质低，缺乏一般的计算机技术和使用办公软件的能力，工作效率低，不能很好地解决社区日常事务。由于新型农村社区居民居住地点集中，社区日常事务常常以楼幢、小组为单位下达，在这个过程中，信息下达的效果常常不太乐观，广播等传统方式由于存在很大局限性，不能使居民准确得知消息，平时社区居民得知农村社区信息的主要来源还是通过居委会的"公告栏"以及每年次数不多的"开会"形式，而且公告栏中的相关信息公开的也不多，信息更新的周期也较长。在调查中还发现，新郑市所辖的几个乡镇目前还没有自己的政务网站，网络上出现最多的还是之前社区建设时的招标信息，而社区网站目前更是不存在的。

（三）村民参与基层治理的意识还相对薄弱

目前，基层社区居民参与互动治理的意识还相对薄弱。在对岗周社区的居民进行采访时，一位 67 岁的老人说道：

> 我们原来在村里的时候就一直是村干部通知我们干什么我们就干什么，我们都听安排，村里的其他事情我们也不想掺和，有些事也不是我们能管的，我们做好自己的事就行，不去操闲心，管别人的事有时候容易得罪人。

就如同这位老人所说的一样，现在很多社区居民认为基层社区治理与自己无关，也没有参与社区管理的意识。一些居民也想参与社区治理，但因为长期不曾参与社区治理，所以认为只有基层政府才有能力进行治理。在采访中还发现，新型农村社区中的居民是大学及其以上学历的很少，最多的还是小学和初中学历，其次是高中学历，可见文化程度也会影响村民参与基层治理的意识。另外，当对居民参与基层事务的动机进行调查时，大部分居民表示只有涉及自身的利益时才会关注社区事务，而真正因为关心社区发展而参与社区管理的居民寥寥无几。在对大吴庄中心社区一位 32 岁的男性居民采访时他说道：

> 搬到新社区之后，虽然生活条件变好了，但是生活开销也变大了，以前还可以种地有基本的保障，现在只能外出打工，每天忙着挣钱，根本没心思参与社区里的事。

以上的这些情况都说明了在新郑市新型农村社区建设中，居民参与基层治理的意识比较薄弱，参与机会少，参与精力不足，参与能力还不够，没有认识到自身对公共事务进行管理的权力和责任，没有意识到参与社区事务管理的价值。

五、新郑市新型农村社区基层互动治理中存在问题的原因分析

（一）基层政府的路径依赖

在新郑市新型农村社区的治理中，基层乡镇政府的工作受路径依赖的影响依然严重，工作手段还是沿用之前的"一手包揽"的形式，没有由"行政一元化"管理模式转变到多元主体共治的路径上，没有让基层社区居民进行公共事务的管理。在对四个新型农村社区的调查中，大部分居民认为基层乡镇政府和居民委员会对于社区居民参与社区治理还是持排斥态度，不愿让居民过多参与政策的制定与执行。部分居民也表示，当他们向社区居委会或基层乡镇政府提意见时，他们多视而不见、走走形式，并没有太多实际回应，而及时听取并解决问题的情况也较少，可见目前基层社区治理中政策导向存在严重偏差，并没有将居民纳入基层治理主体的范围之内，因而无法达到基层互动治理的良好效果。

（二）利益主体的多元化发展

随着新郑市经济的快速发展，新型社区中的居民利益取向也发生很大变化，不同的利益群体越来越多。对新郑市四个新型农村进行综合分析之后发现，目前社区人员组成比较复杂多元，既有原有村落搬迁而来的居民，如位于煤矿塌陷区而整村搬迁的蓝天新城社区和扶贫搬迁的具茨山社区，又有外来流动人口入住，比如由于航空港开发而建设的大吴庄中心社区和由于南水北调移民而建设的岗周社区。在这种复杂的情况下，不同类型居民的生活空

间存在公共区域，生活习惯也不尽相同，长时间必然会出现一定的摩擦与矛盾，不同的利益主体产生利益纠纷。

另外，通过对四个社区的采访调查还发现，大部分社区居民对从事农业劳动和土地的生产功能已经产生了根深蒂固的依赖，无法在较短时间内适应社区生活方式，同时他们的文化程度普遍不高，就业面较窄，大部分人需要外出务工从事一些最基层的体力工作以维持生计，常常在社区之外活动，没有更多的时间和精力参与农村社区事务的管理，生活越来越以家庭为单位，社会原子化、交往虚拟化、居住陌生化现象更加突出，居民彼此交往频率逐渐下降，对社区基层事务也越来越冷漠。

除此之外，不容忽视的是，农村基层社会仍然存在着一些特殊利益群体，他们之间力量悬殊，但又掌握着彼此不同的社会资源，这些利益既得者通常是地方乡绅、富户或者势力极强的宗族群体。不同利益群体之间进行博弈产生分歧与矛盾，使基层治理变得更加复杂。

（三）社区居民思想意识水平偏低

在传统社会向现代社会过渡的过程中，基层村民的思想意识受到了前所未有的冲击，短时间内还无法适应农村现代化的发展。在对新郑市这四个社区进行采访调查的过程中发现，社区中大部分老人封建思想残留比较严重，尤其是具茨山社区的老年群体，这些老年人对政治权力盲目崇拜，臣民思想根深蒂固，对村庄事务都是被动参与。与此同时，社区其他年龄段的居民对自身的公民身份和权利也没有较多认识。另外，一些年龄较大的社区居委会干部对于社区工作方式的落后现象也没有清晰的认识，没有意识到更新工作方式和提高工作水平的必要性和迫切性。除此之外，传统农村中村规民约的作用正在逐步下降，社区中居民由于思想意识水平低下做出违背法律和道德的事情，其他居民也多采取冷漠态度，传统村庄的社会舆论效果大不如前，长时间形成的村规民约对公民日常行为的规范作用也不如从前理想。

六、完善新型农村社区基层互动治理的措施

（一）完善农村社区基层互动治理的保障机制

首先，应该完善相应的法律法规保障措施。必须有明确的法律形式对基层公民参与公共事务的内容、方式和途径等进行规定，做出法律层面的保障。

要进一步完善农村社区基层治理的法律法规，增强其可实施性。由于目前实施的《中华人民共和国村民委员会组织法》及相关的法律法规过于笼统，实践难度大，因此关于农村基层治理的法律制度需要不断地完善改进，增强其可操作性，使之适应农村基层经济社会发展的需要。

其次，基层政府要处理好自身和社区居委会的关系。要把完善基层社区服务、提升居民生活质量作为自己工作的目标，同时也要减少对新型农村社区事务的不正当干预，让基层农村社区自己负责自己的公共事务。基层乡镇政府如果无法实现角色转换，无法由原来的"包办人"转变为基层治理的参与者，阶层治理的脱节现象将更加严重。

最后，基层乡镇政府应该做到信息透明化，建立政务网站，公开政务党务信息，搭建意见反映平台，建立畅通的沟通渠道和信息反馈机制，例如使基层居民通过微信、微博以及访问政务网站的方式发表自己的意见，通过信件、邮件等形式传递信息，做到了解基层社区居民的想法，满足居民的需求，虚心接受居民的监督，并及时对社区居民的意见做出回馈，在双方互动的基础上解决基层相关问题，让基层社区治理处在一种动态的过程中，最终形成稳定的持续互动治理模式。这种互动治理机制的建立，不仅可以调动基层农村居民参与治理的自主性和积极性，还可以降低基层政府社会管理的成本。

（二）深化农村社区基层互动治理的发展能力

首先，就业和收入是影响新型农村社区居民参与社区治理的物质前提。应该鼓励社区居民积极创业以带动就业，制定相关的创业优惠补助政策，支持有条件的社区居民创办小微企业，引导中年妇女等留守群体从事技术含量低、工作环境安全的服务性工作，全面落实养老、医疗、工伤、生育等社会保障制度，解决居民的后顾之忧。只有做到这些，居民才有更多的时间和精力参与到社区公共事务的管理之中。

其次，基层社区也应该发展居委会的后备人才，改善居委会的工作态度，提高办事效率，增强工作技能，提升工作效能，加强互动沟通，更多地了解居民的想法。

（三）提升村民参与社区基层互动治理的意识

首先，可以通过宣传教育来培养居民的参与和互动意识。针对不同文化水平的社区农民群体进行分别教育，利用电视台、电台和广播、报刊、网络等传播技术手段传播公民意识，用浅显易懂的语言宣传国情和基本法律知识，定期讲解国家相关方针政策，对参与社区基层自治的方式和途径进行教育。

其次，可以从文化方面着手促进新型农村社区公民有序参与社会实践活动，可以通过社区群众中的积极分子去凝聚更多的群众参与，发挥他们的"明星效应"，带动居民群众参与社区实践活动，比如社区中的太极拳、广场舞、秧歌队等负责人都是社区文化活动中的带头人。开展社会文化活动可以提升社区居民间的友谊，增进彼此的了解，进一步提升他们参与社区基层公共事务管理的积极性。

最后，需要不断提升居民对社区的认同感。为此，需要进一步优化基层农村社区的治安、卫生、绿化等基础设施建设，建立社区巡逻站，加强社区安保工作，提升社区安全服务质量，为基层社区居民提供良好的生活环境，从而提升他们对基层社区的归属感，让他们更加有意愿投入到对基层农村社区事务的管理中。

结　论

新型农村社区是农村新时代发展的产物，其取得的成果是农村社会进步的标志，目前存在的问题也是现在基层社会矛盾的集中体现。而新郑市新型农村社区建设的情况，正是现在全国多地农村建设的一个缩影。新型农村社区中存在的基层政府管理与村民自治脱节、基层互动治理方式落后、村民参与基层治理的意识薄弱等问题在目前复杂的农村社会中也将长期存在，与新型农村社区中基层政府路径依赖、利益主体的多元化发展、居民思想意识水平偏低等原因有很大关系。因此，为破解基层互动治理难题，就需要完善农村社区基层互动治理的保障机制，完善相应的法律法规，理顺基层政府和社区居委会之间的关系，搭建互动沟通的平台，深化农村社区基层互动治理的发展能力，提升基层事务的管理水平，解决农民参与社区管理的后顾之忧，通过多种有效方式提升村民参与社区互动管理的意识，从而实现新型农村社区的良好治理，进一步推动农村社会的现代化发展。

城镇化进程中城郊社区物业管理的发生机制分析
——基于山东省 Q 地城郊社区的调查

程　斌*

摘　要： 本文着眼于城镇化进程中城郊社区的物业管理问题，通过对山东省 Q 地城郊社区物业管理体制运作转型分析，发现其不同于城市商品房小区物业管理的发生机制：城镇化进程中的城郊社区物业管理不是自由契约下的公共空间生产过程，而是农民—国家间围绕城镇化带来的权利义务重组的博弈过程。在此过程中，地方政府一方面主导着农地开发的增值收益，另一方面又试图把社区物业管理等公共事务责任推给村民；村民们则不断借助集体身份传统，把公共责任反推给村集体和基层政府，村民的集体身份并没有转向市民主体身份，而是不断地发生集体身份的"内卷化"。

关键词： 城镇化　物业管理　身份转换　内卷化

一、问题的提出

20 世纪 90 年代以来，我国的城镇化进程显著提速，进入快速城镇化阶段，截至 2016 年末，中国常住人口城镇化率已达到 57.4%。[1]同世界其他地区相比，"政府主导"乃是我国城镇化的一大特色。正是在政府的强势推进下，大中城市近郊甚至远郊的农村社区被迅速纳入到城市空间中。有学者将这种近郊区的城市化过程看作是城市边缘地区由乡村迈向城市的中间阶段，既是中国城镇化进程中普遍存在的社区形态，同时也是中国特有的土地、户

---

　*　程斌，中国政法大学社会学院 2016 级硕士研究生。
　〔1〕　数据来源：中华人民共和国国家统计局网站，http://data.stats.gov.cn/index.htm.

籍管理制度的产物，总的特征就是"亦城亦农"。[1]随着城镇化的深入推进，地方政府一方面积极推动转型乡村社区的基础设施建设逐步向城区靠拢，同时亦积极尝试通过迁移城市社区的治理经验实现对转型乡村社区的有效治理。自 20 世纪 90 年代兴起的因城市住房商品化改革而迅速勃兴的商品化物业管理服务模式，作为应对转型乡村社区公共事务治理转型的重要策略被各地政府积极引入到社区治理实践中。然而，从当前各地实践和学术研究成果来看，乡村社区引入物业管理应对公共事务治理转型的策略遭到农民的"抵抗"，转型社区的物业管理困境问题凸显。

现有的关于转型乡村社区物业管理实践的研究可概括为两大类：第一类，侧重从国家行动归因，认为包括拒斥物业管理等问题在内的农民身份转型困境是政府城镇化总体战略和具体策略失当的结果。王春光提出快速城镇化过程中"行政社会"的实践逻辑："一个是行政的主动逻辑，其动力在于追求经济发展和财政扩张以及外部制约薄弱下的'万能型'能力；另一方面是居民的无奈诉求以及困境的行政归咎……行政社会的实践逻辑导致强政府弱社会和政府承担无限责任"[2]。卢义桦、陈绍军通过对农民集中居住区"占地种菜"现象的研究，指出政府忽略地方性知识、农村经济传统而强势推行城镇化战略才是农民身份转型困境的根源所在。农民占地种菜的行为背后是农民在生计空间遭受挤压以及生活内容商品化双重倒逼下的无奈选择，是农民在剧烈社会变迁中本体安全性的自我修复。[3]第二类，侧重从农民角色转型角度归因。大多数学者认为，相较于空间变迁和居住模式的城镇化，由农民到市民的角色转换是一个更为复杂和关键的问题。文军认为农民市民化不仅仅是农民社会身份和职业身份的转变或居住空间的简单变迁，而是涉及一系列角色意识、思想、权利、行为模式和生产生活方式转变的复杂系统工程，是

---

〔1〕 周大鸣、高崇：《城乡结合部社区的研究——广州南景村 50 年的变迁》，载《社会学研究》2001 年第 4 期。

〔2〕 王春光：《城市化中的"撤并村庄"与行政社会的实践逻辑》，载《社会学研究》2013 年第 3 期。

〔3〕 卢义桦、陈绍军：《农民集中居住社区"占地种菜"现象的社会学思考——基于河南省新乡市 P 社区个案研究》，载《云南社会科学》2017 年第 1 期。

农民角色群体向市民角色群体的整体转型过程。[1]诸多学者和社区管理者也都比较认同这套角色转型逻辑，并以此解释转型社区的物业管理困境。譬如，认为这种困境是由于回迁居民付费获得管理和服务的观念尚未建立，同时尚未形成对物业公司进行聘用和监管的主体意识和行动能力。毛丹的研究则提供了角色转型视角的另一种思路，他强调角色视角所能发挥的重要提示是：社会身份完整、角色期待明确、互动环境良好，以及新旧角色间的转换通道顺畅等都是农民市民化顺利进行的前提或条件，当前的主要障碍并不是农民对新角色认同困难、缺乏担当能力，而是农民受到了赋权不足与身份缺损、新老市民互动不良、农民特殊认同策略三方面条件的限制。[2]

　　总的来看，两种视角的分析都在一定程度上解释了农民身份转型过程中社区物业管理的困境。但不管是"政府决策失当"还是"农民角色转型困难"，都只是从政府或农民一方的视角来分析问题，未能从一个囊括互动双方的理论视角来呈现城镇化转型过程中国家—农民围绕着物业管理权责分担问题的互动与博弈。本文尝试将转型社区物业管理困境置于动态变迁的关系视角中考察，分析在国家主导的城镇化进程中，国家—农民关系转变带来的有关物业责任分担和服务供应的博弈和重组问题，揭示当前乡村社区物业管理转型困境背后的"实践逻辑"。

二、Q 地城郊社区居住类型和物业管理模式的变化谱系

　　Q 地处于城乡结合地带，是山东省小城镇建设中心镇和 Q 市 16 处重点建设的小城镇之一。自 20 世纪 90 年代开始，本地开始招商引资，大规模征迁农地建设工业园区，逐步开启工业化、城镇化之路。近年来，随着城市发展重心向郊区转移，本地区进入快速城镇化时期。J 街道现下辖 24 个行政村，3 个居委会（现统一都称为社区）。总体上看，本地居民的居住类型主要分为如下五类：

　　第一类，传统村庄：本地大部分居民仍然住在原来的村庄内。这些村庄

---

〔1〕 文军：《农民市民化：从农民到市民的角色转型》，载《华东师范大学学报（哲学社会科学版）》2004 年第 3 期。

〔2〕 毛丹：《赋权、互动与认同：角色视角中的城郊农民市民化问题》，载《社会学研究》2009 年第 4 期。

多是在 20 世纪 80 年代中期经过了规划，目前主要为集中居住式村庄，人口集聚度较高。除本地村民外也有相当一部分外地务工人员租住在村庄内。

第二类，村改居社区：目前 J 街道下属 27 个村居中，由于工业园建设和房地产开发项目的需要，GD 村、GB 村以及 YHZ 村已全部完成了"村改居"，此类住房都是集体产权房。

第三类，商品房小区：由于地处城郊，J 街道商品房开发数量较为有限。目前已经形成 8 个商品房小区，其中四个集中分布在街道驻地附近，另外四个分散在下属两个村内，共有楼座 216 个，入住居民近万户，产权均归业主所有，业主中大部分为本地居民。

第四类，解困房：解困房是本地为解决住房困难的具有本地户籍的居民而划出集体土地建设的住房类型，此类住房属于小产权房。目前下属少数村建有部分解困房，规模不大。

第五类，拆迁安置房：2000 年前，由于修筑 204 国道，当地征迁了国道沿线两村 31 户村民的土地和住房，之后在镇政府（现街道）驻地附近另建 33 座零星的楼房安置被征地村民，但居民无产权。

以上五类住房类型基本涵盖了该街道居民主要的居住形态。考虑解困房数量较为有限，而唯一因拆迁安置的 33 座零星楼座的居住形态极类似于村改居，所以总体来说，当地同大多数处于城镇化转型时期的城郊地区一样，主要表现为传统村庄、村改居、商品房小区三种居住类型，而这也正对应了城镇化进程中城郊社区城镇化水平由低到高的变化发展趋势。上述三种不同的居住类型分别对应着不同的物业管理模式，形成了一个连续变化的谱系。传统村居类型的社区物业管理采取的是由集体福利市场化运作的模式，村改居类型的社区物业管理主要采取的是村集体/政府包办兜底模式，商品房小区的物业管理则是行政主导下的物业公司覆盖居民自治的模式。

在这个转变过程中，虽然逐渐发现了市场运作的要素，但是主导物业管理市场运作的不是自由契约精神，而是集体、政府的主导作用。但是集体和政府并不想承担社区物业管理的责任，却又推不掉这个包袱，这背后的原因是什么呢？核心就在由集体身份转向市场主体的过程中，政府主导的城镇化过程所形成的围绕着政治经济利益所展开的国家—农民关系的重构过程。在这一过程中，政府一方面通过征地瓦解集体身份的经济基础，控制农村集体土地资源的市场增值和新的公共空间；另一方面又想把村民转变成市场主体，让他们承担物业管理费用。而身份转变中的准市场人却坚持要集体或者政府来包办社区公共服务和物业管理，不愿意接受一个空洞的市场主体身份。这是与郭于华、沈原等研究城市商品房社区业主的维权主体身份完全不同的，地方政府和身份转变中的村民/市民不是进行主体权利的协商，而是就一些社区公共空间的连带责任进行相互博弈，导致一种不断内卷化的集体身份和无限连带责任。

三、Q 地社区物业管理模式转换的内在机制

为全面展现城镇化进程中村民/市民身份转变的内卷化过程，下面分别阐述三种不同居住类型下的物业管理模式，并深入分析不同管理模式背后的公共管理责任的划分方式。

（一）集体福利，还是征地补偿？传统村居模式下物业管理模式的属性之争

J 街道下属 27 个村居中，传统村居仍占多数。在政府征收土地之前，当地诸如垃圾清理、治安维护、村内基础设施维护等公共服务主要依靠村民或集体出工的形式供给，彼时的物业管理即是集体福利更是集体义务。而在土地征收之后，传统村居的物业管理完全由村集体负责，所采取的具体方式包括：第一类，由村集体成立物业公司为本村提供服务，同时作为集体企业参与市场经营；第二类，由村集体出资购买物业服务；第三类，由村集体出钱雇佣本村人提供物业服务。三类方式的共性在于：都是村集体以市场化的方式提供、集体成员无偿享受的低层次的物管服务。H 村的物业管理就属于第一类。

H 村是 J 街道下属第二大村，共有 1369 户、3600 余人。20 世纪 90 年代初，当地政府兴建工业园招商引资，全村 3000 余亩耕地全由政府征收。村集体资产一度达到 3000 多万，但由于前任村干部经营不善，导致集体资产不但几近败光，还欠下千万集体债务。现任书记 2015 年上任，凭借多年企业经营经验，采取了一些措施，使本村经济状况有所改善。同年，由村集体出资成立了村办物业公司，由村委会领导并负责物业公司的经营。物业公司无偿为本村提供物业服务，同时对外承接物业服务项目。

当地村干部表示，虽然村集体成立了物业公司，但并不代表村委会就高

枕无忧了。由于当地所在区属于国家生态区，地方政府高度重视生态环境保护，每年有近百次各式农村环境综合整治活动。加之 H 村是个人口大村，因此物业管理尤其是卫生保洁的作业任务繁重，村干部在很多时候需要直接充当服务提供者的角色。除了卫生清洁，村委会还组织民兵开展夜间治安巡逻，治安巡逻费用由街道和村委会均摊。村内的公共工程新建和维护则根据不同性质采取不同的解决路径，但不会让村民掏钱。在村干部们看来，当前村庄的物业管理是村集体给予村民的一项免费集体福利。在调研过程中，我们发现绝大多数村民都对村里将环境卫生以及治安巡逻有效管控起来的努力十分肯定，认为"我们现在这个环境卫生就跟城里社区差不多了，特别干净整洁"，但同时村民们强调：

> 这的确是我们村委组织的，但还是拿的我们老百姓的钱，集体也是个人的，你比如说啊，这个镇上给村里每年下拨这个钱，因为村里的老百姓自己的口粮地没了，为什么没有了，建工业园……天女散花到处占地搞工业园，这个地占了就要有补偿款……现在像我们 NW 这个地方的情况是，一个村民只给你半亩地的钱，这个是属于居民的，是给你吃饭的钱，这个就是给你 400 块钱，现在够你吃饭的……然后像其他这些费用，需要花钱的，比如打扫卫生这个都是集体需要花钱的，就是原来卖的那些土地……包括这些村干部的工资啊都是上面给他们发钱了，还有其他的钱拨款下来，其中就包括物业卫生费什么的……这钱其实都是咱们老百姓的地钱，但现在这钱是不是咱们的咱们说了不算了……（访谈资料：J 街道 NW 村居民 W 先生，2017 年 7 月 20 日）

可见，在失地村民的眼里，村干部口中所谓的物业管理是"免费福利"的说法是站不住的，他们认为自己并不是享受了什么福利，而只是享受了同土地价值比起来微不足道的一点点失地补偿。村集体提供物业管理服务以及村干部的工资支出归根到底都是"卖了农民土地得来的钱"，"是征地补偿"。

（二）行政归咎，还是身份之争？村改居社区物业运作的内在逻辑

由于改变原有村居类型，由村入楼，"村改居"社区在环境卫生整治、治安管理、保洁绿化、设备维护等方面的需求会逐渐凸显，物业管理的需求比传统村居高出不少。J 街道村改居社区物业管理的主要形式有：社区自管物

业、物业公司托管以及政府兜底保障，但目前都是由集体或政府承担经费。当地最早的村改居社区是被称作"零星楼座"的安置小区。

> 零星楼座小区是因 2000 年前后修筑 204 国道拆迁安置形成的，其居民都来自 JHT 村和 GB 村，由于居民被搬迁至街道驻地附近盖楼安置，村民原所属村委会因此拒绝提供物业管理。2016 年，街道向区里争取获得了专项拨款 300 多万元，对这 31 户居民所住的 33 座楼宇进行了水电、卫生环境改造，同时由街道出钱雇人负责卫生清洁。至此，零星楼座的物业管理才步入正轨。（访谈资料：街道物业办主任 S 先生，2017 年 7 月 18 日）

由于拆迁异地上楼安置，31 户居民无法继续获得村集体的免费物业管理，居民自身也未肩负起新小区的公共服务职责，小区环境一度混乱不堪。在居民看来，小区混乱局面的责任在政府和村委会。因此，多年来居民一直在街道和原村委会之间来回周旋，不断要求他们"对目前的状况负起责任"。最终，街道迫于无奈，申请专项资金对安置小区进行修缮改造，并承担起小区日常卫生清洁费的供给。

YHZ 社区同样位于街道驻地附近，是 2014 年村改居试点村居之一。社区改造完成后，由街道组织招聘了专业物业公司入住。物业公司按照城市商品房小区的服务标准提供物业服务，除少数管理人员外，保洁、保安等服务人员都雇佣本社区居民。当前，YHZ 社区的物业费仍然由村集体负担，但街道和村委会正研究待全体居民完成入住之后按照建筑面积收取物业管理费，并且计划像城里社区一样由居民推选出各楼楼门长，开展楼门自治。但街道和居委会的设想恐将很难顺利推行，因为在大多数居民看来：

> 我们以前也就住在这一块，为什么政府给我们在这个地方重新盖个房子？是因为我们之前庄子就在现在旁边这个碧桂园盖的小区那地儿，政府拆了我们的房子然后才把我们安置到这里来的……我们以前在这个庄子里哪用交什么物业费，现在肯定也不会交的……我们这里拆迁下来政府和大队里都还有不少拆迁的钱，没道理让我们老百姓自己掏钱的……（访谈资料：J 街道 YHZ 村居民 L 先生，2017 年 7 月 20 日）

村改居社区物业管理局面就现象而言是可以用"行政社会"的概念予以描述的。但就社会事实本质而言,"行政社会"的解释都存在较明显的局限。首先,这一概念总体仍是一种政府主体视角,突出强调城镇化进程中政府主动干预逻辑。而村民拒绝承担物业费的关键在于村民凭借被剥夺的集体土地所有人身份来要求被给予集体福利的替代和补偿,政府不是主动要兜底物业服务,这是一个被动的逻辑。其次,这一概念将政府主导城镇化过程中农民的反应简化为"行政归咎"的简单反射,作为城镇化过程中的重要主体,农民能动性有被弱化、简单化的味道。事实上,农民对物业管理责任分摊的反应背后是一场"身份之争"。正如前文所论及的,身份仍然是中国社会政策设计和观察的基本因素,身份可以带来相关的政策资源。"通过对自身'集体成员身份'的强调,是基层劳动者自主行动能力的体现,借助不同群体身份,结合自己的历史文化,争取自身的权利、地位"[1]。村改居社区村民正是试图凭借自己原有的集体成员身份要求被给予集体福利的补偿,而这也正是集体身份内卷化的一种体现。

(三)渐进转型,还是扭曲断裂?商品房小区行政主导物业格局的形成

近年来,随着经济发展,J街道开始陆续在征收的农地和村庄上开发建设商品房,很多当地居民购买商品房后从村庄中搬出。目前共建成商品房小区8个,除一个小区目前由业委会自管物业之外,其余商品房小区都聘请专业物业公司提供物业服务。我们选择了Y、F两个商品房小区作为分析商品房小区物业管理的案例:

> Y小区位于本街道下属NW村,位置优越,由开发商XY置业于2008年建成交房,小区共有楼座26个,建筑户数1038户,目前入住800户,入住率为77.1%。TY物业公司自2008年小区建成后作为前期物业入驻至今,现共有职工24人,其中管理人员4人。小区于2015年8月在街道指导下成立业主委员会,现有委员5人。
>
> F小区位于本街道XY村,2012年建成交房,小区内有楼座17栋,全部为多层。总共786户,现入住512户,入住率为65.1%,未成立业

---

〔1〕 郭伟和:《"身份之争":转型中的北京社区生活模式和生计策略研究》,北京大学出版社2010年版,第164~167页。

委会。本小区由 XY 村村办企业 ZQ 集团同 LJ 物业公司共同开发，前期物业归属 LJ 物业管理。但 2014 年开始，LJ 物业由于内部经营问题由 ZQ 集团"顶替"接手本小区物业。目前物业管理共有 30 名职工，其中行政管理人员 5 人，负责日常维修、保洁、保安、客服等管理工作，基本都为当地居民。

商品房小区主要采用市场化的物业管理，由居民/业主按照协议规定向物业公司缴纳物业管理费，物业公司则依据协议提供包括环境卫生、治安巡逻、公共设施维护等在内的相关服务。物业费收取作为市场化物业管理得以施行的前提条件，是关乎物业公司经营和业主利益的关键问题。J 街道地处城郊地带，缺乏广告费等城市小区公共物业创收项目，物业企业的运营更加依赖于物业费的收取。同城市社区相比，当地商品房小区的物业费相对稳定而低廉。譬如，Y 小区物业收费分住宅收费和商业网点收费两种，住宅小区的多层是 0.5 元/平方米，高层（6 层以上）加收电梯费后是 0.9 元/平方米，商业网点是 1.0 元/平方米，此项收费标准自 2008 年执行至今。在物业收费率上，两小区也基本维持在 80% 左右，其中 Y 小区物业收费率达到了 93%，F 小区则在 80% 上下。当然，居民"赖"物业费的现象也是时常出现。

有研究者认为当下商品房小区内，业委会、居委会和物业公司三方之间的合作构成了拉动小区治理的"三驾马车"。[1]《物业管理条例》（2018 年修订）对商品房小区物业相关方职权进行了一定的制度设计，在这一设计下，围绕着物业管理这一活动场域，国家、市场、社会三股力量的互动构成了影响社区物业管理的基本要素。而在 J 街道，我们发现当地政府在物业治理上表现出了极大的"地方特色"——形成了一种行政主导型物业管理格局，这一管理格局具有以下三个特点：

第一，街道物业办（全名为"城市社区物业服务管理办公室"，向上对接区自然资源分局）作为专门部门负责本街道商品房小区物业管理，工作重点即是对物业服务企业进行管理、巡查和监督，调解物业纠纷并对物业服务企业拥有强制退出的权力：

---

〔1〕 李友梅：《社区治理：公民社会的微观基础》，载《社会》2007 年第 2 期。

　　我们去年出台了一个物业奖励管理考核办法，街道会对物业公司的服务管理监督考核计分……因为物业公司它都是以盈利为目的的，但他们该投入的得投入，我们就是要定期地督促他们……如果我们街道不监督的话，他们就有可能偷懒了啊、撂挑子了啊……我们今年打算将物业公司进行整合，坚决予以退出那些服务质量差、群众反映意见大的物业公司……（访谈资料：街道物业办主任 S 先生，2017 年 7 月 18 日）

　　第二，街道物业办出于满足行政考核和便于管理的需要引导物业公司"挑头"成立亲物业的业委会。自 2011 年以来，8 个商品房小区中已有 5 个成立了业委会。由于当地市民社会发育不足、业主群体产权意识薄弱，同时也缺乏推动成立业委会的现实动力，业委会基本都是物业办根据相关规定[1]发起并依托物业公司成立。业委会选举便是"表面上说是以街居为主，背后的动员都是物业一手在干"的过程，鲜见业主群体的积极行动。这种背景下产生的业委会自然难以发挥其本应具有的效果：

　　业主也没有提出来（成立业委会）的，都是我们根据上面的要求，到多长时间了，该成立个业委会了，业主的参与和主动性不高，不像市南市北主城区业委会选举竞争那么激烈……选出来以后基本上都还是和这个物业"一致"起来了……业主也过来反映了，为什么我们选出这个业委会不代表我们？选出来就没有声音了，我们要找人也找不着哦！（访谈资料：J 街道物业办主任 S 先生，2017 年 7 月 18 日）

　　第三，街道物业办同物业公司结成"准隶属"关系，行政主导型物业管理模式覆盖居民自治。由于当地商品房小区较少，且小区内人员构成复杂多样，统一由设置在街道驻地的城市社区居委会单独管理，城市社区居委会则归口街道物业办。由于远离居民区，城市居委会作为悬浮居委会，同居民、物业的实际联系较少。而物业公司则由于"扎根"居民区、贴近居民日常生活，同街道物业办形成微妙的准隶属联系，逐渐肩负起居民自治组织的部分职能，事实上扮演"在地的准居委会"角色，覆盖居民自治。

---

　　〔1〕《山东省物业管理条例》（2016 年修订）第 29 条：符合首次业主大会会议召开条件的，街道办事处、乡（镇）人民政府应当在 30 日内组建业主大会筹备组。

城市社区的研究认为，商品化改革所带来的对私人产权的承认、围绕新建商品房小区的物业管理，形成了一个"新的公共空间/住宅社区的公共领域"，具有公民社会的特征。[1]但是，在 J 地我们看到当地政府极力谋求对物业管理的控制权，缺乏居民市民权利意识发育，导致居民公共责任意识缺乏、公共治理能力缺失，难以在经济身份上转变为具有独立身份主体的市民、难以在社会身份上转变为具备社会治理的主体地位、难以通过自治组织实现自我管理，而是出现了"扭曲断裂"——产生了一种既非集体村民，也非积极公民的简单居住者的单薄居民身份特征。

四、结语：城镇化进程中社区物业管理模式转变的内在困境

通过对华东地区 Q 地 J 街道的调研，笔者发现乡村转型社区在物业管理上初步形成三种主要模式：村居自管型、政府保障型、物业托管型。物业管理模式的选择同社区的居住形态、居民构成以及社区经济状况等因素密切相关。J 街道从边缘村庄到区域中心的变迁实际上就是一个区域城镇化发展过程的缩影，在这个城镇化进程中，从传统村居到城镇商品房小区，物业管理正在发生由未征地之前的村民集体自治到集体福利（征地后的村庄物业管理属性）、再到政府兜底（村改居社区的物业管理属性）、再到政府行政主导物业管理模式（城镇商品房小区的物业管理属性）的变化。在乡村社区物业管理的这一转变过程中，我们既看不到一般市民主体身份的转变发育过程和相应的自由契约关系的形成发展，也看不到城市商品房小区的业主维权行动模式。展现在我们面前的是，围绕着公共事务管理责任的博弈重组过程，导致了一种不断内卷的集体身份。这种状态可以称之为城镇化进程中"集体身份的内卷化"。

"内卷化"（innovation）的概念滥觞于康德的研究，经人类学家戈登威泽借用并被其同行克利福德·格尔茨进一步阐释后，其生命力被充分激发。戈登威泽用内卷化来描绘一种内部不断精细化的文化现象，一种没有创造和发

---

〔1〕 详见夏建中：《中国公民社会的先声——以业主委员会为例》，载《文史哲》2003 年第 3 期；郭于华、沈原：《居住的政治——B 市业主维权与社区建设的实证研究》，载《开放时代》2012 年第 2 期。

展的文化模式。[1]格尔茨提出"内卷化"指的是一个系统在外部扩张受到约束的条件下内部的精细化发展过程，并用"农业内卷化"的概念来概括印尼爪哇农业发展"自我战胜"过程：由于缺少资本和剩余劳动力转移途径，加之行政性的障碍，农业无法向外扩展，致使劳动力不断填充到有限的水稻生产之中。黄宗智则借用这一概念来研究中国的小农经济，"农业密集化是由人口增长推动的，但在既有技术水平下，人口压力迟早会导致边际报酬进一步密集化而递减，也就是我按照克利福德·格尔茨（1963）定义而称作过密化的现象"[2]。除此以外，诸多学者亦将内卷化探讨的范畴从农业延伸到了社会。杜赞奇在研究20世纪前期华北农村国家政权建设与乡村社会关系时提出"国家政权内卷化"概念，他认为，国家政权的扩张应建立在提高效益的基础上，国家政权内卷化是指"国家机构不是靠提高旧有或新增（此处指人际或其他行政资源）机构的效益，而是靠复制或扩大旧有的国家与社会关系——如中国旧有的营利型经纪体制——来扩大其行政职能"[3]。此后，"内卷化"概念被广泛运用到农村社会治理、农民工群体以及国有企业、社会组织等诸多领域，并产生了丰富的研究成果。本文所提出的"集体身份的内卷化"所要概括的是，城镇化进程中，围绕着国家—农民复杂关系的协商较量过程中，政府主导下不均衡、不公开的非契约的博弈过程，导致了农民集体身份转型遇阻，难以实现向市民主体的转变。

（一）地方政府：土地利益的占有与集体责任的推却

按照西方现代化理论，城镇化一个重要目的在于将城郊农民转为具有独立身份主体的现代市民，以及具备社会治理主体地位、承担自我管理责任的公民角色，试图走出"身份社会"下国家—农民间畸形的"控制—依附"关系，建立新的相对自由平等的、对权利义务有明确界定的"市场契约"关系。但是在华东地区Q地J镇的城镇化推进中，地方政府却又重复旧的行动逻辑：一方面，在城镇化开始的拆迁阶段，政府大多凭借自身权力以非市场价格的

---

〔1〕 周大鸣、郭永平：《谱系追溯与方法反思——以"内卷化"为考察对象》，载《世界民族》2014年第2期。

〔2〕 [美]黄宗智：《长江三角洲小农家庭与乡村发展》，中华书局1992年版，第11页。

〔3〕 [美]杜赞奇：《文化、权力与国家——1900—1942年的华北农村》，王福明译，江苏人民出版社1996年版，第66、67页。

成本获得农民土地，反过来却又冀望失地农民在今后的生活中能够按照市场契约的原则行事；另一方面，在农村城区化、农民市民化的过程中，政府往往通过各种宣传来提高所谓的农民素质，强调转型农民个体的责任与义务，要求转型农民履行市民责任和公民身份义务，但却拒绝或迟迟不肯给予转型农民以平等的市民待遇。地方政府和转换身份的村民/市民之间存在着资源配置和交换过程中的政治权力不均衡现象，进而导致身份连带的权利和义务关系的分歧和争执。这是导致村民集体身份转变内卷化的根源。

（二）转型农民："公正契约"的缺失与"生计安全"的依赖

如果说集体化时代农民与国家之间是全面依附关系的话，那么实行家庭联产承包责任制后获得土地承包权的农民则是摆脱了这种全面依附，赢得了"相当的自由空间"。[1]并且自从 1984 年开始第一轮土地承包之后，土地承包期被一再延长，农民与土地的"特殊关系"被不断强化。而伴随着时代的变迁，土地对农民的意义也发生了重要变化，土地对于中国农民来说具有双重功能：生产资料与社会保障，而在现阶段，对于中国农民而言，土地作为社会保障的功能大于土地作为生产资料的功能。[2]也正是由于土地的保障功能，农民对其有着现实与情感的寄托。由此，政府如果损害或者减少农民在土地上获得的权益，都会引起农民的高度敏感与不满。

伴随着政府主导城镇化的大规模推进，亿万农民的土地被政府以低廉的价格征收。农民由此丧失了生存保障，改变了（失地）农民对其与国家间的关系判定：虽然国家给了失地农民一定的征地补偿款，但这远远低于农民预期土地"权利"带来的收益，国家的"权力"获得了比他们"权利"更丰厚的报酬，与国家的这场交易中自身受到了严重的不公正对待。但农民的力量不足以采取与国家公开、直接对抗的形式，而只能在生计安全策略下采取消极抵抗、示弱耍赖等弱者的武器与政府纠缠，来为其"失地"之后的生活保障尽可能争取权益。城郊社区的物业管理问题就是一个很好的例证：在 J 街道失地农民的记忆中最难忘的就是政府强征他们的土地，失地农民认为，国

家征地拆迁就要补偿农村的集体物业管理服务，就要承担起此后出现的物业管理职责。农民不会觉得自己搬进了楼房或者买了商品房，享受到了市场化的服务，所以就要承担物业服务的责任。因而可以说，在国家主导型城镇化进程中，农民在其生存逻辑下是缺乏承担物业管理责任的主动意识的，更没有主动利用物业管理所提供的自治权限去参与某些公共事务管理责任的动机。

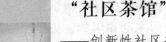

"社区茶馆"

——创新性社区基层协商议事模式

吴竞姣 徐 洁 李 妍*

摘 要： 作为一种社区治理模式而出现的"社区茶馆"是一种足具创新性的基层协商议事模式，是一种以完善基层社会治理体系、丰富社区服务内容、拓宽会客议事为目的的创新型协商渠道。发展到今天，关于"社区茶馆"的以城市社区为单位的基层协商议事模式已经相对完善，成了建设具有浓厚人文关怀、互助帮扶、有规可依、民主协商的治理服务融合发展的会客议事模式。本次调研主要以"社区茶馆"这种发展至今相对较为成熟的议事模式为调研对象，并通过对海淀区柳浪家园的具体实践和发展进行了解探究，对社区茶馆式的基层协商模式作出大致总结并提出具有可行性和发展性的建议。

关键词： "社区茶馆" 基层协商 社区治理

从互联网现存的遗迹可以看到，最早的"社区茶馆"大约出现于 2009 年，但他们各有不同，有的以社区娱乐为主，也有的以社区议事为主。2009 年 8 月 7 日下午，在交道口办事处、社区参与行动组织等多方协调安排下，南锣鼓巷社区的部分居商代表，举办过一次"社区茶馆"座谈会。[1] 这是典型的议事型的"社区茶馆"。在这次议事会上，居民们集中讨论了三个可以实现的事项，其中之一为：成立居民与商户协会，来具体解决、商讨各项相关事宜。这就是典型的以社区议事为主的"社区茶馆"模式，但此时的"社区

---

* 吴竞姣，马克思主义学院 2018 级硕士研究生；徐洁，马克思主义学院 2019 级硕士研究生；李妍，马克思主义学院 2018 级硕士研究生。

〔1〕《社区茶馆进南锣 沟通共融建家园——记南锣社区开放空间活动"生活在南锣"》，载新浪博客，http://blog.sina.com.cn/s/blog_60d905730100ebt1.html，最后访问日期：2020 年 2 月 28 日。

茶馆"还不具备完整系统的议事方案，更多地作为一种临时性的社区调解方案而呈现。2009年9月，北京回龙观田园风光雅园商业楼的"茶前乐下"茶馆开业当天举办了一场义演，现场募集捐款7000余元，这些捐款将捐赠给一位白血病患儿，而据茶馆老板王先生说，开茶馆的本意是提供社区娱乐，并通过设置评书、相声等节目的方式传承和发扬中国的语言艺术。[1]这就是以社区娱乐为主的"社区茶馆"。

发展到今天，关于"社区茶馆"的以城市社区为单位的基层协商议事模式已经相对完善，成了以完善基层社会治理体系、丰富社区服务内容、拓宽会客议事为目的的创新型协商渠道，成了建设具有浓厚人文关怀、互助帮扶、有规可依、民主协商的治理服务融合发展的会客议事模式。而实践证明，这种议事模式有利于推动基层民主建设，能够不断提高社区治理和服务能力，切实保障社区群众享有更多权利。在这种议事模式下，公共议事空间是为"社区茶馆"的切入口，制度化、长效化是社区协商的具体特点，在此基础上，开辟出一条联系居民、优化决策、化解矛盾、融合发展的社区治理新途径。

一、社区基层协商议事模式的发展历程

在经过"乡土中国"—"单位中国"—"社区中国"的演变后，社区作为我国城市社会的基础单元，也在承担起管理与服务的职责，作为一种国际上普遍采用的较规范、较可行的城市管理新模式，中国的社区建设至今发展也有20余年。曾有人把中国的社区建设分为四个阶段，即社区服务阶段（20世纪80年代中后期—1990年）、社区建设试验探索阶段（1991—1999年）、社区建设全面深化阶段（2000—2009年）、社区治理阶段（2010年至今）[2]，如果按照这样的分类来看，如今我们正处于社区治理阶段，而这也与城市社区中类似于"社区茶馆"等方式的社区治理模式的初始出现相对应。

1986年，国家民政部首次把"社区"的概念引入中国城市管理，提出要

---

〔1〕《北京：社区茶馆开张义演为患儿募款》，载新浪公益，http://gongyi.sina.com.cn/gyzx/2009-09-21/090113056.html，最后访问日期：2020年3月3日。

〔2〕 向德平、华汛子：《中国社区建设的历程、演进与展望》，载《中共中央党校（国家行政学院）学报》2019年第3期。

在城市中开展社区服务工作。[1]1989 年 12 月 26 日全国人民代表大会通过的
《中华人民共和国城市居民委员会组织法》，第一次将社区服务的概念引入法
律条文，该法规定："居民委员会应当开展便民利民的社区服务活动"。1987
年和 1989 年，民政部召开的相关会议也从城市社区的服务角度对社区工作提
出了很多新要求。此后，从 20 世纪 90 年代初至今，社区建设和社区治理逐
渐成了社区建设工作的新主题词。而在社区建设当中，社会服务、居民自治
和社区协商成为中国城市社区治理的新重点和新热点。1999 年民政部制定
《全国社区建设试验区工作实施方案》、2000 年 12 月中国共产党中央委员会
办公厅和中华人民共和国国务院办公厅转发的《民政部关于在全国推进城市
社区建设的意见》和十八大、十八届三中全会时所强调的内容分别是这些时
期国家对于社区建设和治理要求的最具典型性的代表之一。

在现有的政治框架下，协商民主作为一种嵌入性资源参与到城市治理中，
将为实现社会更加有序的良性发展和提升现代城市治理水平提供持续动力。
社区也可借此契机不断完善居民参与体制和丰富居民的参与渠道，为营造社
区共同体提供制度平台。在不局限于城市社区和乡镇基层单位的前提下，社
区基层协商的实践在中国早有案例可寻[2]，各地方曾根据自身情况，进行过
多种多样的探索，社区工作者们寄希望于能够在这些平台上了解居民需求，
为社区或基层单位的发展提供新的方案；社区居民也寄希望于此，来表达自
身的意愿，甚至享受表达的快感。位于合肥市瑶海区和平路街道茂林路社区
的茂林路城市管理议事会号称全国首个"社区城市管理议事会"，于 2013 年 6
月成立，通过居民投票和自我推荐等方式选出了 10 名"议事委员"。[3]据介

---

〔1〕 魏娜：《我国城市社区治理模式：发展演变与制度创新》，载《中国人民大学学报》2003 年
第 1 期。

〔2〕 多年来，基层协商的尝试多种多样，在刬除城乡之分的基础上，可看到多种多样形式下的
议事会，如以浙江省温岭市各乡镇为代表的民主恳谈会；以各种议事会为代表的民主议事机构，如安
徽桐城的"党员代表议事会"、吉林辉南的"党群议事会"、辽宁大连的"政协社区议事会"、四川邛
崃的"新村发展议事会"等；以各种论坛为代表的社区论坛、村民论坛和电视论坛，如南京的社区论
坛、广州的羊城论坛以及武汉的电视问政等；听证会，如地方人大立法听证会、地方政府的各类行政
决策听证会等；工资集体协商制度；互联网公共论坛，如苏州"寒山闻钟"论坛、"肝胆相照"论坛
等。

〔3〕 钱伟：《安徽合肥市瑶海区成立城管议事会：城市管理 让居民有地儿说话》，载中国共产党
新闻网，http://cpc.people.com.cn/n/2013/1216/c83083-23847947.html，最后访问日期：2020 年 3 月
4 日。

绍，该委员会以居民的需求为导向，请居民参与城市管理决策，及时解决社区里的城市管理问题，解决问题率高达90%。与此前2009年的"社区茶馆"相比，这时的"社区城市管理议事会"已经具备了几个显著的特征：

第一，有固定的会议室，并挂着"社区城市管理议事委员会"的牌子。

第二，议事委员由居民选举或自我推荐选出，而不是由随机的社区民众组成。

第三，社区党支部在这样的社区议事会中起着重要的作用。

第四，议事会不再是临时性的组织，而是长期地在社区管理当中起到应有的作用。从2013年6月议事会成立到2013年12月期间，该议事会一共召开了5次会议，参加居民80人次，受理具体问题38项，全部得到解决。

第五，群众认可度较高，参与意识也较强，在议事会不召开会议期间，也有固定的监督员和工作人员负责对社区内的各项事务进行处理。

此后几年来，全国各地许多城市社区先后成立类似组织，在效果评测上整体表现满意，他们都在不同程度上为解决社区各类事务提供了一种新模式、新思路，也使得群众能够通过了解、协商、解决各个事项来树立主人翁意识。

本次调研团队主要针对"社区茶馆"这种发展至今相对较为成熟的议事模式进行调研，并通过对海淀区柳浪家园的具体实践进行了解，对社区茶馆式的基层协商模式作出大致总结。

二、北京部分社区基层协商议事模式——以海淀区柳浪家园为例

通过一定的走访，调查团队发现，"社区茶馆"式的居民议事制度已经在北京的许多社区中得以实践，作为许多社区议事制度的雏形，这其中不乏一些典型案例：如通州北苑街道文明议事厅项目、德胜街道停车自管项目、广内街道长椿里社区安全门改造项目、朝外街道党政群共商共治项目、柳浪家园会客议事厅等，这些项目都是以"社区茶馆"作为雏形，进一步孵化、演变，结合社区特色，建立了民主议事平台，推动了共商共治建设发展。在此，调研团队选择以海淀区柳浪家园作为本次调研的对象。

海淀区柳浪家园位于北五环到六环之间，马连洼路附近，共计居民112户，周边有丰富的医疗、教育资源及购物场所。为了进一步提升小区协商共建工作能力、提高居民参与小区协商共建思想意识，柳浪家园通过了"客·

议共建 1351" 工作模式，即 1 个社区会客议事厅阵地建设；3 级议事平台建设；5 步工作循环工作法和 1 套可复制性优秀项目经验。

一个社区会客议事厅阵地建设为小区协商议事提供公共空间；三级议事平台建设，指坚持党建引领，发挥党委、党支部带头示范作用，为小区协商共建提供议事代表培育与议事管理组织等机制建设；五步工作循作法，是从问民需到促民评，形成一套完整的、高效的闭环协商议事工作路径，促进小区公共性问题的解决；一套可复制性优秀项目经验，就是通过对全年重点项目的回顾总结，产出优秀项目集，总结工作方法、展示工作成效，为其他社区协商共建提供可复制性经验。这一项目就是在原有"社区茶馆"的基础上衍生，并结合了小区和楼门自治协会现有工作架构，而探索建立的一套具有柳浪家园小区特色的工作组织架构体系。

（一）具体实施工作路径

第一，创阵地搭空间，共营议事氛围。为强化柳浪家园小区议事协商氛围，提高小区议事协商水平，开展柳浪家园小区社区会客议事厅空间建设工作。

第二，建平台选代表，共建议事机制。为强化柳浪家园小区议事协商工作的成效性、针对性、联动性，推进议事协商工作的有效落实，柳浪家园小区建立协商议事三级议事平台，即以三级协商议事共建办+三级议事代表的组织架构模式，将海淀镇、村居、楼门三级力量凝聚在一起，共同开展议事协商工作。

第三，增能力互交流，共提代表能力。柳浪家园小区社区会客议事厅建设以党建引领为核心，通过搭建三级协商议事共建办将小区内优秀党员代表、村民/居民活跃骨干和物业代表等多方力量联合起来，组成各级议事代表，通过开展增能提素培训，注重提升议事代表的思想意识与议事能力，从而更好地为社区会客议事厅建设提供人才支持，并为小区村民/居民提供更好的服务。

第四，会客厅全民议，共创常态模式。深入剖析党的十九大关于健全基层党组织领导的充满活力的基层群众自治组织的方针政策，结合海淀区关于建设社区会客议事厅的指导意见，海淀镇共建办重视发展柳浪家园小区会客厅建设，通过"议事周"，议身边事，议楼门事，吸引小区村民/居民进入会客厅，以规范的行为、轻松的氛围，将问题抒发，再将问题解决，把小区试点楼门建设中存在的共性问题通过议事协商的方式解决，将空间阵地充分利用；通过"议事月"活动，选取小区重点问题，以月为期，月内定期召开议事会，邀请议事代表及小区内利益相关的村民/居民，有规律，有结点，有成效地达到问题解决。

第五，走五步用茶馆，共育议事品牌。以"社区茶馆"为核心，以实际解决小区存在共性问题，提升柳浪家园小区村民/居民生活幸福感和满足感，建设柳浪家园小区特色议事品牌为目标。为实现这一目标，小区按照社区会客议事厅建设"五步工作法"，从"问民需，汇民意，议民题，执民事，促民评"五步工作法入手：收集议题，产出柳浪家园小区需求清单，摸底村民/居民生活需求；类化议题，确定各级议题，明确议事代表工作职责，根据议题召开不同层级议事会，解决不同层次问题；召开"社区茶馆"议事会，采用开放式基层协商模式，一事一议，充分讨论，极大地推动了社区民主化发展。

柳浪家园小区社区会客议事厅工作自开展以来，以党建引领协商议事工作为中心，以各级共建办为组织联动平台，鼓励议事代表积极参与协商议事工作，深化协商议事理念，运用"社区茶馆"开放式议事模式，传播议事方法，解决问题需求，在柳浪家园小区自治共治建设中发挥中坚力量。以"社区茶馆"解决小区实际问题为例再次进行介绍，希望能够对"社区茶馆"自治理念进一步提升，促进社区治理水平的不断提升。

（二）柳浪家园模式的实际运用

从实际问题来看，这一模式并非停留在理论和尝试阶段，而已经实实在在地为社区居民解决了一些问题，如柳浪家园曾在这一模式下解决的小区文明养犬问题：

柳浪家园养犬问题困扰着小区的村民/居民们，在社区茶馆机制开展后，需求有了定点出口，议事代表、物业时常收到村民/居民反映狗便等行为影响日常生活，希望能够得到解决。结合小区共性需求，村居级牵头，带领楼门级议事代表开展"文明养犬在柳浪，家园建设我能行"议事协商活动，采用"一摸二议三行动"工作模式，解决小区养犬问题。

1. 一步摸底，建立小区养狗知情档案

为解决小区养犬问题，首先需要摸底全小区养犬户情况。村居共建办根据小区实际情况，为保障能入户、入好户，采用"1+议"，即 1 个物业代表+若干楼门议事代表的入户队伍，开展为期一周养犬摸底调查，物业代表负责敲开门，议事代表负责记录情况，在一周摸底后，建立小区养狗知情档案。

2. 两次议事，复杂程序产出解决方案

"社区茶馆"议事会作为基层协商的重要工具与手段，分为简易程序和复杂程序两大板块。其中对于涉及人群较广，问题较为复杂，涉及资金使用的问题，启用"社区茶馆"复杂程序，第一次议事会收集民意，形成初步解决方案；第二次议事会表决议案，确定问题解决方案。

柳浪家园"文明养犬"问题属于较为复杂问题，在村居共建办的带领下，通过专业方案设计，第一次文明议事会以"小区存在哪些养犬问题""文明公约应有哪些""文明养犬如何常态化"三个主题开展议事会，主要目的是问清养犬困扰，激发文明意识，贯彻文明行为。经过议事代表协商讨论，产出一系列柳浪家园小区特有的文明养犬工作方法，为形成具有可实施性、可操作性、专业性的公约与问题导向的行动计划，会后由专业社工整理产出《柳浪家园文明养犬公约》及《文明养犬我能行行动计划》初稿。第二次文明养犬议事会，以"是否同意公约及计划"为议题，组织议事代表现场讨论是否存在意见与建议，根据建议现场修改补充后，议事代表集体表决，最终以同意人数超过半数，通过《柳浪家园文明养犬公约》及《文明养犬我能行行动计划》，开始在小区内组织实施。

3. 三有行动，促进文明养犬有效落实

根据议事会产出《柳浪家园文明养犬公约》及《文明养犬我能行行动计划》，海淀镇共建办、村居共建办联合小区物业及专业社工组织，在全小区范围内开展文明养犬工作。思想意识上，通过在小区宣传栏张贴《柳浪家园文明养犬文明公约》，在小区绿地树立"文明养犬"标语，提升养犬人的文明意识，传达文明养犬行为号召；硬件设施上，镇共建办联合小区物业，向小区 181 户养犬人发放"文明养犬三件套"，即遛狗绳、狗便夹和狗便袋，督促养犬人安全遛狗、绿色遛狗；在小区定点有狗便箱，由小区组织文明劝导队统一管理，保证小区狗便箱的长效使用，在小区营造了文明养犬浓厚氛围。

党的十九大报告中提出要推动协商民主广泛、多层、制度化发展，加强协商民主制度建设，形成完整的制度程序和参与实践，保证人民在日常政治生活中有广泛持续深入参与的权利，而"社区茶馆"就充分体现出这一点。

当前，随着首都经济社会快速发展，社会结构和利益格局发生了深刻变化，人民群众思想观念和利益诉求更加多样，民主法治意识和政治参与积极性日益提高。在新的形势下，加强城乡社区协商，有利于扩大社区居民有序参与，切实解决群众的实际困难和问题，化解矛盾纠纷，维护社会和谐稳定；有利于在基层群众中宣传党和政府的各项方针政策，努力形成共识，推动各项政策落实；有利于找到群众意愿和要求的最大公约数，完善基层群众自治制度，促进基层民主健康发展。

长期以来，市委、市政府高度重视城乡社区协商，探索实践"参与型"社区协商模式。我们也希望，"社区茶馆"的推进建设能更加充分地调动社区居民参与的积极性，切实维护广大群众的切身利益，进一步提高社区居（村）民自治能力，在密切党同人民群众的血肉联系、维护社会和谐稳定、推动社区治理方面继续发挥更加重要的作用。

三、"社区茶馆"议事模式分析

"茶"在中国人的生活里一直扮演着重要角色，上下几千年历史有余。北京的茶文化可以用"雅俗共赏"来形容，既有文人雅士的品茶之道，也有《茶馆》中刻画的充满人情味的大碗茶。北京的茶馆是最接地气的，男女老少可以在这里不论身份、谈天说地，一杯清茶就能度过一天。

老北京的茶馆是茶文化的载体，清茶半盏，坐谈世事短长。在基层协商工作中，如何调动居民的参与热情是重点也是难点。经过实践探索，与茶文化相结合的"社区茶馆"协商议事模式应运而生，在社区茶馆中街坊齐聚，以茶会友，说理议事，社区的大事小情、邻里的酸甜苦辣，都蒸腾在袅袅的茶雾之中。

"社区茶馆"是结合北京当地特色文化，通过社区实践而总结出的创新性的议事协商工作方法。它结合了开放空间会议技术、世界咖啡屋、社工小组工作方法等概念，并融合北京特有的茶文化形成了新的协商议事模式。"社区茶馆"作为基层协商会议模式的一种，秉承"贴近、分享、平等、尊重"的议事原则，旨在开放和启迪居民的思维，从多元的视角看待和讨论居民共同关注的问题，并寻找有效的解决出口，是一套可复制推广的高效社区会议模式。

（一）"社区茶馆"议事模式的特点

从程序上来看，这种议事模式有着多重特点：

1. 搭建社区文明议事平台——"让社区居民有平台可议事"

在北京的众多社区、街道中都建有文化图书活动室、社区服务中心等，这为"社区茶馆"的建立提供了基础条件，省去了寻找新场地的不便，加之茶馆所需基础设施占地面积小、投入资金少等特点，只需要三五张桌椅便能搭建起小型议事厅，因此可以在对社区原有场地进一步开发的基础上，开办社区茶馆以发挥其多功能的作用。此外，部分社区内的学校、商店、部队等单位均有一些适合开发茶馆的场地，可以发挥社区委员会的协调力量，动员社区单位将闲置场地开设为社区茶馆。

在茶馆投入使用后，围绕社区议事难点和重点，以"社区茶馆"参与式会议技术为形式，在社区层面建立议事平台，定期组织开放式居民讨论会，为社区居民提供真正属于自己的平台。

2. 建立规范性议事程序——"让居民议事有结果可寻"

在以往的社区议事模式中，很多还停留在开会议事"走马观花"的阶段，居民的诉求往往要通过冗杂的程序层层向上传达，忽略了时效性不说，也往往石沉大海没有回音。基层议事模式的难点问题之一便是如何以结果为导向，让居民议事有结果。

通过社区茶馆这一议事平台，居民讨论自己关注的话题，提出解决问题的建议，并在其中挖掘和培育关注社区公共事务的居民自组织，支持居民有共识的解决问题的行动，实现居民议事之后有结果。

3. 培育和发展社区议事代表——"让社区内有专业化的主持议事团队"

"社区茶馆"基层协商制度不仅为居民提供了可议事的平台，还为社区及居民提供了可作为参考的制度、模式、流程等，为感兴趣的社区工作者和社区组织团队骨干提供从理念到技术的社区协商会议培训，有利于储备和培养本街道主持议事会的团队，实现社区议事会主持人内生化，孵化社区自治队伍。

4. 总结经验探索议事机制——"让茶馆议事机制可推广"

总结社区茶馆议事协商的做法和经验，形成可复制可推广的社区议事协商建设模式。采用专项治理、因地制宜、集中民智的原则，形成多元主体共同协商、共同参与、共同治理的工作模式，打造共商、共建、共享的创新型治理局面。

（二）具体效果

另外，从实际要求来看，此模式应能达到如下效果：

1. 以居民切身需求为中心，促进居民自治

"社区茶馆"协商议事模式始终以"人民"为中心，坚持问需于民，一切从居民自身需求出发；协商为民，了解并解决居民最想解决的问题；幸福于民，以居民的满意度和幸福感作为目标，开辟一条联系居民、优化决策、化解矛盾、融合发展的居民自治新途径。

2. 以多元主体参与为途径，调动居民参与

北京作为现代国际化大都市之一，近年来经济发展飞速，与此同时人际关系冷漠等问题也随之而来，虽然居民的住房条件改善了，但邻里之间密切交往的情谊也消失了，导致在社区基层协商议事过程中，居民普遍不愿意会聚一堂。开办社区茶馆之后，居民在平日里多了一个相处的场所，男女老少，不讲等级，多元参与，喝茶聊天读书看报，无形中拉近了居民之间的关系，这是社区茶馆的关键目的之一。

在此基础上，在茶馆内进行的社区议事也让居民更容易接受，激发了居民参与社区建设的热情，充分发挥了居民领袖的带头作用，为社区基层议事找到准确方向。

3. 以提升自治水平为目标，推动社区治理

社区茶馆既是多元主体参与村、居民主议事的平台，也是小区居民、小区家庭之间人文关怀、互相帮扶的空间。社区茶馆的建设既是治理，也是服务，能进一步深化社区家园信息互通、事务共管、资源共享、文明共创、难题共解机制，提升协作共建、协商共解工作能力和居民的议事效果，有利于促进小区"和"理念的树立，有利于促进家庭和睦、邻里和美、社区和谐、进一步提升小区治理能力和服务水平。

四、对"社区茶馆"议事模式的建议

民主是社会政治文明发展和人类全面进步的重要结晶，协商民主作为现

代化民主的重要形式，在推动社会发展、满足居民需求、解决社会矛盾等方面扮演着越来越重要的角色。推进基层协商民主广泛、多层、制度化发展是我国社会主义民主政治建设的重要内容，也是新时期推进国家治理体系和治理能力现代化的重要途径。基层协商民主制度的建立和完善是一个复杂、系统的工程，需要通过基层不断的实践探索与上级组织的改革推动相结合来实现。综合上述研究，"社区茶馆"社区民主协商议事制度已然形成，关于如何进一步落实和发展，如何提升协商成效，我们提出了如下几点建议。

（一）协商模式发展的规范性是本质要求

"社区茶馆"发展至今已初见成效，在城市社区的实践中逐步完善，为推动这一成果的长效化、品牌化，在此基础上取得进一步发展的重点和难点在于如何使其规范化、制度化。因此，我们要充分认识到关于社区茶馆这一民主协商制度建设和发展的重要意义，在战略高度上要进一步坚持党建引领，以社区治理难点及居民正当需求为导向，完善社区相关议事制度，始终坚持党建引领、依法办事、尊重民意、注重实效的原则，充分发挥议事、监督、协商的作用，推动社区治理创新与社区发展规划有机结合，建设广泛参与、利益表达、对话沟通、形成共识的"社区茶馆"。在基层实践中要加强对于居民参与的积极引导，使其规范有序地参与到基层民主政治当中，激发主人翁意识，提升居民自治能力，发挥人民当家做主的主体作用。此外，我们还要注重加强对该制度运行成效的宣传、推介，扩大制度实践的范围，进一步丰富该制度实践的内涵和影响力，将其作为一种常态融入基层自治的全过程。

（二）回应现实问题的有效性是基本前提

任何一项制度的产生和发展都是源于现实的需要，只有有效解决现实生活中具体问题的民主才是真正意义上的民主。前面所述的"社区茶馆"民主制度的创新实践和显著发展，正是源于群众对自身民主权利的追求和解决现实困境的需要，公民民主权利的充分保障和现实问题的高效解决，将推动基层协商议事制度的持续稳定发展。在社区中建立起茶馆这一亲民场所切实解决了民生痛点，零门槛的参与成本深受居民喜爱，让人人参与到基层民主政治建设中来具有可能性。如此一来，居民拥有了话语权可以充分进言献策、反映需求，更加积极主动地参与到民生问题的解决中去，那么关键问题在于如何保证基层协商效果，实现"事事有回应""处处有着落"，让居民的每一个问题都落到实处、发挥作用，实现基层与上层的良性政治互动。因此，"社区茶馆"要进一步聚焦现实问题，着力提升自身实践的针对性和实效性。

（三）多元主体间对话的平等性是必要途径

如今，"社区茶馆"这一基层协商议事模式受到各界重视，越来越多的社区纷纷建立起自己的茶馆，但在具体应用的过程中未能使其最大限度地发挥作用，对于茶馆的有效利用仍停留在纸上谈兵的阶段。"社区茶馆"本意在于通过形成一种沟通对话的议事机制，以进一步凝聚共识、增强合力、协商互动，这需要从上至下、多方联动配合，充分发挥各个部门的作用，实现整体大于部分的功效，不同主体间的沟通交流显得尤为重要。因此，这种"社区茶馆"的建设和发展，不仅需要党委、政府等公共权威部门创建有利于民主参与和平等对话的环境和氛围，还需要社会各界、各主体的积极参与、良性互动，拉近基层党组织和居民的关系，让各方主体在平等交流的基础上各抒己见，聆听各方意见最终达到基层公共事务圆满解决的成效。

结 语

在我国，社会主义民主政治发展至今，始终强调人民当家做主，注重人民主体在政治生活中的参与程度。社会的和谐稳定发展既需要正确的政治领导、稳固的经济基础，也离不开传统精神文化的支撑。在此大背景下，"社区茶馆"基层协商议事模式应运而生，发展至今已取得一定成效，在全国诸多地区均有实践案例，其中在城市社区中建立的推广模式更加完善。以茶文化为载体推动和谐社区建设、完善基层社会治理，是民间文化与政治理念的创新性结合，既有政治效益又颇具人文关怀，在加强社区治理水平的同时，又切实提升了居民的参与感、幸福感和获得感。"社区茶馆"议事模式在今后的基层民主政治发展中，值得继续借鉴和深入发展。

不同类型毒品成瘾者的风险决策特点

李姗姗 *

摘　要：当个体需要在多个既有一定概率带来收益又有一定概率带来损失的选项中做出决策时，这就是客观条件不能完全确定的情况，而这项决策也就带有风险性，在这种情况下做出的决策也就是风险决策。是否吸毒，就是一种风险决策。本研究对于风险决策特点的研究，可以对毒品成瘾者为何选择吸毒这一问题的解答提供新的思路，为毒品成瘾者的循证矫治提供科学证据。本次调研共收集到233名强制戒毒的毒品成瘾者，以及116名正常人作为对照组的实验数据资料，使用河内塔任务、气球模拟风险任务、GO/NO-GO任务、杯子任务四种实验范式。研究发现，冰毒组的抑制控制能力显著低于对照组，甲卡西酮组和海洛因组则无显著差异；在收益情境下，各成瘾组与对照组相比表现出显著的风险偏好，风险中性和风险不利试次中，各成瘾组的被试选择风险选项的比例显著高于对照组，在损失情境下则无显著差异。

关键词：毒品　成瘾　抑制控制　风险决策

一、引言

毒品从古至今一直对人的身心健康、社会的安定繁盛造成了极大的破坏。在毒品的发展过程中，海洛因、冰毒和甲卡西酮是三种具有代表性的类型。海洛因，属于传统毒品，是目前世界范围内被滥用最广的毒品，被称作"毒品之王"，由吗啡生物碱为起点合成，是一种半合成毒品，俗称"白粉""白面""几号"，是中国吸毒人员最常吸食的毒品种类，由于其作用机制尚不明

---

* 李姗姗，中国政法大学社会学院2019级硕士研究生。

确，因此成功戒除的可能性几乎为零，复吸率极高；冰毒，新型毒品的代表，属于全化学合成型毒品，制作简单易得，世界吸食人数已达第二名，由于对其成瘾机制的认识尚不到位，因此戒除手段极为有限，但与海洛因相比阶段症状较不明显；甲卡西酮，近年来在国内外迅速泛滥的第三代毒品，俗称"浴盐"，以合成卡西酮类物质为主要成分，成瘾易感性和戒断症状均弱于海洛因及冰毒，但吸食甲卡西酮后会产生明显的暴力攻击行为，典型的便是"迈阿密啃脸案"中的嫌疑人，便是吸食了甲卡西酮产生幻觉，将一名流浪汉的面部啃食殆尽，因此甲卡西酮又被称作"丧尸药"。

根据《2018 年中国毒品形势报告》显示，我国在 2018 年查处吸毒人员71.7 万人次，遭到强制隔离戒毒处置的达到 27.9 万人次，同时有 24.2 万人次被责令社区戒毒/社区康复。虽然在 2018 年我国现有的吸毒人数首次出现下降，但截止到 2018 年底，全国范围内现有的吸毒人员仍高达 240.4 万名。吸毒人员的心理特征一直是戒毒机构和犯罪心理学者研究的重点，现有的调查研究多从人格特质、社会支持等方面着手，从风险决策角度着眼的研究则较少。风险决策指的是决策者在客观条件不能完全确定的情况下做出的决策。当个体需要在多个既有一定概率带来收益又有一定概率带来损失的选项中做出决策时，这就是客观条件不能完全确定的情况，而这项决策也就带有风险性，在这种情况下做出的决策也就是风险决策。期望效用理论和前景理论为风险决策早期理论模型中最具代表性的两项。期望效用理论，即每个人都具有理性决策的能力，可以按照自己的愿望在风险选项中做出价值最大化的决策结果，此处的价值指的是主观价值而非客观价值；理性决策指的则是决策过程而非决策结果是最佳的。前景理论，则认为人们所具有的"理性"只是有限的理性，参照点的转变会影响人们对风险的评估从而做出不一样的决策。甚至表述方式的不同都会对决策结果产生影响，这就是"框架效应"。

毒品可以给人带来短暂的虚无的无上快感，而同时带来的巨大损失也是显而易见的。为什么一些吸毒人员会选择铤而走险，甚至屡教不改呢？他们对于决策风险的评估方式是否与正常人存在显著差异？吸食不同种类的毒品是否又对风险决策偏好有显著影响？因此本研究将尝试分析吸毒人员的风险决策偏好及其与吸食毒品种类等影响因素之间的关系。本研究的创新之处在于，一是将传统毒品与新型毒品成瘾者的风险决策偏好进行对照研究；二是使用河内塔任务、气球模拟风险任务、GO/NO-GO 任务和杯子任务多种范式共同测试，使结果更加客观准确。

二、调研对象和方法

（一）调研对象

从某戒毒所挑选 233 名强戒人员，从一般人群中筛选 116 人为一般对照组。入组标准：①年龄 18～50 周岁；②没有严重的脑损伤或神经生理疾病；③没有精神障碍诊断和统计手册（Diagnostic and Statistical Manual of Mental Disorder-5，DSM-5）中轴 I 诊断的精神类疾病；④小学及以上受教育程度；⑤智力正常，采用标准瑞文推理测验（Raven's Standard Progressive Matrices，SPM）进行评估；⑥自愿参加。

（二）调研方法

1. 河内塔任务

电脑屏幕下方呈现一个实验装置：底盘上等距离树立三根圆柱，其中一根柱子上套有尺寸逐渐增大、颜色不一的五个圆盘。操作规则：一次只能移动一个圆盘，并要保证柱子上套有的圆盘均保持上小下大。目标是完成屏幕上方呈现出的示例状态。屏幕上会显示可用剩余步数，并在被试移动错误时会显示"错误"字样并重新开始该阶段的任务。实验任务共有从易到难六个阶段（2-7）。被试成功完成一个难度阶段的任务，才会开启下一个难度阶段。

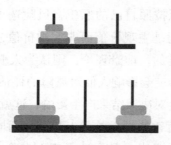

图1　河内塔任务示意图

2. 气球模拟风险任务

电脑屏幕中央显示一个气球，告知被试每点击一次鼠标就会为气球充气一次，而每充气一次，被试都将获得一次奖励。但气球存在承受极限，如充气数超过极限，则气球会爆炸，所有奖励清零。但并不告知被试气球的承受极限是多少。如在气球爆炸之前停止充气，则累积奖励都归被试所有。记录下各组被试气球爆炸的次数，以及气球未爆炸时的点击次数。

3. GO/NO-GO 任务

电脑屏幕中央会随机显示两类刺激：如显示单三角刺激，则被试不按键，此类刺激占 20%；如显示双三角刺激，则被试需要尽量迅速而准确地按键，此类刺激占 80%。实验开始时，屏幕中间呈现注视点"+"，呈现时间为400ms，目的是使被试的视线焦点集中在屏幕中央，之后两类刺激随机呈现，呈现时间均为 200ms，呈现间隔为（800±200）ms。记录下被试的正确反应、漏按、错按的次数，以及正确反应的平均反应时。

4. 杯子实验

该实验分为收益与损失两种情境，两种情境下各有 36 个试次。要求被试在安全选项（结果确定的选项）和风险选项（结果不确定的选项）中选择一个。安全选项表示每次确定收益或损失 100 点，用一个杯子代替；风险选项表示每次有 50%、33% 或 20% 的概率收益或损失一定数量（200 点、300 点或500 点）的点数，分别用 2 个、3 个和 5 个杯子代替。三种概率和三种点数形成9 种组合形式，每种组合在收益和损失情境中各出现 4 次。每次选择之后都会将本次以及累计的收益或损失的总点数呈现给被试。在实验开始前需告知被试，在收益情境下要尽可能多收益点数，在损失情境下要尽可能少损失点数。

根据价值预期＝点数×概率，可以得出每个试次中安全选项和风险选项的价值预期点数，风险选项的价值预期点数若大于安全选项，则该试次为风险有利试次；同理，风险选项的价值预期若等于安全选项，则为风险中性试次；若小于安全选项，则为风险不利试次。例如，收益情境下，安全选项为确定收益 100 点，那么风险有利试次，包括 50% 的概率收益 300 点（价值预期为收益 150 点）、50% 的概率收益 500 点（价值预期为收益 250 点）、33% 的概率收益 500 点（价值预期为收益 167 点）的风险选项；损失情境下，安全选项为确定损失 100 点，那么有利试次则包括 33% 的概率损失 200 点（价值预期为损失 67 点）、20% 的概率损失 200 点（价值预期为损失 40 点）、20% 的概率损失 300 点（价值预期为损失 60 点）的风险选项。

三、调研结果

(一)基本信息分析

本次调研共收集到 351 份有效数据,其中含甲卡西酮成瘾者 76 名,冰毒成瘾者 71 名,海洛因成瘾者 88 名,对照组 116 名。分别对其年龄及平均受教育年限进行分析。

1. 年龄

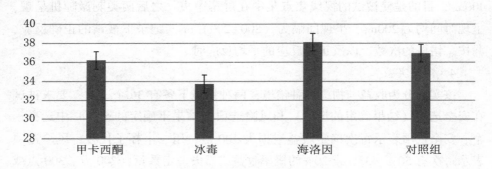

图 2　四组被试年龄对比图

注:四组被试年龄差异显著 $F(3,347) = 4.066$,$P<0.01$,$\eta^2 = 2.31$;冰毒组显著小于海洛因组与对照组。

2. 平均受教育年限

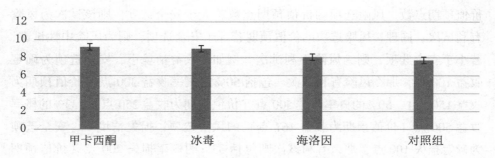

图 3　四组平均受教育年限对比图

注:三组被试受教育年限差异显著 $F(3,347) = 6.023$,$P<0.001$,$\eta^2 = 0.45$;海洛因组与对照组显著低于甲卡西酮组与冰毒组。

（二）实验数据分析

1. 河内塔任务

表1　四组被试在河内塔任务中的错误次数统计表（M±SD）

	甲卡西酮 n=66	冰毒 n=61	海洛因 n=77	对照 n=64
二　阶	0.03（0.17）	0.00（0.00）	0.05（0.22）	0.11（0.36）
三　阶	0.06（0.30）	0.10（0.44）	0.09（0.40）	0.16（0.62）
四　阶	0.64（1.43）	0.64（1.66）	0.96（1.68）	0.58（1.37）
五　阶	0.69（1.39）	0.61（1.05）	0.43（1.01）	0.36（0.78）
六　阶	1.48（1.12）	1.30（1.02）	1.68（1.40）	1.52（1.41）
七　阶	2.95（4.37）	2.85（3.85）	3.26（4.59）	2.41（3.37）

进行4（被试类型：甲卡西酮组、冰毒组、海洛因组、对照组）×6（难度等级：二至七阶）的重复测量方差分析。被试类型主效应不存在显著差异，难度等级主效应存在显著差异 $[F_{(5,263)} = 4.228，P<0.01，\eta^2 = 0.076]$，事后检验结果显示随着难度等级增加，被试的错误次数显著增加。被试类型与难度等级之间交互作用不显著。

2. GO/NO-GO任务

表2　四组被试在GO/NO-GO任务中得分统计表（M±SD）

	甲卡西酮 n=30	冰毒 n=31	海洛因 n=36	对照 n=78
正　确	175.00（23.09）	178.00（13.19）	175.50（15.82）	170.31（19.90）
虚　报	8.57（5.96）	9.19（5.94）	7.31（5.89）	6.37（4.27）
漏　报	16.43（18.57）	12.81（11.12）	17.19（15.18）	23.32（19.50）
反应时	352.81（20.38）	337.34（30.17）	346.40（38.61）	359.77（38.10）

进行单因素方差分析后，结果显示被试在虚报次数、漏报次数和反应时上均存在显著差异 $[F_{(3,172)} = 2.70，P<0.05，\eta^2 = 1.15；F_{(3,172)} = 3.31，P<0.05，\eta^2 = 16.90；F_{(3,172)} = 3.51，P<0.05，\eta^2 = 73.22)]$。事后检验

表明冰毒成瘾者的虚报次数显著大于对照组，漏报次数和反应时则显著小于对照组。

3. 气球模拟风险任务

表3　四组被试在打气球实验中的得分统计表（M±SD）

	甲卡西酮 n=50	冰毒 n=43	海洛因 n=49	对照 n=51
点击次数	49.76（14.90）	55.10（19.14）	50.38（17.43）	37.90（15.90）
爆炸次数	13.36（4.69）	14.19（5.16）	13.33（4.82）	9.88（4.66）

进行单因素方差分析后，被试的点击次数和爆炸次数均存在显著差异 [$F_{(3,190)}=9.19$，$P<0.01$，$\eta^2=48.09$；$F_{(3,190)}=7.75$，$P<0.01$，$\eta^2=3.25$]，事后检验表明三个成瘾组的点击次数和爆炸次数均显著大于对照组。

4. 杯子实验

表4　四组被试在杯子实验中选择风险选项次数统计表（M±SD）

	收益情境			损失情境		
	风险有利	风险中性	风险不利	风险有利	风险中性	风险不利
甲卡西酮 n=69	9.68 (3.03)	8.14 (3.02)	5.74 (3.55)	8.70 (3.71)	8.13 (3.13)	6.28 (3.74)
冰毒 n=69	9.83 (2.60)	8.28 (2.91)	6.58 (3.53)	9.59 (2.52)	8.67 (2.93)	6.96 (3.49)
海洛因 n=81	8.89 (3.28)	7.59 (3.05)	5.48 (3.67)	9.06 (3.43)	8.42 (3.08)	6.37 (3.60)
对照 n=61	8.61 (3.74)	6.21 (3.38)	3.34 (3.75)	9.05 (3.60)	8.03 (3.44)	5.62 (3.51)

进行4（被试类型：甲卡西酮组、冰毒组、海洛因组、对照组）×3（价值预期水平：风险有利、风险中性、风险不利）的重复测量方差分析。收益情境下，被试类型的主效应显著 [$F_{(3,277)}=6.32$，$P<0.01$，$\eta^2=0.065$]，

根据事后检验甲卡西酮组、冰毒组、海洛因组选择风险选项的次数都显著高于对照组，但各成瘾组之间没有显著差异；价值预期水平的主效应显著 [F (2,554) = 117.46，$P < 0.01$，$\eta^2 = 0.463$]，事后检验结果显示在风险中性试次中被试选择风险选项的次数显著高于风险不利试次，且显著低于风险有利试次。被试类型与价值预期水平的交互作用显著 [F (6,554) = 2.26，$P < 0.05$，$\eta^2 = 0.024$]，根据简单效应分析结果，四组被试在风险有利试次中选择风险选项的次数差异不显著，在风险中性和风险不利的试次中则存在显著差异 [F (3,277) = 4.41，$P < 0.01$，$\eta^2 = 0.046$；F (3,277) = 8.66，$P < 0.01$，$\eta^2 = 0.087$]，事后检验结果显示，在风险中性和风险不利试次中，各成瘾组选择风险选项的次数均显著大于对照组，各成瘾组之间则没有显著差异。在损失情境下，被试类型的主效应不显著，价值预期水平的主效应显著 [F (3, 277) = 60.86，$P < 0.01$，$\eta^2 = 0.308$]，事后检验表明在风险中性试次中，被试选择风险选项的次数显著低于风险有利试次，且显著高于风险不利试次；被试类型与价值预期水平不存在显著的交互作用。

四、结论

本次社会实践旨在探讨吸毒强戒人员的风险决策意识。共调研 233 位吸毒强戒人员及 116 位正常人，其中含甲卡西酮成瘾者 76 名，冰毒成瘾者 71 名，海洛因成瘾者 88 名，对照组 116 名。调研方法以实验法为主，涉及河内塔任务、打气球实验、GO/NO-GO 任务、杯子实验四个实验范式。

（一）基本信息上的差异

从年龄和教育年限上来看，海洛因成瘾者的年龄相比于其他三组来说偏大，且显著大于冰毒成瘾者。这与海洛因的特性是相符合的，海洛因为属于传统毒品，因此成瘾群体可能多为年龄偏大的人。而冰毒和甲卡西酮的成瘾者则年龄偏小，尤其冰毒成瘾者的年龄显著小于海洛因成瘾者及对照组，说明甲卡西酮和冰毒作为新型毒品，成瘾者的年龄呈低龄化趋势，这值得我们提高警惕。甲卡西酮和冰毒类毒品很容易因为其价格低廉、流通广、伪装性高等特点，在年轻人中被广泛滥用。而海洛因组的受教育年限又显著低于甲卡西酮组和冰毒组，这可能因为其使用的多为土制海洛因，制造成本低，而且成瘾者年龄相对偏大。

（二）风险决策偏好差异

从河内塔任务中我们可以看出，各成瘾组与对照组的执行功能之间不存在显著差异，也就是说基本排除了三种类型毒品对成瘾者执行功能的影响。GO/NO-GO任务则从被试的抑制控制能力的角度入手，数据分析的结果表明，冰毒成瘾者的虚报率显著大于对照组，这表明冰毒成瘾可能会削弱人的抑制控制能力，而冰毒成瘾者的漏报率和反应时均显著小于对照组，这可能因为冰毒组的被试年龄显著小于对照组，所以较为敏捷，反应速度较快。而甲卡西酮组和海洛因组的各项指标均无显著差异，表明甲卡西酮和海洛因可能并不会在成瘾者的抑制控制能力方面产生不良影响。气球模拟风险任务是以风险倾向方面为着眼点，三个成瘾组被试的点击次数和爆炸次数均显著大于对照组，这表明成瘾组的趋利性和风险倾向性均高于正常人，在利益的驱动下对风险的衡量及规避能力要比正常人差，更不易获得满足感。杯子任务的数据分析结果表明，在收益情境下，各成瘾组相较于对照组，更倾向于做出风险选择，在风险有利的试次中不存在显著的风险决策偏好的差异，而在风险中性和风险不利的试次中，各成瘾组的被试则表现出显著的风险决策偏好。也就是说，成瘾组的被试有更高的风险倾向性，在选择风险选项对自己不利的情况下，成瘾组的被试还是更倾向于做出高风险高收益的决策。这表明成瘾者可能对预期价值的评估能力较低，只一味追求可能获得的高收益，不顾与之相伴的高风险性。这与气球模拟风险任务的结果是一致的，可以说明为什么吸毒人员会不顾吸毒带来的种种危害，而为一点"甜头"不惜倾家荡产家破人亡，甚至会无视破坏法律所付出的巨大代价而选择铤而走险，以各种违法手段来换取毒资或毒品。

（三）建议对策

本次调研的结果显示，新型毒品更容易吸引年轻人，这与我国目前吸毒人员年龄降低、新型毒品泛滥上升的趋势相吻合。这提醒我们应当加强对年轻人的教育和管控，尤其是青少年群体；同时要加大对新型毒品及其制毒材料的管控和处罚力度，从源头上减少毒品及毒品问题的产生，防患于未然。同时，吸毒人员表现出的风险决策特点提示我们，毒品成瘾者往往倾向于选择高风险高收益的选项，即使这样的选择是非适应性的，吸毒对于成瘾者来说也是高收益高风险且非适应性的行为。因此，在对成瘾者进行戒治时，可以着重采用心理疗法改善其决策特点，例如采用认知行为疗法转变对毒品的认知等，并适当地采用生物学疗法，例如经颅磁刺激对掌管决策的前额叶皮层进行非侵入式的刺激，提升前额叶皮层的活动水平，使个体在做出决策时变得更加理性。

此外，本次调研结果还提醒我们，具有风险决策偏好、敢于冒险的人，可能是尝试毒品的高危人群。敢于冒险并非是一种缺陷，但如果不能很好地对风险进行评估，盲目地冒险便可能酿成大祸，吸毒便是众多不良后果之一。在各种新型毒品层出不穷、"新型毒品不会成瘾"的谣言四处散播的形势下，具有高风险决策偏好的个体如果无法充分认识毒品的危害，便很可能染上毒品。因此，我们应当加强对毒品危害的宣传，让公众充分认识到吸毒的严重后果。

北京市城市居民生活垃圾分类情况调研报告

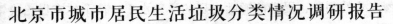

——以北京市海淀区蓟门里社区为例

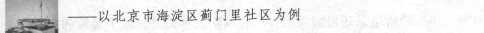

柴亚岚*

摘　要：2019 年 11 月底，《北京市生活垃圾管理条例》修正案正式表决通过，2020 年 5 月 1 日起将施行。为了了解当前北京社区的生活垃圾分类存在哪些问题，进而推动北京市的垃圾分类工作，我们以北京市海淀区蓟门里社区为例，通过实地调研和问卷调查等方式重点调查蓟门里社区居民垃圾分类的各个环节，了解了蓟门里社区生活垃圾分类处理的现状，并且客观分析了蓟门里社区垃圾分类收集以及后续处理方面存在的问题，在此基础上为解决蓟门里社区生活垃圾处理模式存在的问题提出了相关的建议。

关键词：蓟门里社区　垃圾分类　现状　建议

如今，上海"强制垃圾分类"正如火如荼地实施着，大家都对上海的垃圾分类十分关注，各种垃圾分类的细则、垃圾处理不当的惩罚措施以及法律法规充斥在社交媒体之上，吸引着社会各方面的广泛关注。现在多个城市正在推进垃圾分类，北京市政府对城市生活垃圾分类与处理工作非常重视。2019 年 11 月底，《北京市生活垃圾管理条例》修正案正式表决通过，《北京市生活垃圾管理条例》明确各部门和个人的责任，不断加大工作力度，实施"强制垃圾分类"的办法，并且对不进行垃圾分类的责任主体实施罚款等一系列强制性措施。2020 年 5 月 1 日《北京市生活垃圾管理条例》已正式实施，在 2020 年北京市九成小区必须达到"垃圾分类示范片区"的总目标下，当前北京市社区居民垃圾分类的实际推进情况如何，为了及时了解、掌握当前北

---

* 柴亚岚，中国政法大学马克思主义学院 2018 级硕士研究生。

京居民社区的生活垃圾分类的情况，我们成立了调研小组对北京市海淀区蓟门里社区开展了专项调查。

一、引言

北京每天产生生活垃圾2.25万吨，每年合计820万吨。垃圾的堆放和传统垃圾处理方式污染了空气、水和土壤，垃圾分类收集处理是实现资源化和无害化的重要途径，因此垃圾分类刻不容缓，它是促进北京恢复绿水蓝天，推动北京经济发展的需要，也是建设美丽中国的需要。

（一）北京市垃圾分类收集的概况

2011年北京开始推行垃圾分类，2012年北京市出台了《北京市生活垃圾管理条例》，明确了管理责任人、收运处置单位、垃圾产生单位的责任和罚则，但是物业等管理责任人对居民个人参与垃圾分类仍缺乏有效的管控手段，因此垃圾分类的效果并不理想。2019年11月27日，北京市十五届人大常委会第十六次会议表决通过了《北京市人民代表大会常务委员会关于修改〈北京市生活垃圾管理条例〉的决定》，这是2012年《北京市生活垃圾管理条例》施行以来，北京市首次对该条例进行修改，修改后的条例首次明确，单位和个人是生活垃圾分类投放的责任主体，并对个人违法投放垃圾的行为，实行教育和处罚相结合。违规投放的个人"屡教不改"，最高可处200元罚款。此外，要求餐馆、旅馆不得主动提供一次性用品，并对"混装混运"现象加大了处罚力度，修改后的条例自2020年5月1日起施行。[1]

（二）北京市生活垃圾分类类别及标志

北京垃圾分类分为四个类型：有害垃圾、可回收物、厨余垃圾、其他垃圾。

可回收物（蓝色桶）是循环利用的，包括报纸、镜子、饮料瓶、易拉罐、旧衣服、电子废弃物等，由再生资源企业回收利用，俗称"收破烂"；厨余垃圾（绿色桶）是厨房产生的，像菜叶菜帮、剩饭剩菜、植物等；其他垃圾（灰色桶）包括保鲜膜、塑料袋、纸巾，还有大骨头、玉米核等；有害垃圾

---

〔1〕 北京商报骑象人调查小组：《摸底北京垃圾分类现状，执行难、投放不便、混运混装怎么解》，载 https://3g.163.com/money/article/F0FBD6UR0519DFFO.html？referFrom＝sm&isFromOtherWeb＝true，最后访问日期：2019年12月15日。

（红色桶）是对身体和环境有害的，如废灯管、水银温度计、过期药品、油漆、化妆品等，需用特殊方法安全处理。[1]

二、调研内容

2019 年 8 月，我们调研小组围绕北京市海淀区蓟门里社区的垃圾分类状况开展了广泛的调研，其中主要对蓟门里社区的东区、南区和北区和蓟门里社区压缩中转站进行了考察，并回收社区成员填写的有效调查问卷 200 多份，听取了市民关于社区生活垃圾分类与处理情况的想法和意见。通过考察，我们发现蓟门里社区毗邻中国政法大学研究生院，很多学生都自愿来宣传垃圾分类的知识和调研垃圾分类的情况。整个社区垃圾筒种类和分布情况参差不一，其中 8 处都设有厨余垃圾、可回收垃圾、其他垃圾三种垃圾桶，只有 3 处增加了有害垃圾的垃圾桶，但是垃圾分类的垃圾桶并没有发挥其应有的作用，使用效率较差。很少有居民将垃圾进行分类处理，大多是使用塑料袋将所有垃圾包起后随意扔进其中一个垃圾桶内，垃圾分类执行状况较差。垃圾的收集和处理主要是打扫卫生人员将垃圾桶的垃圾集中运到最近的蓟门里社区压缩中转站，压缩后的垃圾每天都会运往附近的一个垃圾场。总之，这些生活垃圾自始至终都没有经过分类回收处理。

（一）样本选取

我们选取北京市蓟门里社区的居民作为此次调研的研究样本，为确保样本多样性，除小区普通居民外，还选取小区物业、业主委员会负责人以及社区工作人员作为访谈对象。

本次调查共发放 300 份问卷，回收了 238 份有效问卷。被调查者均是小区常住居民、家庭户主，年龄在 25 ~ 80 岁之间，其中男性 42.9% 女性占 57.1%，调查对象的学历涵盖小学及其以下、初中、高中、大学及以上各个学历层次。

（二）调研方法

笔者根据客观实际，采取多种调研方式，其中包括文献分析法、问卷调查法和访谈法，其中以问卷法和访谈法为主要方法，对社区居民随机进行访

---

〔1〕《北京垃圾分类 "新规" 明年 5 月起实施分厨余等四类》，载中国新闻网，http://www.chinanews.com/gn/2019/11-27/9018787.shtml，最后访问日期：2019 年 11 月 27 日。

问，情况允许时采取入户访问。

（三）调查分析结果概述

此次调查问卷共设计了 23 道题目，其中第 1~6 题主要是记录调查对象的基本信息；第 7~10 题主要是了解大家的垃圾分类意识，看看大家对垃圾分类的重视程度；第 11~13 题了解大家平时生活中如何处理垃圾；第 14~17 题了解大家的垃圾分类知识；第 18~23 题主要是了解大家对垃圾分类政策出台的态度和做好垃圾分类的意见建议。

1. 北京市蓟门里社区居民的垃圾分类意识和看法

通过调查发现，蓟门里社区居民认为北京市社区垃圾问题亟待解决的占大部分，其中认为垃圾分类对于解决北京垃圾问题极其必要和非常必要的占到了 83.62%，84.04% 的居民都表示垃圾分类是环保行为，会积极配合主动进行垃圾分类。但是，不同学历和不同收入水平的居民在生活中对垃圾分类回收处理的态度有很大区别。

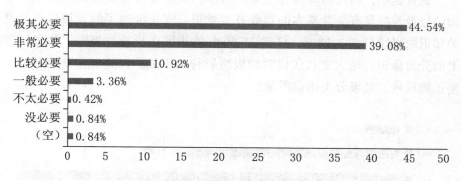

图 1　受访居民对垃圾分类的必要性的看法

2. 北京市蓟门里社区居民的垃圾处理方式

虽然大家认为垃圾分类很有必要，但是调查结果显示当前的垃圾分类情况很不理想，垃圾分类存在很大的问题。蓟门里社区居民对于日常生活中垃圾的处理方式，选择"整袋垃圾一起处理"的比例最高，占 68.91%；"分类后再处理的"，仅占 13.87%。

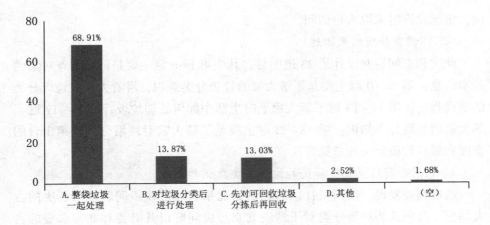

图 2 受访居民处理垃圾的方式

3. 北京市蓟门里社区居民对垃圾分类知识的了解程度

调查显示，居民的垃圾分类知识有限，缺乏垃圾分类知识，对生活中熟知的垃圾种类具有少量基本的垃圾分类常识。完全准确了解垃圾具体分类相关知识的居民只占 3.78%，只有 22.69% 的居民在投放垃圾时，注意垃圾桶上的分类标识。绝大多数居民对垃圾所属种类不知，仅凭经验猜测分类，不能正确投放，垃圾分类错误严重。

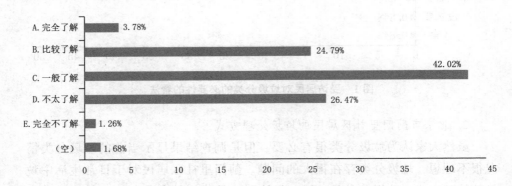

图 3 受访居民对垃圾分类知识的了解程度

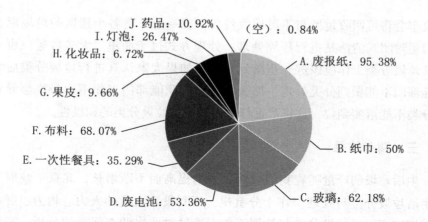

J. 药品：10.92% （空）：0.84%
I. 灯泡：26.47%
H. 化妆品：6.72%
A. 废报纸：95.38%
G. 果皮：9.66%
F. 布料：68.07%
E. 一次性餐具：35.29%
B. 纸巾：50%
D. 废电池：53.36%
C. 玻璃：62.18%

图 4　受访居民对可回收垃圾的认识

4. 大家对垃圾分类政策出台的态度

调查显示，居民对垃圾分类政策的出台较为接受，对于一些奖惩措施也比较认同，可以接受对不当垃圾分类行为进行处罚的居民占 67.23%。不支持的受访居民表示当前垃圾分类的设施还未跟上。同时大家也能认识到自身的责任，有 43.28% 的受访居民认为当前在垃圾分类处理中市民应该发挥最大作用，但是政府部门必须有所作为，进一步提高大家的积极性。

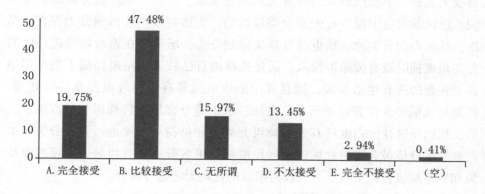

A. 完全接受　19.75%
B. 比较接受　47.48%
C. 无所谓　15.97%
D. 不太接受　13.45%
E. 完全不接受　2.94%
（空）　0.41%

图 5　受访居民对不当垃圾分类行为进行处罚的接受程度

在访谈中，我们也了解到，受访居民担心的主要问题是实施垃圾分类后的后续垃圾分类工作不到位。在调查垃圾清运及处理方式时，我们发现垃圾回收车会将可回收垃圾与不可回收垃圾倒在一起，将各个楼区的垃圾混合在蓟门里封闭式清洁站进行压缩处理，处理方式过于简单。大多数居民也表示后续垃圾分类工作应该进一步落到实处，如果大家认真进行垃圾分类后相关职能部门不能做到分类处理，那么由于相关职能部门工作不力最终会导致垃圾分类不能落实到位，这将严重打击居民参加垃圾分类的积极性。

三、调查结果

生活垃圾的产量随着我们生活水平的提高而不断增长，北京市政府对城市生活垃圾分类与处理工作十分重视，不断投入大量的人力、物力、财力深入推进城市生活垃圾分类与处理工作。通过对此次调查问卷的分析，我们发现蓟门里社区大部分居民已经认识到垃圾分类的重要性，但是当前生活垃圾分类的效果却十分有限，垃圾分类情况很不理想。

（一）北京市蓟门里社区垃圾分类存在的问题

1. 垃圾混放乱放问题严重

蓟门里社区的每一个居民楼区出口都设有厨余垃圾、可回收垃圾、不可回收垃圾三种垃圾桶，但是分类的垃圾桶并没有发挥其应有的作用。调查研究显示，虽然大部分居民了解并且认同垃圾分类，但多数居民在实际行动上有很大欠缺，不能严格按照垃圾类别来丢垃圾。首先，从垃圾分类的前端来说，居民的家庭中很少有配置分类垃圾桶，生活垃圾不能做到分类保存。其次，社区内的分类垃圾桶也没有真正做到分类，居民们在将垃圾扔进小区的分类垃圾桶时没有按标识投入，而是选择离自己较近的垃圾桶随手扔掉用塑料袋包裹的所有生活垃圾，而且其中的废电池等有害垃圾也没有特殊处理，四类垃圾桶旁也没有过期药品、电池、水银等有害垃圾特殊回收的方案。最后，居民反映社区内也没有见到垃圾分类指导员指导居民进行垃圾分类，也没有二次分拣员，当前社区内的居民能够简单区分可回收垃圾、不可回收垃圾和有害垃圾，但是对于一些较为细致的垃圾无法进行区分。

2. 垃圾分类硬件设备配置不统一

垃圾分类的标准是垃圾分类工作的重要基础也是垃圾全程分类管理工作开展的标准化依据，垃圾收集设施应该根据分类标准进行完善，北京实行的垃圾分类的分类标准是有害垃圾、可回收物、厨余垃圾、其他垃圾的"四分法"。但是本次调查发现各个楼区配置的垃圾分类收集设备存在着不统一的现象，主要是各个楼区垃圾桶的数量和分类标准不统一。调查数据显示，标准的四分类垃圾桶仅占27%，而三分类垃圾桶比例高达73%，蓟门里社区的垃圾桶设置没有完全按照"四分法"来完善。在这方面，垃圾分类试点小区与属于非试点小区的蓟门里小区也呈现出明显差异。我们走访了北京的垃圾分类试点小区，发现他们在垃圾桶的设施安排上总体优于属于非试点小区的蓟门里社区。另外，从家庭方面来看，社区居民家里很少有配备分类垃圾桶，这就意味着垃圾分类前端的失败。总之，蓟门里社区的垃圾收集设施不规范，而垃圾分类硬件设备不够完善和推行不当的状况加重了居民不分类、乱分类的意识与行为，这对整个社区的垃圾分类工作的推进极为不利。

（二）垃圾分类情况不理想的原因分析

实施垃圾分类回收，把垃圾这个放错位置的资源进行再利用是非常必要的，但是由于官方的垃圾分类知识宣传太过笼统和形式化，很少有深入的宣传，居民虽有一定的环保意识但是本身缺乏完善的垃圾分类知识，不知如何分类。其次，相关部门认识不够，实施的措施力度不够，特别是在垃圾终端的处理方面仍然存在很大的问题，没有形成一种社会合力。

1. 社区居民垃圾分类的意识和知识欠缺

在全国"垃圾分类"的号召中，北京市积极响应，但是北京市对于垃圾分类的前期宣传力度较大，对于社区的宣传深度不够，这导致了大部分居民只了解垃圾分类，但是对于垃圾分类的知识，大部分的社区居民只有粗浅的认知，一般能够简单区分可回收垃圾、不可回收垃圾和有害垃圾，对于一些较为细致的垃圾无法进行区分，特别是缺乏对北京实行的"四分法"的垃圾分类的系统知识。这也反映了北京市垃圾分类知识宣传不够普及、深入，垃圾分类的必要性和迫切性还没有深入人心，居民自身又缺少垃圾分类和回收的系统知识，各个省市的垃圾分类标准不一，居民在实际处理生活垃圾的过程中很容易混淆，无法将垃圾正确分类。

2. 城市垃圾混合处理破坏垃圾分类的成果

在这次对社区居民进行调研的过程中，有很多居民反映他们在家分好了垃圾，也分类投放到相对应的垃圾桶中，但是在垃圾车收集和转运的过程中垃圾被混合，分类垃圾桶的设置最后也没有发挥出作用，这就造成了前期垃圾分类的浪费，这样不仅破坏了垃圾分类的成果，也极大影响了市民垃圾分类的积极性。目前蓟门里社区内的垃圾回收和运输依旧是统一混合运输，社区的垃圾回收基础设施和系统有待完善，不改善垃圾分类的终端处理，那么前期的社区垃圾分类宣传和居民垃圾分类工作就失去了其原有的意义。当前北京市垃圾末端处理方式依然沿用传统的垃圾处理方法，没有做到垃圾的资源化，缺少垃圾资源化的技术支持和企业支持，这样会让垃圾分类处理流于形式。

（三）解决建议

1. 加大宣传力度，提高居民自觉参与意识

从调查结果来看，蓟门里社区居民认同社区垃圾分类问题亟待解决，但在访谈中我们了解到因为"不会分类"和"怕麻烦"而不进行分类的居民比例较高。意识是行为的先导，相关部门采取行之有效的宣传措施普及生活垃圾分类知识，增强居民垃圾分类意识是工作的重点。但是我们在走访时发现，社区里面的宣传栏使用率不高，宣传栏中没有任何一条是关于垃圾分类知识的普及和宣传。社区应该利用宣传栏大力宣传垃圾分类的必要性和垃圾分类的具体知识，使居民充分认识到生活垃圾分类与自身的日常生活密切相关而且开展垃圾分类具有很大的现实意义。社区除了通过宣传栏进行宣传以外，还可以使用更生动活泼的形式，如社区晚会、有奖知识竞答等，达到强化公众垃圾分类意识的目的。相关部门也可以通过手机 APP 或者微信公众号进行线上宣传，我们也了解到蓟门里社区居民都有各种的"社区群聊"，利用微信群宣传垃圾分类也可以有效提高垃圾分类的宣传效果，提高全体市民的环保意识和环保素质。另外，我们了解到社区里有由退休老人自觉组织的志愿者团队，社区可以借助志愿者的力量鼓励居民自觉参与垃圾分类的倡导和指导工作，改变垃圾乱放、混放、错放的情况。同时，社区也可以为每一个家庭免费按月赠阅垃圾分类杂志，让垃圾分类更深入、更具体地走进社区居民的家庭，这样才能真正从源头上提高市民的环保意识。最后，可以把宣传融入学校教育中，在中小学生课程中增加垃圾分类的专题内容，并在校园积极展开垃圾分类试验，使学生从小重视垃圾分类，培养分类垃圾的好习惯。

2. 加强垃圾分类设施的配套建设，完善垃圾分类回收网络

在调查中我们发现蓟门里社区原有厨余垃圾、可回收垃圾、其他垃圾三

种垃圾桶，虽然增加了有害垃圾的垃圾桶，但是仅仅只在其中三处增加，大多数的居民楼区依然是三种垃圾桶，因此蓟门里社区在原有的垃圾分类箱的设置基础上没有统一规划，这就不能从源头确保能充分回收利用分好类的垃圾。而最终蓟门里社区的垃圾都是用垃圾车混合装到蓟门里社区垃圾压缩站，垃圾压缩后再一起运到处理站，这样的处理方式不仅会让前端的垃圾分类工作失去意义，同时也会打击进行垃圾分类的社区居民的积极性，形成恶性循环。所以要确保能充分回收利用垃圾，需要完善垃圾分类回收过程中的各个环节。首先，在初端完善基础设施建设，优化废旧物资回收点、回收亭体等布局，完善回收网络，如完善四色垃圾桶的设置，垃圾桶上用明显的图标标示出垃圾所属类别，方便市民投放，提高回收效率。其次，在中端加强政策引导，对原有的废品回收队伍进行行业整顿，强化对其管理，杜绝环卫工人回收时将分类桶内的垃圾通通倒在一起的现象发生，促使环卫工人的回收工作规范化、规模化，建立健全再生资源回收体系。最后，在末端创新垃圾处理方式，当前我国垃圾处理方式主要以传统处理方式为主，创新垃圾处理工艺流程，优化垃圾分类设备，加强垃圾分类的终端管理，可以提高资源利用率。另外，积极推动回收体系与加工处置行业有效对接，明确分类后垃圾的流向，建立起垃圾分类再回收的完整运输加工链，促进废旧物资回收体系与已有的加工处置企业形成对接。

3. 完善和落实垃圾分类处理的有关政策

我国垃圾分类起步较晚，目前我国关于垃圾分类的法律政策和规章制度还不是很完善，垃圾分类的相关法律条文规定不完备、相关的管理条例规定模糊，垃圾分类的责任主体不明确，有关部门职责分配不够明晰。首先，生活垃圾分类标志应该标准化和统一化。2010 年北京市城市管理委曾编写过一本《首都市民生活垃圾分类指导手册》，但当时手册没有把生活垃圾中的有害垃圾包括在内。2019 年 8 月北京市城市管理委开始编写《北京市生活垃圾分类指导手册》，新版指导手册对垃圾分类标准、投放要求、垃圾分类收运及处理等内容进行系统介绍，还对四类生活垃圾容易出现的问题做出了指导，指导市民做好垃圾分类。同时，按照《北京市生活垃圾管理条例》的要求，在住宅小区内要成组设置厨余垃圾、可回收物、有害垃圾、其他垃圾四类收集容器，之前垃圾桶的旧标识要根据 2019 年 12 月起实施的《生活垃圾分类标志》的标准进行配备或修改。其次，相关部门应该加紧推进相关法律的修改制定，在相关垃圾分类的条例和政策基础上建立起完善的垃圾分类责任体系，并且加强监督和健全问责机制。当前，贯彻落实现有的政策就需要解决垃圾分类责任主体不明确的问题。早在 2012 年北京市就出台了《北京市生活垃圾管理条例》，但是该条例中垃圾分类的管理责任体系不完善，责任主体不明确，并且对垃圾分类的管理责任人仍缺乏具体有效的管控手段，这就导致了北京市垃圾分类出现互相推诿责任或者无人落实负责的状况。2019 年修正的《北京市生活垃圾管理条例》从前端居民垃圾分类到终端垃圾运输和处理对个人和各管理主体都做了严格的规定。另外，垃圾处理的相关部门也应该建立健全垃圾分类的问责体系和监督体系，定期进行信息的公示，让居民在生活中加强监督，这样不仅能提高群众的垃圾分类积极性，而且能真正发挥垃圾分类应有的效果，实现资源利用最大化。最后，政府可以通过出台一些扶持政策和财政支持政策，扶持资源再利用和对垃圾进行综合处理的技术公司，培育循环再生产品市场，使垃圾分类处理不只是流于形式。加大对垃圾资源化技术的投入，提高城区垃圾堆肥、垃圾焚烧发电、热能利用和污染控制、电子垃圾拆分等处理技术的科技含量，并鼓舞社会力量积极参与垃圾分类，实现资源综合利用最优效果。

关于贫困地区青少年九年义务教育均衡发展的研究

——以山西省石楼县小蒜镇为例

张志文　窦　鸿　周晓珂　潘　俊*

摘　要：科教兴国作为我国的基本国策，一直以来都是国家的工作重点。而在近年来推行的九年义务教育均衡发展策略中，部分地区仍存在不均衡的状况。因此，本调研报告依托中国政法大学研究生支教团山西分团在支教地的支教活动及其亲身调研活动而撰写。第一部分是对山西省石楼县第三中学同学的生活、学习状况进行调研的总结；第二部分是结合与团中央扶贫队的访谈，对石楼县贫困状况的概述；第三部分是有关石楼县目前经济扶贫措施的简介；第四部分是针对学生家庭代际贫困问题的讨论；第五部分是对教育扶贫以及石楼县目前教育现状的概括；最后一个部分是整个调研的核心，即针对石楼县在产业、教育和家庭脱贫方面的建议。

关键词：扶贫　教育　研究生支教团

一、调研概述

（一）主要内容

九年义务教育作为中国普及基础知识扫除文盲的重要一环，对中国社会知识水平乃至经济水平有重要影响。

---

* 张志文，中国政法大学法律硕士学院 2018 级硕士研究生；窦鸿，中国政法大学政治与公共管理学院 2018 级硕士研究生；周晓珂，中国政法大学法学院 2018 级硕士研究生；潘俊，中国政法大学商学院 2018 级硕士研究生。

推动公共服务均等化发展，是现代政府改革的目标，其中教育公平则是公众关注的热点、重点和难点之一。党的十八届三中全会通过的《中共中央关于全面深化改革若干重大问题的决定》在全面深化改革特别是推进社会事业改革创新方面，更是把深化教育领域综合改革摆在突出位置。党的十九大报告也明确提出"必须把教育事业放在优先位置，加快教育现代化，办好人民满意的教育"。

经过了近一年的教学，支教团成员们发现同学们基础极弱，有很大一部分同学甚至无法认全拼音。基于此，我们对山西省石楼县小蒜镇九年义务教育的均衡发展情况进行调查。

（二）基本思路

本文是以山西省石楼县小蒜镇义务教育阶段情况的实地考证为研究个例，通过对相应学校师资力量、教学设施等评估因素的调查总结，考察其义务教育阶段均衡发展的实际情况，并且通过问卷调查以及走访等形式对学生的家庭情况进行了解，对数据及现状进行分析，发现存在的问题，而后提出完善建议，对下一阶段实现义务教育基本均衡的目标提供实践上的参照。

（三）研究方法

本研究主要采用的方法具体如下：

1. 文献分析法

笔者对义务教育均衡的文献进行梳理，为本文所要研究的内容打下坚实的基础。同时通过对有关教育公平、义务教育均衡发展的最新文献进行检索、搜集、整理，分析探讨当前我国义务教育均衡发展存在的一些问题及解决措施，为本文提供一定理论方面的借鉴与参考意义。

2. 实地调查法

对所研究地区的义务教育整体情况以及贫困学生家庭的基本情况进行实地调研，并通过调查搜集所在地区小学和初中的师资情况、基础设施情况、教育经费投入以及使用情况等基本数据，进行分析整理后用来描述当前小蒜镇义务教育的均衡发展情况，为本文的评价分析提供翔实的数据资料。基于对选定地域的实地调查，来获取客观准确的数据与资料，在此基础上形成的研究更加真实及有说服力。

3. 统计分析法

运用统计学知识对搜集的数据进行分类分析统计。主要将教学条件、教育经费投入及师资情况等指标分别进行列表计算。运用数学类的统计方法对各项指标进行分析，以便于后续选择评价方法对义务教育进行评价。

（四）重点难点

第一，本调研的重点是义务教育均衡发展情况的指标确定，需要结合当地实际情况进行走访和调查。

第二，本调研的难点是难以保证当地学校、同学、老师的配合意愿，以及需要明确的衡量标准。

（五）创新之处

第一，义务教育普及多年，针对其均衡发展的微观研究很少。

第二，聚焦石楼县小蒜镇，更具针对性。

第三，最终探讨教育扶贫的相关问题，很有现实意义。

二、建档立卡调研结果

推进教育均衡发展实现教育公平已然是迫切需要解决的公共民生问题，也是检测政府公共管理机制在提供基本公共服务领域能否转变和有效展现的重要指标。

我们对山西省石楼县小蒜镇进行九年义务教育的均衡发展情况进行调查，通过成长成才档案统计，对同学的家庭状况以及学习状况进行了详细的调查，结果如下：

（一）留守儿童情况

表1　留守儿童情况统计表

留守儿童	是	否	总　计
学生人数	16	130	146

根据表1和图1，全校共146人，其中留守儿童16人，占全校总人数的10.96%；非留守儿童130人，占全校总人数的89.04%。可知，学校存在一部分留守儿童现象，其余非留守儿童的同学家长离家时间也比较不确定，需要引起重视。

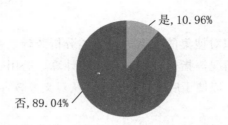

图 1　留守儿童情况饼状图

（二）贫困户属性

表 2　贫困户属性统计表

贫困户属性	一般贫困户	低保户	扶贫低保户	总　计
学生人数	130	6	10	146

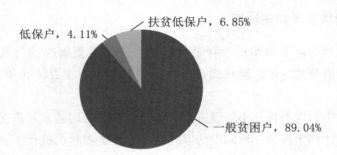

图 2　贫困户属性饼状图

　　石楼三中在校生 146 名，全部都是贫困户，其中一般贫困户 130 人，占比 89.04%，低保户和扶贫低保户也各有 6 人和 10 人，分别占比 4.11% 和 6.85%。石楼县是国家重点贫困县，居民家庭经济状况普遍较差，再加上学生这一群体本身花费较大，使得其家庭经济条件较一般家庭更为贫困。从统计数据来看，所有学生家庭都是贫困户，但能享受到国家贫困政策补助的，即低保户和扶贫低保户的仅占 10.96%，其余 89.04% 的学生家庭都没有享受到国家补助政策。不论从统计数据还是从日常跟同学们的接触中都能看出学生们家庭状况贫困，且国家贫困补助范围又十分有限。

（三）家庭成员数

表 3   家庭成员人数统计表

家庭成员人数	3	4	5	6	7	8	总　计
学生人数	12	47	56	24	3	4	146

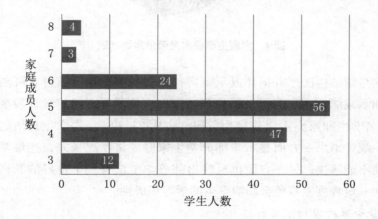

图 3   家庭成员人数柱状图

从统计数据来看，学生家庭数最少的是 3 人，最多的有 8 个人，大部分学生家庭人数都集中在 4~6 人。可以看出在校生家庭人数普遍较多，尤其是在实行计划生育以来大部分家庭都是独生子女的背景下，这里的家庭却大部分都是五六口人，而且通过统计数据发现仅石楼三中一所学校就有 24 对兄弟姐妹。从数据反映出学生家庭不仅成员人数多且年龄差距小，大多还都处于读书阶段，更加加剧了家庭经济负担。

（四）住房为危房及享受农村危房改造政策情况

1. 住房是否为危房

表 4   家庭主要住房是否危房统计表

是否危房	危　房	不是危房	总　计
学生人数	34	112	146

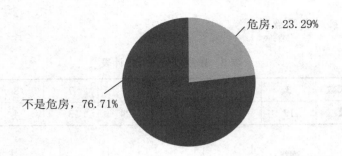

图 4　家庭主要住房是否危房饼状图

　　危房是指结构已严重损坏或承重构件已属危险构件、随时有可能丧失结构稳定和承载能力，不能保证居住和使用安全的房屋。经过统计发现，目前还有 34 名学生的家庭主要住房为危房，占比 23.29%，占学生总数的 1/5 以上。这一统计结果一方面显示了部分学生家庭经济状况极差，连最基本的住房问题尚不能解决，另一方面也反映出部分学生没有一个良好的家庭学习环境，这在一定程度上难免会影响学生的学习积极性。

　　2. 是否享受农村危房改造政策

表 5　是否享受农村危房改造政策统计表

危房改造政策	享受农村危房改造政策	不享受农村危房改造政策	总　计
学生人数	21	125	146

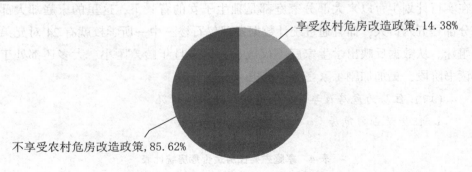

图 5　是否享受农村危房改造政策饼状图

　　从图表中可以看出，146 名学生中有 21 名学生家庭享受了农村危房改造政策。统计结果显示政府在一定程度上帮助危房住户解决了住房问题，但范围比较有限，并不足以覆盖所有家庭住房为危房的学生家庭。"住房难"仍然是小蒜镇的现状，而这一现状极有可能会引发后续的"上学难"问题，而这一问题应归责于经济条件差。没有良好经济水平支撑的教育势必会困难重重。

（五）家庭稳定外出务工人数

表6 家庭稳定外出务工人数统计表

家庭稳定外出务工人数	0	1	2	3	4	总 计
学生人数	105	27	11	2	1	146

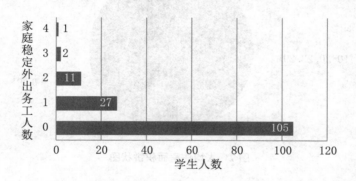

图6 家庭稳定外出务工人数柱状图

稳定外出务工的标准是指在山西省（含）以外务工且1年回家次数不超过2次。稳定外出务工人数越多，家庭经济条件相对越好。但从统计数据来看，绝大部分学生家庭没有稳定外出务工人员，仅有41名学生家庭中有稳定外出务工人员，且其中半数以上都是仅有1人稳定外出务工。更详细的数据显示无稳定外出务工人员的家庭除了在市内、县内、乡镇内务工的以外，大部分都以务农为主。可见大部分学生家庭没有稳定的外来收入，在家庭经济来源不稳定的情况下极有可能出现厌学、辍学等情况。

（六）人均住房面积

如表7所示，全校共有146人，其中人均住房面积在5平方米~10平方米之间的人数最多，有81人，占到全校总人数的55.48%；人均住房面积在

10 平方米~20 平方米之间的有 34 人，占到全校总人数的 23.29%；人均住房面积在 30 平方米~50 平方米的人数最少，仅 3 人，仅占全校总人数的 2.05%。

表 7　人均住房面积统计表

人均住房面积／平方米	1~5	5~10	10~20	20~30	30~50	总　计
人　数	18	81	34	10	3	146

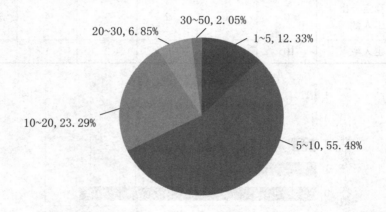

图 7　人均住房面积饼状图

由图 7 可知，半数以上的同学家中人均住房面积都在 10 平方米以下，住房条件紧张。人均住房面积在 20 平方米以上的属于家庭住房条件相对较好的，仅有 13 名同学。说明学生家中普遍住房条件困难。

（七）家庭人均年收入

表 8　家庭人均年收入统计表

家庭人均年收入	小于等于 2000 元	2000 元~5000 元	5000 元以上
学生人数	95	33	18

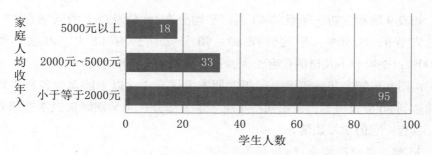

图 8 家庭人均年收入柱状图

如表 8 所示，全校共有 146 人，其中家庭人均年收入在 2000 元以下的人数最多，有 95 人；家庭人均年收入在 2000 元 ~ 5000 元之间的有 33 人；家庭人均年收入在 5000 元以上的人数最少，仅有 18 人。

由图 8 可知，大多数同学家庭人均年收入都在 2000 元以下，经济条件相当困难，属于特别贫困。只有不足 1/5 的同学经济条件相对宽裕，家庭人均年收入在 5000 元以上。

（八）各年级平均分

1. 初一年级平均分

表 9 初一年级平均分统计表

平均分	90 分及以上	80 ~ 90 分	70 ~ 80 分	60 ~ 70 分	60 分以下	总　计
人　数	17	14	5	3	1	40

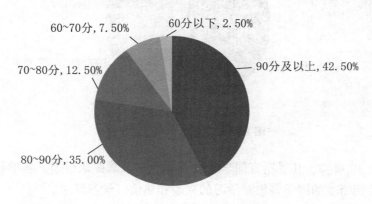

图 9 初一年级平均分饼状图

如表 9 所示，初一年级共 40 人，平均分在 90 分及以上的同学有 17 人，占总人数的 42.50%；平均分在 80～90 分之间的有 14 人，占总人数的 35.00%；平均分不及格的仅有 1 人，占总人数的 2.50%。

由图 9 可知，初一年级上一年度期末考试有 3/4 以上的学生各科平均成绩能达到 80 分及以上，说明初一年级学生大部分在小学期间知识掌握相对扎实，具有一定的学习热情。

2. 初二年级平均分

表 10　初二年级平均分统计表

平均分	60 分及以上	50～60 分	40～50 分	30～40 分	20～30 分	20 分以下	总　计
人　数	4	8	13	15	5	2	47

如表 10 所示，初二年级共 47 人，平均分在 60 分及以上的同学仅有 4 人，占总人数的 8.51%；而不及格的同学有 43 人，占总人数的 91.49%，其中大部分同学的平均成绩仅有 30 多分。

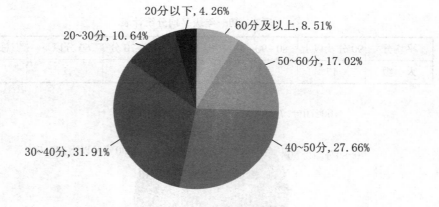

图 10　初二年级平均分饼状图

由图 10 可知，几乎所有同学对初一所学知识掌握地很差，各学科分数很低，并且相当多的同学丧失对学习的兴趣和热情，学习懈怠。

3. 初三年级平均分

表 11　初三年级平均分统计表

平均分	60分及以上	50~60分	40~50分	30~40分	20~30分	20分以下	总　计
人　数	12	10	14	16	7	0	59

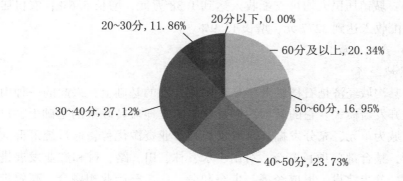

图 11　初三年级平均分饼状图

如表 11 所示，初三年级共 59 人，平均分在 60 分及以上的同学仅有 12 人，占到总人数的 20.34%；而不及格的同学有 47 人，占总人数的 79.66%，其中大部分同学的平均成绩仅有 30 多分。

由图 11 可知，几乎所有同学对于初二所学知识掌握地很差，各学科分数很低，并且相当多的同学丧失对学习的兴趣和热情，学习懈怠。对于作为即将中考的初三学生来说，成绩不容乐观。

（九）整体情况

三中同学家庭经济状况普遍不佳，家庭人口多，且外出务工人数较多，致使同学缺少家庭方面的教导，一定程度上导致了同学成绩普遍较差。而另一方面基础较弱，缺乏学习积极性也是他们成绩较差的主要原因。

为了进一步了解贫困地区扶贫情况、同学家庭状况及其对同学学习的影响，以及学校提供的义务教育均衡程度，我们在接下来的研究中逐步对团中央扶贫队、县团委、县教育局、镇政府、小蒜中心学校校领导和老师、三中领导和老师以及学生家长进行选择性访谈，以便获得研究成果，提出相应建议。

三、经济扶贫

(一) 整体经济状况

2017 年石楼县生产总值完成 9.59 亿元, 增长 5%; 工业增加值完成 1263 万元, 增长 6.7%; 一般公共预算收入完成 4353 万元, 增长 51.35%; 社会消费品零售总额完成 3.28 亿元, 增长 6.7%; 固定资产投资完成 8.2 亿元, 增长 55.2%; 城镇居民人均可支配收入达到 1.38 万元, 增长 5.6%; 农村居民人均可支配收入达到 3277 元, 增长 13.9%。

(二) 产业发展

1. 沟域经济

石楼县沟域经济是石楼县近年来在四荒开发的基础上, 兴起的一种山区经济综合开发新模式。它的基本特征是在实施土地流转政策的基础上, 以山区自然沟域为单元, 充分发掘其自然景观和产业资源优势, 通过统筹群众和社会投资, 整合部门项目资金, 对山、水、林、田、路、村和产业发展进行统一规划、分步建设, 形成经济与生态和谐、一二三产业相融合、高效带动农民治山治水脱贫致富的生态农业新探索。[1]支离破碎、沟壑纵横的地形地貌利用好了也会喷发出潜在优势。

2. 枣产业

石楼是产枣大县, 红枣面积已发展到 50 万亩, 年产红枣 1150 万公斤, 是全国人均红枣面积最大的县, 红枣产业也被确定为吕梁山区 "十三五" 期间完成 "精准扶贫" 目标、实现农民奔小康的 "首选" 产业。

石楼县的红枣, 集中在和合乡、义牒镇、前山乡、小蒜镇、曹家垣乡、裴沟乡、灵泉镇 7 个乡镇, 涉及 91 村, 5.2 万农业人口, 占全县人口的 60%。前山乡、和合乡的西山一带主产帅枣, 其他枣区乡镇特别是曹家垣、裴沟乡、小蒜镇多为传统栽培的木枣, 其品质低劣、效益不好。

3. 蜂产业

石楼县森林覆盖率为 19.8%, 林木绿化率为 46.5%。拥有丰富的蜜源植物, 如大宗蜜源植物洋槐、红枣和核桃, 另有大面积可供蜜蜂采集的蜜粉源

---

〔1〕 李召、梁瑜、刘挺:《希望, 从千沟万壑升起——石楼县发展沟域经济述评》, 载黄河新闻网, http://ll. sxgov. cn/content/2016-07/07/content_7265981. htm, 最后访问日期: 2019 年 1 月 17 日。

植物，如向日葵、荆条与苹果，为蜜蜂产业的发展提供了必要的条件。[1]石楼县也是中国为数不多的通过欧盟有机认证的蜜源地之一，3000米高空无航线，蜜源地5公里以内无规模化农业、无工业企业、无高速公路。同时，干旱半干旱气候地带特有的天气，使得这里的蜂蜜水分含量极低，轻松便可达到国家特级标准，因为这样的气候，其他花源植物不易生长，而洋槐花与枣花的开放周期完全错开，极大程度地保证了单花蜜的纯粹。[2]

4. 农业产业

全力推动"三个一"农业产业扶贫。"一县一业"工程，推动"善农计划、金鸡计划、银狐计划"三个产业发展计划。"善农计划"已成立山西善农蜂业有限公司，注册"甜蜜网事"品牌，进行欧盟有机产品认证和地理标志认证；"金鸡计划"80万只蛋鸡养殖基地基础工程已全面开工建设；"银狐计划"小蒜镇王家畔水貂特种养殖基地一期建设工程已完成，首批丹麦种貂现已进场。"一村一品一主体"工程，加快"六有"产业扶贫机制建设，吸收113个贫困村5834户贫困户15 325人参与。"一户一策"工程，出台了《石楼县一户一策扶持奖励办法》，在落实省市补贴政策的基础上，实现应补尽补。

（三）光伏扶贫

光伏扶贫资产收益实现全覆盖。2016年3.1MW的18个光伏扶贫电站已并网发电，574户贫困户从中受益。2017年规划建设14MW的村级光伏扶贫电站13个，覆盖113个贫困村，可带动2100户贫困户。

（四）护工就业

精心打造黄河岸边的"青岛村"，青岛转移就业新增人数近500人。贫困劳动力培训就业以"吕梁山护工"为主，共开展7期822人参加的培训，同时还向京东集团和北方汽修输送100余名"石楼技工"。对外出务工超过4个月的贫困户，拿出财政资金给予奖励。

（五）生态建设

积极推进生态建设脱贫模式。认真践行"绿水青山就是金山银山"理论，将25度以上坡耕地应退尽退，共规划退耕还林20万亩，2017年已完成造林

---

〔1〕　侯春生：《蜜蜂所携手中青科协助助推山西石楼蜂业扶贫》，载中国农业科学院蜂蜜研究所官网，http://iar.caas.cn/swxw/74774.htm，最后访问日期：2020年5月29日。

〔2〕　《石楼县蜂产业发展规划的实施意见》（石政发〔2018〕20号），2018年5月2日。

11 万亩，狠抓红枣核桃提质增效，2017 年实施红枣核桃提质增效管理工程 4.4 万亩，成立了 57 家造林专业合作社，吸纳贫困户 1000 户、3900 人参与造林，共聘用 898 名贫困户担任护林员，人均年补助 6000 元。

（六）政策扶贫

全面落实健康扶贫各项政策，启动并运行了贫困户先诊疗、后付费"一站式结算"服务，依托汾阳医院构建了乡卫生院、县医院、汾阳医院"三位一体"的诊疗体系。全面推进"全面改薄"项目，落实 12 项教育扶贫政策，农村义务教育阶段学生营养餐补助全部得到落实。

（七）第一书记

石楼县统筹各方形成帮扶合力，实施"54321"帮扶机制，即县级领导至少要包扶 5 户贫困户，正科级干部至少包扶 4 户贫困户，副科级干部至少包扶 3 户贫困户，党员干部至少包扶 2 户贫困户，一般干部至少包扶 1 户贫困户。通过确定专人，明确责任，落实措施，稳步实施，确保每户贫困户、每个贫困人口都能分类、分批逐步脱贫。[1] 严格落实县级领导联系贫困村帮扶贫困户责任，创新单位包村和工作队到村、党员干部到户、第一书记到岗精准帮扶联动机制，实施"干部下乡帮扶月"活动，推动帮扶责任人和帮扶对象、帮扶政策措施"精准对接"；进一步加大财政投入倾斜支持力度，积极推进"五位一体"小额信贷扶贫工作，最大限度吸纳金融、保险资金扶持深度贫困村和贫困户发展增收产业；要坚持扶贫同扶智、扶志相结合，抓好"护理护工"培训和转移就业等工作，激发贫困群众脱贫致富的内在活力，提高贫困群众的自我发展能力；要改进工作方式方法，多采用生产奖补、劳务补助、以工代赈等机制，教育和引导贫困群众通过自己的辛勤劳动脱贫致富。[2]

四、家庭贫困

在致贫的诸多因素当中，家庭本身的贫困也是非常重要的一方面，通过

---

〔1〕 马龙：《吕梁：石楼全面推行"54321"干部结对帮扶机制》，载搜狐网，http://www.sohu.com/a/65630606_253235，最后访问日期：2019 年 1 月 17 日。

〔2〕 王永平：《聚焦深度贫困，撸袖加油实干——访石楼县委书记油晓峰》，载黄河新闻网，http://ll.sxgov.cn/content/2017-07/10/content_8180646.htm，最后访问日期：2019 年 1 月 17 日。

分团 4 人的实地调研发现，石楼县大多家庭的贫困主要体现在"贫困代际"和"隔代教育"两大方面，接下来就这两方面问题分别进行分析。

（一）贫困代际

1. 父辈文化程度低，收入来源有限

山西分团 4 人在支教期间，通过上学期的建档立卡以及家访活动，了解到大部分学生的父母文化程度很低，甚至绝大部分家长是文盲或者半文盲。

表 12 小蒜三中学生家长文化程度统计表

文化程度	文盲或半文盲	小　学	初　中	中职中专	高　中	总　计
人　数	129	84	61	1	5	280

以小蒜三中为例，在统计到的 280 位学生家长中，有 129 位，即接近一半的学生家长都是文盲或者半文盲，还有 30.00% 的学生家长文化程度只有小学，最高文化程度为高中，但也仅占到 1.79%。

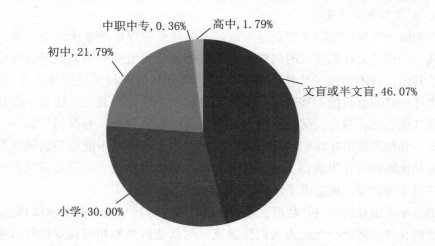

图 12 小蒜三中学生家长文化程度饼状图

父辈文化程度低，造成的一个直接后果就是收入来源、收入渠道十分有限，大部分只能靠种植农作物、体力劳动来获得收入。在小蒜镇几乎家家户户都有用来种植小麦、玉米、红枣等粮食作物的土地，然而仅靠种植这些粮食并不能获得满足整个家庭生活需要的收入。除了种地之外，大部分家长还会选择外出打工，依靠体力劳动来赚取收入，在家访时也了解到大部分家长会外出打工，但大都不是正式工人，工作也不稳定。根据小蒜镇政府统计到的数据，小蒜镇人均年收入只有 1300 元。所以从父辈一代来看，有限的文化水平导致了有限的收入来源，有限的收入来源又加剧了他们的贫困落后。

2. 贫困代际现象严重，乡村教育效果差强人意

前面已经解释过贫困代际的原理，结合小蒜镇的实际情况，父辈的物质贫困正在悄无声息地传递到其子女身上，然而更可怕的精神贫困也在逐渐蔓延。虽然贫困地区的教育事业得到了国家许多的政策支持，但还有为数不少的学生荒废学业。以小蒜三中为例，好多学生在小学时学习基础就差，升入初中后有些甚至完全自我放弃，有些学生经常会有辍学、外出打工的想法，有些已经将这些想法付诸实施，从初一开始就放弃学习，外出打工。但是缺乏文化知识的他们也只能是重复着父辈的生活境遇，出卖体力劳动换取一些微薄的收入。

（二）隔代教育

1. 青壮年流失严重

在调研的过程中我们了解到导致小蒜镇隔代教育现象严重大致有三种原因：其一，孩子父母都要长时间外出打工，将孩子留给爷爷奶奶或外公外婆照顾；其二，有不少孩子生活在单亲家庭，而且父亲或母亲还要外出务工，孩子大部分时间也只能和爷爷奶奶或外公外婆一起生活；其三，还有一些孩子没有其他长辈在身边，父母外出之后只能自己照顾自己，有些稍年长一些的还要一并照顾弟弟妹妹们的生活。严格来说第三种情况不能归类到隔代教育，但却比隔代教育更值得关注，综合上面三种情况来看，小蒜镇隔代教育现象已是十分严重，也造成了许多严重的问题。

根据小蒜镇政府的统计数据，每年外出打工的青壮年比例都在 80% 以上，欠发达的县域经济社会无法为人们提供充足的就业机会和相对稳定的收入来源，父母外出务工的动机或许本身就包含着不让贫困传递到下一代身上。但是他们全然不知自己做出的选择，恰恰在一定程度上斩断了这种努力的结果，精神方面的贫困才是导致贫困代际传递的主要因素。[1]

---

〔1〕 张琴琴：《县域义务教育均衡发展的现状与对策研究——以陕西省神木县为例》，陕西师范大学 2013 年硕士学位论文。

2. 隔代教育问题严重

隔代教育带来的问题已经在前面进行了分析，结合小蒜镇的整体情况，从小蒜三中来看，主要体现在两个方面：一是学习问题，有父母长时间陪伴在身边的学生的学习情况要比父母长期不在身边的学生的学习情况好得多，首先有父母在身边陪伴能够帮孩子解决后顾之忧，孩子只需要安心学习，自然大部分心思都会放在学习上；其次在学习中有父母的督促，学生也会花费更多的心力投入到学习中，相反从小缺失父母陪伴的孩子，可能被生活的琐事羁绊，或被社会上的种种诱惑影响，学习情况自然一落千丈。二是心理问题严重，从小被隔代教育的孩子不乏会出现自闭、自卑、冷漠、偏执等心理问题，缺少父母陪伴、教育的孩子在成长过程中充满了不确定性，而且从实际情况来看大多都会抵挡不住各种诱惑因素，出现各种各样的问题。[1]

隔代教育对孩子的个性发展有着极大影响，留守儿童长期远离父母，缺乏亲情抚慰，产生严重的"亲情饥渴"，内心充满我们看不见的痛苦和无助，在孤独的等待中度过难以言表的留守时光。

五、教育扶贫

贫困地区教育举步维艰，不外乎两种原因：其一，居住分散，交通不便，经济发展相对落后，办学成本较高；其二，待遇偏低，生活条件艰苦，教师队伍不稳定。

（一）学校情况

石楼县在 2005 年国家撤点并校政策的指引下，从 2008 年开始学校数量锐减。在 2010 年，政策性的撤点并校结束，但是并没有阻止学校的自我消亡。石楼县现存小学 17 所，其中乡镇中心小学 9 所，县城小学 8 所；初中 7 所，其中乡镇初中 5 所，县城初中 2 所；高中 1 所；职业中学 1 所；以往的村级教学点现在仅存 1 所。保障贫困地区农村的孩子们受教育的权利，才谈得上阻止贫困代际传递，才能从根本上解决贫困问题。

（二）教师情况

石楼县作为国家级贫困县，教师结构相较于市县较更为复杂。除大学生

---

〔1〕 杨公安：《县域内义务教育资源配置低效率问题研究——基于公共选择理论视角》，西南大学 2012 年博士学位论文。

志愿服务西部计划的少量且流动的支教教师外，石楼县教师可分为公办教师、特岗教师、代课教师。

1. 公办教师

在石楼县城，公办教师的数量占教师总数的很大一部分，并且近两年国家对石楼县加大的扶贫力度，使得公办教师的待遇也在逐年提升，这对于保证教师的生活水平、提高教师的教学积极性有很大的帮助。我们在日常生活和学习调研中也发现，教师在石楼县的整体社会地位较高，普通家庭认为自己孩子将来能够考上师范类院校并且进入教师队伍都是相当不错的选择。

2. 特岗教师

石楼县每年特岗教师的招聘数量较多，以 2017 年为例，全县共招聘特岗教师 300 多名，仅石楼县第三中学校去年分配到 7 名特岗教师，解决了三中教师严重紧缺的情况。同时，特岗教师多为应届生，年轻而积极向上，为学校输入新鲜血液的同时，以饱满的积极性投入到教学中去无疑也是学校的一大笔财富。

3. 代课教师

不得不说代课教师是一把双刃剑，既满足农村学校教师数量不足的现状，又因为其流动性极强，对教学的影响过大。[1]据石楼县第三中学校校长对于学校代课教师的情况介绍来看，代课教师的部分工资待遇的经费由学校负担，对于学校来说经费的压力较重，同时代课教师任教时间不受限制，有些代教会在学校工作 3 年，也有的代教仅仅在完成一学期的课程之后就选择工资待遇更为优厚的学校，或者找到了别的更为稳定的工作。代教的学历较公办教师和特岗教师来说都偏低，代课教师群体的教学业务能力以及教师本身的道德素养都处于较低的水平，在这样的情况下，代课教师群体进入到乡村中学任教，对于学生而言一方面接受不到相对专业的教育，另一方面，在长久的乡村成长环境下，大部分学生本来就接受不到较高水平的思想道德教育，在同是思想道德素养偏低的代课教师的教育下，对于学生思想道德水平的提高是相当不利的。

---

〔1〕 赵庆华：《义务教育均衡发展问题研究》，东北师范大学 2005 年硕士学位论文。

六、对石楼县脱贫的建议

(一) 发展优势产业，大力支持创业

1. 发展优势产业

通过对团中央扶贫队的访谈，我们了解到石楼县的产业发展状况。近年来，石楼县产业方向逐渐向枣产业和养蜂业甚至更大范围的养殖业进行转变。结合石楼县所处的地理位置来看，多山的地形对发展农业十分不利，于枣产业而言，我们调研发现枣树大都种植于山上，受天气影响过重，不确定性较强。

相较于传统的农产业而言，蜂产业目前状况良好，可以着重发展。因此，应注重蜂蜜质量，打造石楼县蜂蜜品牌，借助国家对贫困县的政策支持以及团中央扶贫队的影响逐步推广，逐步形成生产—加工—销售蜂蜜的产业链。并且在此基础上应鼓励石楼县人民多开辟新的优势领域，多管齐下，齐头并进，调动群众力量使石楼县早日脱贫。

2. 大力支持创业

除发展现有产业之外，部分有想法的农民会选择进行自主创业，但农民创业意愿的实现，既有赖于资金、技术、经验等个人资本的积累，也离不开一定的创业环境保障，资金是首要的考量因素。石楼县已经启动实施了"金融支持特色产业发展富民扶贫工程"。但我们了解到，由于农户居住分散，单笔贷款额度小，又缺乏合规的抵押品或者公职人员的担保，成本高、风险大，一般商业性金融机构不愿意、也难以为他们提供信贷服务。

通过与县团委相关领导的访谈，我们了解到目前县团委共支持 35 个创业项目，支持资金是 225 万元，并且还有扶贫贷款，贫困户可以贷得 5 万，用于以合作社模式进行养殖，采取几十户人共同发展同一产业等模式。但是目前问题在于支持项目数量有限，贷款要求严格且数额较低。

提高金融资本、人力资本和社会资本对农户生计的多样化拓展具有显著作用。想要降低贫困农户生计的脆弱性，一方面应在贫困地区发展微型金融，通过普惠金融服务帮助农民脱贫或巩固脱贫成效；另一方面中央和地方政府应加大对贫困地区农村教育的投入，增加教育资源，提高农村人口的教育水平，特别是职业教育水平，培养他们劳动技能，将能力扶贫置于资金扶贫之前。这些才是更加需要解决的问题。

（二）留住青年，降低贫困代际传递的比例

如前所述，由于产业种类不足、创业难，加上随着时代发展，欠发达的县域经济社会无法为人们提供充足的就业机会、足够的发展空间和相对稳定的收入来源，人们都想向外走以获得所谓更高水平的工资，因此作为一种重要的人力资源的青年大量流失。然而新生代农民工是乡村建设的主体，他们才是未来乡村发展的希望，这又造成了石楼县后备新生力量不足，形成恶性循环。

新生代农民工没有务农经历，对农村缺乏认同感，对他们而言，城市意味着一种新的生活方式和不一样的命运，但由于缺乏必要的专业技能和进入正规就业市场的本领，过高的期望与他们所面对的非正规就业市场形成巨大落差，在城市无法立足，又不愿甚至没有能力回到农村务农，比起上一代农民工，他们处境十分尴尬，成了既融不进城，又回不了乡的"边缘人"。

更严重的在于从家庭角度看，青年的流失使孩子一定程度上成为留守儿童，疏于管教下的孩子自由生长，学习劲头不足、心理问题严重，甚至最终贫困无限传递。在我们与石楼县职业中学校长访谈时，校长提到，每一个问题孩子的背后，都有一个问题家庭。

因此，需要抓住问题的关键，即通过产业扶持、创业支持来为青年营造更加良好的就业创业环境，从而留住青年。一方面为经济发展保留劳动力，另一方面为下一代的教育打下良好的家庭基础，保障同学们在平稳健康的家庭环境下正常完成学业，以免出现"接替父母成为新生代农民工"的现象，降低贫困代际传递的比例。[1]

（三）留住老师，保障贫困地区儿童受教育的权利

农村中学的教育水平直接决定了农村孩子的发展起点。在贫困山区，学校素质教育、职业技能培养、情感关怀这些决定农村孩子起点的教育功能，更需要重视。

如前所述，目前贫困地区教师主要包括公办、特岗、代课、支教教师这四种。以石楼三中为例，2017—2018 学年，教师比例为一线教师 23 名，其中公办 7 人，特岗 9 人，代教 3 人，支教 4 人，非一线教师 10 名（均为公办）。公办教师大多年龄较大，特岗、代教、支教教师年龄较小。这也从某种程度

---

〔1〕 夏茂林：《我国义务教育资源配置差距的制度述源及变革研究》，西南大学 2014 年博士学位论文。

上反映出目前石楼县贫困地区学校的教师构成。

一方面，教师的年龄分布与贫困地区儿童受教育情况不乐观的现状相关。在与石楼县教育局相关领导访谈时，他提到职称越高的教师年龄越大，工资高却不在一线工作，而真正在一线工作的教师们年龄偏小，职称不高，工资也相对较低（例如代教每月 1200 元），这对于提高教师教学积极性十分不利。另一方面，教师类型的构成也差强人意，正如上节所述，贫困地区同学的父母不在家中的比例较高，住校生较多，在家庭中缺失的关怀某种程度上急需在学校获得，甚至把学校当作第二个家。而贫困地区教师们面临教学、贫困山区生活琐事的压力，还要处理同学的学习、生活甚至心理问题，恐难以承受住同学们的过高期望，而且特岗、代教教师的流动率也很高，无论在生活还是学习上，对同学而言都十分不利。

因此，针对贫困地区的教师结构，需要政府以及教育部门一方面加强对教师本身及其待遇的关注，帮助教师解决切身面临的问题；另一方面密切关注教师队伍的能力水平、流动速率等，保障教师队伍的专业性和稳定性。只有留住优秀的老师，才能切实保障贫困地区儿童受教育的权利。

关于高校法科人才培养中思政教育工作的研究
——基于习近平总书记中国政法大学"五三"讲话

汤学文　薛宇娇　韩　越*

摘　要： 在全面推进依法治国的大背景下，我国高校法学人才的培养日益重要。从科教兴国人才强国的角度出发，高校法学人才的培养更需要重视大学生的思想政治教育。本文以习总书记中国政法大学"五三"讲话为视角，结合十九大报告的新时代新思想新征程的理念精神，对当前高校法学人才培养中的思想政治教育工作进行研究分析，发掘到其中存在着教育理念不符、实践教学欠缺等问题，并基于此点，以强化高校的思政教育理念、创新思政教育模式、促进思政教育多元化为目标，从高校思想政治教育观念、教育方式等多个角度出发，将高校法学人才培养的思想政治教育与十九大精神相结合，对思政教育提出合理化的创新建议。

关键词： 法治教育　思政教学　高校政治

中共中央、国务院在《关于进一步加强和改进大学生思想政治教育的意见》中，从全面实施科教兴国和人才强国战略，确保中国特色社会主义事业兴旺发达、后继有人的战略高度，深刻阐述了加强和改进大学生思想政治教育的重大意义。习近平总书记在 2017 年 5 月 3 日视察中国政法大学时强调，"全面推进依法治国是一项长期而重大的历史任务，要坚持中国特色社会主义法治道路，坚持以马克思主义法学思想和中国特色社会主义法治理论为指导，立德树人，德法兼修，培养大批高素质法治人才。"[1]

---

　*　汤学文、薛宇娇、韩越，均为中国政法大学法律硕士学院 2018 级硕士研究生。
　〔1〕《习近平在中国政法大学考察》，载新华网，http://www.xinhuanet.com/politics/2017-05/03/c_1120913310.htm，最后访问日期：2018 年 3 月 15 日。

　　高校法科人才培养的重要性日益上升，而思政教育工作作为一切工作的起点和重点，应该得到更多的重视。2017年10月，党的十九大胜利召开，十九大报告指出，当前中国社会主要矛盾已从人民不断增长的物质文化需要和落后的社会生产之间的矛盾转变成人民日益增长的对美好生活的需要与不平衡不充分的发展之间的矛盾。[1]这是新时代的重大历史判断，对今后有着方向性的指导意义。十九大开启了新时代中国特色社会主义的新征程，在这一征程中，高校应当肩负起历史的重担，深入贯彻学习十九大精神，将新思想融入高校的思政教育工作中。同时，十九大报告明确指出，"要全面贯彻党的教育方针，落实立德树人根本任务，发展素质教育，推进教育公平，培养德智体美全面发展的社会主义建设者和接班人。"[2]教育是强国的基础，人才是强国的关键，而政治方向的正确性与思想道德的高度是人才发展的首要要求，对高校法科人才培养中的思政教育工作进行研究是及时且必要的。

一、十九大下的高校法科人才培养

　　十九大是在全面建成小康社会决胜阶段、中国特色社会主义进入新时代的关键时期召开的一次十分重要的大会。会上，习近平总书记为我们做了题为《决胜全面建成小康社会 夺取新时代中国特色社会主义伟大胜利》的报告，这是一篇关于新时代坚持和发展中国特色社会主义的纲领性文献，是高瞻远瞩、意蕴丰富的报告，为中华民族伟大复兴的中国梦的实现指明了方向。在我党新思想的引领下，中华民族正在迈向一个新时代。作为高校，当下最紧迫的任务应当是将十九大精神理论融入教学。在依法治国的大背景下，法科人才的培养应当以十九大精神为指导，将思政教育工作做大做实，培养法科人才对新思想的自觉认同。

---

　　[1]《中共十九大开幕，习近平代表十八届中央委员会作报告》，载中国网，http://www.china.com.cn/cppcc/2017-10/18/content_41752399.htm，最后访问日期：2018年3月15日。

　　[2]《习近平在中国共产党第十九次全国代表大会上的报告》，载人民网，http://cpc.people.com.cn/n1/2017/1028/c64094-29613660.html，最后访问日期：2018年3月15日。

表1 100所高校法科人才培养体系情况统计表

项　目	2015 年	2016 年	2017 年	2018 年	2019 年
完　善	6	11	14	17	25
较为完善	11	14	16	26	29
有待完善	25	28	34	39	43
基本缺失	58	47	36	18	3

党的十九大将习近平新时代中国特色社会主义思想写入党章，这是以习近平总书记为领导的党中央审时度势深思熟虑后的重大成果，高校思政教育工作应当将新思想贯彻落实其中。十九大报告指出："讲政治是我们党作为马克思主义政党的根本要求。""保证全党服从中央，坚持党中央权威和集中统一领导，是党的政治建设的首要任务。全党坚定执行党的政治路线，严格遵守政治纪律和政治规矩，在政治立场、政治方向、政治原则、政治道路上同党中央保持高度一致。"[1]高校应当培养法科人才的政治素养，增强学生对国家的政治方向政治理论的深度认同感，使学生通过教育实践活动深刻理解中国特色社会主义的内涵与本质。高校在发展建设教育的过程中，应该以政治建设为首要，将学习上升到政治高度，从培养社会主义接班人出发，真正从根本上解决培养什么人、怎么培养人和为谁培养人的问题。大学生身处思想价值交锋的关键时期，对各种思潮的接触相对较多。而法学教育更具特殊性，在法律全球化的过程中，法科学子面对着来自各方的思想文化交流交融，更需要一颗思辨的心去学习领会。法科学子在接触多维的法学知识之前，必须有明辨是非的能力，有坚定的政治信仰，树立社会主义文化自信。

自古以来，法律都意味公平、正义，法学教育培养着众多未来的律师、法官等法律职业工作者，法律人只有具备良好的伦理道德，才能维护司法正义。法学既是一门科学，也是一门工具，法学特有的技术性决定了法学的教育要坚持辩证法和具体分析的方法论，对法律人的职业道德要求也会异于一般专业，面对矛盾问题，法律人是以一个裁判的身份出现，对于道德的学习，法律人不仅要知其然，更要知其所以然。丰富的知识储备只有与高尚的品格

〔1〕《中共十九大开幕，习近平代表十八届中央委员会作报告》，载中国网，http://www.china.com.cn/cppcc/2017-10/18/content_41752399.htm，最后访问日期：2018 年 3 月 15 日。

结合才是人类进步的途径，必要的思想政治教育有助于学生树立正确的人生观价值观，在即将面对复杂社会的备战期，做出正确的价值判断和选择，成为德才兼备的高素质法律人才。

二、高校法学人才培养中思政教育工作的当前现状分析

思想政治教育在高校的人才培养中理应占据很重要的位置，它从马克思主义基本理论教育，党的方针、政策、路线，爱国主义有关教育以及理想信念教育、心理教育等方面对当代学生进行潜移默化的影响与塑造。它既是推动我国高校学生人文思想建设的基础工作，也是高校培养高素质法学人才的重要方式。[1] 由此看来，在高校法学人才培养中，思想政治教育就显得更加重要。法学人才作为法律相关行业的储备人才，其个人的思想政治水平对于我国日后立法、司法、执法等多个方面都有着十分重要的影响，应该得到高校的高度重视。我国高校法学人才的思想政治教育近年来处于缓慢发展的程度，随着互联网与新媒体等的快速发展，高校法学人才的思想政治教育也面临了更大的挑战，任务更加艰巨，不仅要提升自身的教育水平、拓宽教育方式，还要应对来自世界上不同的价值取向对高校学生影响所带来的问题。随着党的十九大的召开，对高校法学人才培养中的思想政治教育也提出了更高的要求，为了更好地探寻其发展道路，我们应该对其现状进行相应的梳理，找准问题才能更有针对性地找到解决方法。

近年来，我国高校法学人才的思想政治教育虽然总体而言并不是十分完善，但也取得了一定的成效，较之前而言，也有了一定的进步与提升。

表 2　100 所高校法学人才培养特征统计表

项　目	高校占比
国家积极出台相关政策提高重视程度	29
高校加强思政教育工作的意识显著提升	34
高校初步探索创新思政教育的方式	31
其　他	6

---

〔1〕　吴丹：《高校思想政治教育现状及有效性对策研究》，载《考试周刊》2016 年第 23 期。

（一）国家积极出台相关政策提高重视程度

高校思政教育工作近年来越来越多地得到国家的重视与支持，全国高校思想政治工作会议就是其中的集中体现之一。习近平总书记在会议中着重强调要坚持把立德树人作为中心环节，同时，他也提出思想政治教育要贯穿到教育教学的全过程当中。这意味着不是为了思想政治教育而将其孤立化，而是把它作为一条将高校教育串联起来的线，融入各个教育领域当中去，采用显性教育和隐性教育结合的办法来推动思政教育工作的发展。这一会议的召开可以看出从国家层面而言，对这一领域的重视程度和支持力度明显加大，而伴随其而来的相应政策也更加有利于思政教育发展。这对现今高校法学人才培养中的思政教育有着极大的推动作用。

（二）高校加强思政教育工作的意识显著提升

随着国家重视程度的提升以及高校法学人才培养实践中相关经验的不断积累，高校法学人才培养的相关从业人员对思政教育工作的重要性有了更加直观的认识。他们意识到思政教育工作作为培养法学学生价值取向和思想高度等重要内涵的必要途径，不论是对学生个人的发展来说，还是对整个国家的发展进步而言，都有着举足轻重的影响。近年来，各个高校在法学人才培养实践中，也越来越注重思政教育工作的推进，虽然较为缓慢，但确实从意识层面，有了较为显著的提升。

（三）高校初步探索创新思政教育的方式

现如今在互联网和新媒体快速发展的大环境之下，人们的生活方式发生了巨大的变化，微信、微博等软件的快速兴起、信息化的不断发展都对高校学生产生了重要的影响。高校法学人才培养中思政教育的方式多年来基本没有很大的变动，基本采取大容量的集体授课形式，但随着社会快速发展的巨大影响和冲击，近年来，高校开始尝试创新思政教育方式的初步探索，例如运用微信、微博等平台进行思想政治教育与宣传等，虽然创新的方式还处于萌芽试验阶段，但已经可以看到一些想法与苗头，对于高校法学人才的思想政治教育工作来说算是一个很大的进步。

三、高校思政教育现存问题及成因分析

高校法学人才培养中的思政教育工作虽然在多年的实践与发展中有了一

定程度的进步，但是总体而言还是较为落后和薄弱的，多年来并没有很大的发展。随着对这一领域关注度的不断提升，当今社会人才需求趋势呈现出多元化、全面化的倾向，其存在的问题也越来越明显地暴露出来。

（一）思政教育教学管理体制不够完善

首先，高校在法学人才培养中对思政教育工作投入的经费较少，相关的配套设施不够完善，课程设置相对单一，且多年来形式较为固定，缺乏创新，课程设置存在不合理的地方，较为机械化，这主要是高校在法学人才的培养中，较多地关注了法学专业能力的培养与塑造，相对来说忽略了起着基础作用的思政教育工作的推进。

其次，相较于法学学科的研究人员，高校思政教育的研究人员数量较少，研究的深度较浅，范围较为固定，不够全面化、创新化、多元化，使得整体而言虽然思政理论水平在不断发展，但是思政教育的水平发展较为缓慢，这也是近年来各高校在不断尝试创新思政教育教学方式的原因所在。

最后，在法学人才培养中，思政教育的考核方式较为单一，多数以闭卷考试或者课程论文的方式，不能十分全面地对法学学生的思想政治水平与实际情况进行考核，导致不能十分及时地掌握学生对于思政教育的评价与反馈，其有效性有待考查，学校、老师与学生之间缺乏一定的及时交流。

表 3　100 所高校思政教育存在的问题统计表

项　　目	2016 年占比	2017 年占比	2018 年占比
思政教育教学管理体制不够完善	12	14	16
师资力量较为薄弱	26	24	20
教育教学方式单一	35	31	28
缺乏相应的校园文化氛围	27	31	36

（二）师资力量较为薄弱

高校法学人才培养中思政教育工作主要是为了帮助学生树立正确的人生观、价值观和世界观，建立积极的人生态度，提高他们的思想道德素质和整体文化素养。[1]而思想政治教育相关的老师作为直接为学生传授知识的人，对思政教育工作的推进有着十分重要的意义。普遍而言，高校思政教育方面的老师数量较少，师资力量较为薄弱，且大多身兼数职，不利于思政教育的推进。除此之外，教师的专业能力参差不齐，理论水平还有待提高，不能得到完全的保障。教师的教学理念较为传统，缺乏创新性，不能很好地将教学内容与法学学科以及当今时事热点进行很好地结合，使得在实践中很多学生认为思政教育与实际生活距离较远，思政教育有效性难以保障。

（三）教育教学方式单一

教育教学方式是思政教育中的有力手段和武器，直接影响着思政教育工作的效果和水平。多年来，高校的思政教育大多采用课堂讲授的方式，由教师讲授相关的理论内容，学生坐在课堂上听讲。由于思政教育所涉及的相关课程内容本身就相对枯燥，理论性强，这样缺乏互动性和趣味性的教学方式很容易使学生丧失对课堂内容的兴趣。[2]学生对于学习知识的主动性不能很好地调动起来，阻碍了思政教育的发展。除此之外，由于大多数采用课堂授课的形式，实践教育较少，近年来随着各地思政教育基地培训的增加，这一问题有所改善，但是对大多数的同学来说，还是很少有机会能参与到实践中去，因此不能更加全面、可感地接受思政教育。相较于当今时代互联网、新媒体的迅速发展，对教育教学方式的创新性也提出了新的要求，如果还延续传统的教学方式，可能会造成教学模式与学生相对脱轨的情况。

（四）缺乏相应的校园文化氛围

隐性教育相对于显性教育而言，具有潜移默化、润物细无声的特点，能够为显性教育提供良好的氛围与环境，思政教育文化氛围的建设就是隐性教育的一种方式。思政教育的目的是塑造学生理想信念、提高其思想道德水平，而这种个人思想素养方面的提升，就更加需要有良好氛围的影响。而就目前的高校思政教育工作而言，这一方面无疑是较为缺乏的，没有形成完整的体系，实践操作经验也较少，相关的校园文化活动无论从质量而言还是数量而

---

〔1〕 陈少权：《当前高校思想政治教育的现状、问题及对策》，载《赤峰学院学报（汉文哲学社会科学版）》2015年第4期。

〔2〕 常森峰：《浅析高校思想政治教育的现状及对策》，载中国武汉决策信息研究开发中心、决策与信息杂志社、北京大学经济管理学院主编：《"决策论坛——公共管理决策案例与镜鉴研讨会"文集》2015年，第1页。

言都存在一定的不足。从一定程度来说，这也是高校法学人才培养中思政教育缺乏趣味性的一个原因。

四、法学人才培养中思政教育的重要地位和作用

（一）思政教育的地位

十九大报告中强调，进入新时代，我们仍要坚持社会主义核心价值体系，仍需加强思想道德建设。思想政治教育是中国特色社会主义高校教育无可或缺的组成部分，尤其对于法学教育而言，其应当居于首要地位。"厚德明法，格物致公"，这是法学教育最高殿堂的中国政法大学的校训，其也强调了良好的道德品行对于法律人才的重要意义。

法学教育之所以如此强调道德伦理的重要性，就在于法律素养的形成、法律制度体系的建立、法律条文的运用以及法律正义的实现，都离不开法律人内心强大的法律信仰和严谨的道德标准。当然中国特色社会主义法治国家的建设更需要一批德法兼备、全面发展的卓越法律人才，这些高素质的法律人才也不仅仅只是具有法律知识和解决法律事务能力的人。正如有位学者所说："单方面的法律知识传授无论如何丰富、如何成功，都不能说是成功的法学教育。法学院在法律知识的传授之外还应关注受教育者思想能力与伦理能力的培养，因为前者关系一国法律制度的成长，后者则关系一国法律制度的健康。"[1]

（二）思政教育的作用

1. 培养德法兼修的法律人才

习总书记在中国政法大学和全国高校思想政治工作会议的讲话中都强调了，高校的立身之本在于立德树人，其不仅要提高学生的专业知识水平，更要培养学生的思想道德素养。近年来曝光的司法工作人员腐败案、上海法官集体嫖娼案等，其造成的社会危害性都告诉我们法律职业中法律信仰、思想作风的重要价值。因此认识思政伦理课在法学教育中的重要地位，使大学生全面客观地认识自身发展规律、认识社会，辩证地看待人类社会发展的前进行和曲折性，从而使其在掌握专业知识的基础上，形成高尚的社会主义价值

---

〔1〕 齐延平：《论现代法学教育中的法律伦理教育》，载《法律科学》2002年第5期。

观和独立的精神理想信念，在工作和生活中敢于捍卫法律正义，不畏强权，坚守司法独立，从源头上遏制官员腐败和司法不公。

2. 提升法律职业能力

基本的社会荣辱、是非分辨能力是正确运用法律裁断纠纷的基础。在立法、行政与司法机关工作的法律人才，居于国家管理的重要地位，其手中的国家权力对于社会秩序和公共利益至关重要；社会律师承担着帮助公民解决纠纷、宣传法治思想、维护社会安宁的重要职责。可以说法律职业人员的思想道德素养和专业知识水平是法律职业资质的评价要素，也是法律行业规范的重要组成部分。将法学与思政结合，通过对学生道德判断和伦理行为能力的培养，使法学生在今后的学习工作中自觉进行伦理道德的判断和纠正，一方面避免自身违法违纪，另一方面也能运用多种纠纷解决机制化解各方之间的利益冲突，从而使法律工作实现法律效果和社会效果的统一。

3. 实现司法公正、建设法治国家

博登海默曾说过："当一条规则和一套规则的实效因道德上的抵制而受到威胁时，它的有效性就可能变成一个毫无意义的外壳。"[1]因此对法律的道德性评判是法律是否正当合理的基础，也是法律实施运行的价值标准，法治即良法之治。因此培养具有高尚道德修养、坚定法律信仰的高校大学生，有利于保证法律从立法到司法的公平高效，保障制度的健康平稳运行，从而实现司法公正、法治昌明。

4. 打造良好的法治氛围

首先，高校法学培养中对思政教育教学的重视本身就是一种良好的社会宣传。在公开课堂、法律公益宣讲、社会实践等活动中将法律和社会主义理想信念结合，向社会大众宣传正能量，有助于提升社会民众的法治意识，认识到自身道德素质对于社会安定的作用，从而营造一种良好的法治氛围。

其次，法律人刚正不阿、维护正义的形象，对社会来说本身就是一种良好的社会示范。其在普通公众中的感染力，也更能加深公众对于法律正义、司法公正的感悟。因此法律人的道德思想水平和作风能起到引导社会风气、促进社会整体法治意识提高的作用。

---

〔1〕〔美〕博登海默：《法理学：法律哲学与法律方法》，邓正来译，中国政法大学出版社2017年版，第45页。

五、法学人才培养中思政教育的创新发展

信息技术的发展带来了深刻的思维变革，也给高校教学带来了巨大的发展空间。多元文化的激荡、当代大学生的新特点、互联网传媒技术等的普及都要求，新时代高校的思政教育应当更加开放，更加多元。

表4　100所高校思政教育的创新发展举措统计表

序　号	项　　目	举　　措
1	完善思政教学管理体制	加大思政理论研究投入
		建立教学信息反馈机制
		整合校内外资源
		利用信息技术
2	加强师资队伍建设	提高自身理论实践水平
		转变教学理念
		尊重学生教育主体地位
		重视教学内容
3	创新教学方式方法	建立学生主导的课堂模式
		注重实践教学
		加强教师和学生的互动协同
		重视示范教育
4	重视校园环境建设	打造健康校园文化
		开展思政校园活动

（一）完善思政教学管理体制

法学院校作为思政教育体制的建立者和管理者，其更应积极主动地整合各部门资源，从制度到师资建立优质高效的法学思政培养模式，成为思政教学改革的引导者、推动者。

1. 加大思政理论研究投入

习近平总书记在"五三"讲话中指出，理论引领实践，高校作为法学人才培养的第一阵地，要充分利用资源集合优势，加强对基础性问题的研究，

为建设社会主义法治国家提供理论支撑。[1]因此，法学院校可以设置专门的法律道德教研室，或组织相关主题讲座等，定期或不定期组织学校相关思政和法学老师对如何有效进行思政教育展开深入探讨研究，各抒己见。既能充分利用优质教师资源，也能为法学和思政教育教学的协调提供一个思想碰撞的平台，充分鼓励师生自由进行相关研究。同时学校也可以提高科研奖励力度，鼓励教师大胆探索两类学科的融合实践，从而实现高校法学人才培养中思政实践教学的创新发展。

2. 建立教学信息反馈机制

教学信息反馈的目的在于从实践中及时发现并改进法学思政教育中的不足。在校内主要以发放网络问卷或班级反馈等形式，通过向学生和教师了解学生的学习情况、对教学的评价与需求等，及时对思政课程作出合理调整；校外加强与用人单位、市区党组织、校友的联系沟通，重点了解对毕业生综合素质的要求、行业与中国特色社会主义理论结合情况以及对我校法学培养中思政教育的建议等，加强社会的沟通。

3. 整合校内外资源

校内，利用各部门师资和研究活动，鼓励师生进行马克思主义法学思想和中国特色社会主义理论的跨学科研究，实现各领域教师的良性互动。校外，创设合作平台，与区委组织部、其他高校等建立沟通合作机制，可以以法学和思政为主题进行专题讲座，可以就社会热点进行专题剖析，也可以就相关主题活动进行网络资源共享，形式可以是多样的，目的在于加强教师自身素养，帮助教师了解学术动态，形成丰富多彩而又与时俱进的教学内容，以充实课堂。

4. 利用信息技术

科技的发展便利了现代教学。首先各高校可以利用其网站的"智慧校园"、云服务等技术，向在校生及时分享相关资料视频，帮助学生拓展知识面，也便于教师完善其课程内容。其次，鉴于即时通信工具如微信等的普及度，学校和学院也可以在其公众号或学生群中推送具有教育宣传价值的新闻、评论等，使学生在潜移默化中逐渐形成正确的价值观、人生观。同时学校也

---

〔1〕《习近平在中国政法大学考察》，载新华网，http://www.xinhuanet.com/politics/2017-05/03/c_1120913310.htm，最后访问日期：2018年3月15日。

应主动整合物联网信息，以发挥其最大价值。目前物联网在高校应用非常普遍，我们在就餐、借阅、出入时使用的校园卡都是物联网技术在发挥作用。物联网可以追踪记录学生的用餐、阅读、作息习惯等，因此高校可以通过信息加工主动了解并解决学生的思想、学习以及生活中的难题，帮助学生养成良好习惯，保持健康的生活心理状态，为国家培养全面发展的法治人才。

（二）加强师资队伍建设

新时代大学生，思想自由、敢于挑战、学习能力强，互联网时代下对知识的获取已从过去依赖教师、书本发展为现在的全球网络共享，知识更全面及时，因此他们善于思考，敢于质疑权威。这些特点给现代高校教育带来了不小的挑战，充实自身、转变方法理念，是对高校教师提出的新要求。

1. 提高自身理论实践水平

习总书记指出："立德树人，以师为范。教师传道，自己首先要明道、信道。高校教师以德立身、以德立学、以德施教，努力成为先进思想文化的传播者、党执政的坚定支持者，就能更好担起学生健康成长指导者和引路人的责任"[1]。

法学院校思政教师承担着对大学生进行马克思主义法学思想宣讲、中国特色社会主义理念传播、社会主义核心价值观践行的重要职责，教师自身的思想实践水平决定了思政教育的质量。信息化时代对教师知识的广度和深度提出了挑战，因此高校思政教师要不断完善知识结构，认真学习马克思列宁主义、毛泽东思想、邓小平理论、"三个代表"重要思想、科学发展观、习近平新时代中国特色社会主义思想，主动学习了解时事新闻，借助新媒体加强与学生的互动交流，并帮助他们解决学习、工作中的问题，总结借鉴优秀的实践教学经验。只有不断充实提高，才能以身作则形成榜样力量。

2. 转变教学理念

传统的填鸭式灌输理念应被淘汰，实践和创新应当成为教学原则。在知识大爆炸时代，无论是社会还是学生自己，都不再满足于理论学习过程，更推崇的是激情四射的思维碰撞和灵活多变的课堂教学。更要注意到的是，法

[1]《立德树人，为民族复兴提供人才支撑——学习贯彻习近平总书记在全国高校思想政治工作会议重要讲话》，载中华人民共和国教育部网站，http://www.moe.edu.cn/jyb_xwfb/s5148/201612/t20161209_291329.html，最后访问日期：2018年3月15日。

学生相比其他专业的学生，更需要对社会核心价值观、荣辱观念具有深刻的认识，只有实践才能出真知。

在如今大班授课的模式下，老师可以展开合作式教学或情景式教学，训练学生的自主思维和学习方法，营造真实学习情境，使学生在每个教学阶段都能实践参与。这样不仅能最大限度地扩大课堂参与，而且也能培养学生的伦理思辨能力和探索精神，从而保持独立的精神信念。

3. 尊重学生教育主体地位

马克思说："最蹩脚的建筑师从一开始就比最灵巧的蜜蜂高明的地方，是他在用蜂蜡建筑蜂房以前，已经在自己的头脑中把它建成了。劳动过程结束时得到的结果，在这个过程开始时就已经在劳动者的表象中存在着，即以观念存在着。"〔1〕之前已经提到过，当代大学生普遍追求独立意志和自由，强调自我，他们更愿意通过多种渠道主动学习、全面思考，因此教师应当多采取小组案例展示，或主题讨论等方式，布置具有教育研究意义的时事或法律案件，由学生自主通过阅读书籍、搜索网络等方式，在课堂上进行观点交流，老师只进行必要的补充总结即可。这样既能拓宽理论学习的广度和深度，更重要的是能实现学生的自我学习、自我教育、自我反思。

4. 重视教学内容

思政课理论教学主要围绕中国特色社会主义理论、社会主义核心价值观展开，对于法学学生来说，知识本身难免与专业课程的原则法理等重合，很难保证课堂教学是否能吸引学生，更难提创新思维的培养了。新时期大学生希望教师在讲课时能够"开口欧罗巴，闭口古希腊，言必称罗马"，或者是"经史子集，诗词歌赋，皆可信口拈来，绘声绘色"〔2〕。因此，教师在教学内容的选择上，可以以具有重大社会影响的法律事件或影响广泛的社会政治活动为依托，如腐败官员和国家反腐败进程等，尽量对社会学、哲学、史学等内容旁征博引，引导学生展开深度分析与讨论。当然也可以体现法学学科的特点，因为各个法律部门的原则本质上都是我国特色社会主义思想和优秀传统文化的体现，因此可以通过部门法中法律原则或规则背后的道德因素来进

---

〔1〕《马克思恩格斯全集》（第23卷），人民出版社1972年版，第202页。

〔2〕蒋慧、周伟萌主编：《法学专业实践教学的理论与创新》，西南交通大学出版社2016年版，第20页。

行讲解，如刑法中对于特殊主体的从宽、非监禁刑的适用、对死刑的限制条件等，这都是人伦、宽严相济等的体现。这样就能增加课堂趣味性，也强化了学生对于法律与道德关系的认识。

当然这同时也是对教师课堂语言的一种要求。老师能够以轻松风趣的语言娓娓道来，不是死板地灌输，使其教学内容和教学方法活泼新颖，就能避免与学生的距离感从而获得学生的尊重，百家讲坛之所以大受好评也有这方面的原因。因此老师如能与大学生轻松交流，增强思政课堂的亲和力、时代感和吸引力，那么课堂教学也将会事半功倍。

（三）创新教学方式方法

1. 建立学生主导的课堂模式

采取大班教授与小组合作的课堂形式，采用案例引导的教学方法，并以具有重大社会影响的法律事件或影响广泛的社会政治活动为依托。具体而言，大班集中讲授理论知识的精华，介绍社会典型案例，并在此基础上进行课堂展示或组织小组合作研讨。例如以于欢案、快播案为小组课堂展示的背景材料，分析其中折射出的法律制度、职业道德或法治观念等问题，小组代表进行观点展示。这样以学生为中心，将教授的知识转化为实际案例，通过使学生发挥主观能动性来提升其理想信念，强化其公平公正意识。

2. 注重实践教学

实践是最好的老师。德育不是只有理论的讲解和认识，高效的教育教学还需要教师加强实践教学。针对法学学科，思政教师可以将实践教学与社会调查、课题研究、专业课实习、模拟法庭等结合，在学生参与社会实践的过程中进行思想价值观念的渗透灌输，引导其体验和反思个人道德素质对构建和谐社会的重要性。可以是与学生合作学习，也可以建立结果反馈机制，要求学生形成具有学术价值的实践报告。以学生的亲身体验，形成对社会法治环境科学合理的认识，培养其正确的人生价值观和法律信仰。

3. 加强教师和学生的互动协同

教师应该是学生学习的指导者、帮助者，以及和学生共同学习的综合角色。[1]在法学教育中，教师可以带着学生共同研究，共同参与法学和思政项

〔1〕 顾明远：《教育观念现代化是教育现代化的灵魂》，载人民网，http://theory.people.com.cn/n1/2016/0131/c40531-28098603.html，最后访问日期：2020年5月25日。

目的调研、课题论文的撰写等；也可以与学生共同参与社会实践和法治宣传。在新媒体时代，老师也要善于利用信息技术加强与学生的交流，主动了解学生的思想、生活状态，及时为他们排忧解惑，从而使法学和思想政治教育在实践中融合。

4. 重视示范教育

示范教育，也称典型教育法，指运用具有代表性的人或事进行示范，引导人们学习和仿效，以提高人的思想道德水平。[1]树立模范典型进行宣传教育一直是我国优秀的教育文化传统，将抽象的理论转化为生动形象的人物和身边的生活点滴，以此来进行正能量教育。既可以选择正面形象，如兢兢业业的人民警察、不畏权势的司法人员，也可以选择反面典型来敲响警钟，如冤假错案、贪污腐败，以此帮助尚未进入社会的大学生培养思维判断和行为选择能力，使其学会用正确的立场观点分析问题，以法律之利剑维护社会公平正义。

（四）重视校园环境建设

校园生活环境是大学生思想体系和行为习惯培育的土壤，健康和谐的生活学习环境才能达到润物细无声的教育效果。

1. 打造健康校园文化

校园文化以师生活动为主体，以校园精神为底蕴，是学校物质文明和精神文明的总和。[2]高校承担着学生认识并融入社会环境的重任，因此校园生活是法学生理想信念形成的土壤。试想，一个充斥着功利主义和官本位文化的校园，如何能培养出一个无私奉献、坚守正义的法官。因此，高校在建设学科教育体系的过程中，也要注重校园氛围的营造。一方面，在校园建设、校务管理、教师考核以及学生日常生活管理等方面，都能坚持公开透明、民主畅通，充分尊重教师和学生的知情权和参与权，使民主法治渗透进师生日常点滴；另一方面，注重学校硬件宣传，如在标志性建筑、校史展览、宣传标语中融入中国梦，宣扬社会主义核心价值观，不断给学生以思想激励和文化滋养。

---

〔1〕 杨业华：《思想政治教育创新的价值基础》，中国社会科学出版社 2017 年版，第 249 页。
〔2〕 程浩等著：《中国高校思想政治教育史论》，社会科学文献出版社 2016 年版，第 230 页。

2. 开展思政校园活动

借助多种校园活动，寓教于乐，通过潜移默化形成法学生的道德观念和法律信仰，并最终外践于行。可以要求班级党支部、团组织定期举办相关的专题学习或民主生活会，学习党的先进理论知识，宣传法治文明建设；或组织游览纪念馆、博物馆，发挥班级组织深入学生群体的优势，了解大学生思想心理动态，感染和号召大学生不忘初心。另外，模拟法庭也是法学生的一个重要的实践形式，因此可以在模拟法庭公演活动中，鼓励引导法学生在其中加入具有中国特色的社会主义法治理念，鼓励学生在实践中反思，在宣讲中领悟社会主义核心价值观对法治建设的重要性，以达到"润物无声"的教育效果。

武汉公共图书馆利用率的调查研究

韩云霄*

摘　要： 随着现代科技的发展，图书馆的地位也逐渐受到威胁，而公共图书馆作为知识与文化的集中地、继续教育和终身教育的基地，在社会教育中起着无与伦比的作用。而图书馆资源利用率不高，市民对图书真实的需求不能有效地向图书馆作出反馈等问题的存在，影响了全民阅读的积极性，也是图书馆藏书资源的浪费。为了进一步提高公共图书馆的资源利用率，深度了解市民对于图书的需求，在市民与图书馆之间搭建一座桥梁，以准确高效地将市民的需求向图书馆作出反馈，最终提升市民整体的文化素养与全民阅读的文化氛围，笔者在严谨的调查分析之后，对公共图书馆的建设提出切实可行的建议，尽全力为帮助武汉市公共图书馆的建设贡献出自己的一分力量。

关键字： 公共图书馆　资源利用率　全民阅读

一、调研概述

（一）调研背景

众所周知，公共图书馆的主要职能有五种：保存人类文化遗产、开展社会教育、传递科学情报、开发智力资源和提供文化娱乐。图书馆作为知识与文化的集中地、继续教育和终身教育的基地，为广大市民提供了适合阅读的环境与资源，在社会教育中起着无与伦比的作用。为进一步了解武汉市公共图书馆的利用程度，公众对于图书馆的需求方向和满意程度，笔者通过实地考察、采访、发放调查问卷、统计数据等方式采集信息，并对此进行分析整

---

* 韩云霄，中国政法大学外国语学院 2018 级硕士研究生。

合，以求能对公共图书馆有进一步了解，并在公共图书馆和群众需求中间搭建一座桥梁，以最大限度地发挥公共图书馆的功效，提高市民阅读积极性，提高市民整体素质水平，迎合现代社会的发展潮流，促进社会主义的精神文明建设，努力达到互利共赢。

（二）调研意义

就武汉市公共图书馆利用的现状来看，主要存在以下两个问题：一是馆藏图书有限，不能满足市民的阅读需求；二是图书馆藏书利用率低，造成对现有资源的极大浪费。因此，本项目研究的意义在于了解武汉市公共图书馆的利用情况与广大市民对图书馆的需求，并针对公共图书馆的现状提出合理化的建议，以提高文献资源与电子资源的利用率，提高图书购进质量和流通速度，促进图书馆的资源建设，提升图书馆的服务水平，完善城市文化。本次实践以问卷调查以及实地考察的形式进行，通过统计数据来分析原因，进而为武汉市公共图书馆的建设工作献计献策，以争取达到物尽其用与广大市民获利的共赢。

（三）调研目标

调研武汉市公共图书馆利用情况，了解广大市民对公共图书馆的需求，分析图书馆在资源利用当中存在的问题，分析原因并提出合理化的建议以提高武汉市公共图书馆文献资源的利用率，促进图书馆文献资源的建设，使其更好地为广大市民服务。

（四）调研对象

基层群众对公共图书馆的需求利用状况（以武汉市民为例）。

（五）调研内容

第一，通过互联网、图书馆等信息资料来源，查阅大量的现有文献，对城市公共图书馆利用率的现状做初步的了解，打好理论基础。

第二，以湖北省图书馆以及武汉市街头 24 小时自助图书借阅机为例，查看武汉市各个年龄段的市民进出图书馆及借阅图书的相关数据统计，并整理汇总。

第三，进行问卷调查，根据所要调查的内容设计相关问卷，在人口密集区分别发放给各个年龄段的武汉市民，由他们来完成问卷的填写，最终由研究小组汇总数据、分析数据。普通市民的观点永远都是最具有普遍性的，因此由他们所填问卷而分析得到的数据具有很强的代表性。

第四，对充分利用和从不利用城市公共图书借阅设施的人群、图书馆管理员、相关负责人等进行了走访调查，通过采访他们而得出来的意见和建议必定是对研究非常有帮助的。

第五，整理已获取的各方面材料和统计数据，结合前期理论准备，将调查实践结果和具备可行性的改进方案等撰写成研究报告，并将研究成果反馈给湖北省图书馆。

第六，计划召开相关报告会，同图书馆负责人和广大市民交流经验，并进行图书馆借阅利用的建议指导。利用文字、图像、视频等多媒体形式展示我们的研究成果，更形象生动地把成果展示给更广大的市民群众，以扩大影响效果。

（六）调研方法

1. 文献研究法

文献研究法主要指搜集、鉴别、整理文献，并通过对文献的研究形成对事实的科学认识的方法，文献法是一种古老而又富有生命力的科学研究方法。在研究过程中，我们阅读了各界专家学者的论文成果和调查分析等资料，对与"公共图书馆"的介绍和使用等相关的文献进行归纳整理，从中提取出了有效信息，为我们的研究提供了理论依据和方向指导，使我们的研究更具备可行性和专业性。

2. 问卷调查法

问卷调查法也称为"书面调查法"，或称"填表法"，是用书面形式间接搜集研究材料的一种调查手段，通过向调查者发出简明扼要的征询单（表），请示填写对有关问题的意见和建议来间接获得材料和信息的一种方法。

（1）问卷调查对象。问卷调查对象主要是各年龄段各社会阶层的全体武汉居民、武汉市内省、市图书馆工作人员和武汉自助图书馆的管理人员。

（2）问卷发放形式。问卷发放有两种形式：其一，纸质问卷。以现场发放纸质问卷的形式进行，从武汉居民对公共图书馆的了解程度、去图书馆的频率和原因、对图书馆的看法和建议等方面具有针对性地合理设置问卷。其二，网络问卷。由于纸质问卷调查的对象覆盖面有限，将同时在网络上进行问卷的发放回收，并借助问卷软件获取更科学和准确的数据统计和反馈，以便广泛地采集数据样本，扩大调查的覆盖面和提高数据的可信度。

（3）问卷调查的具体实施步骤。首先，进行预调查。在制作问卷前对调查对象进行访问，问卷制定后先在小范围内发放和回收，并根据预调查的效果对问卷做适当的调整和优化。

其次，大规模的正式调查。在武汉市人群集中的区域进行发放，一部分采取现场发放和回收的方式，共计回收 300 份纸质问卷；一部分借助网络问卷进行发出与回收，共计回收 150 份电子版问卷。共获得有效问卷总计 417 份。

最后，对问卷所得数据进行汇总归纳，并进一步整理分析得出结论，为下一步的项目研究提供数据基础。

3. 访谈法

访谈法是指通过采访员和受访人面对面地交谈来了解受访人的心理和行为的基本研究方法。访谈法应用面较广，能够简单而迅速地收集多方面的工作分析资料。我们的访谈共分为三部分进行：首先，在公共图书馆附近，选取对图书馆使用频率较高的人群进行访谈；其次，对省、市图书馆的管理人员进行访谈；最后，对自助图书馆的管理人员进行访谈。

二、调研结果

本次调查研究，通过现场纸质问卷发放和网络电子版问卷发放，共计回收 450 份问卷，其中有效问卷总计 417 份。

（一）30 岁以下的市民对图书馆需求利用情况

表1　30 岁以下的市民对图书馆需求利用的调查表

调查问题	调查情况	人次/百分比		
		中小学生	高等教育学生	社会人士
对公共图书馆的了解情况	了解省图书馆	102/97.1%	81/67.5%	30/38.5%
	了解市图书馆	6/5.7%	30/25%	0/0%
	了解 24 小时自助图书馆	18/17.1%	30/25%	6/7.7%

续表

调查问题	调查情况	人次/百分比		
		中小学生	高等教育学生	社会人士
对公共图书馆的了解情况	对公共图书馆没有了解	6/5.7%	15/12.5%	36/46.2%
去图书馆的频率	一周多次	15/14.3%	36/30%	9/11.5%
	每周一次	33/31.4%	18/15%	23/29.5%
	半月一次	15/14.3%	24/20%	18/23.1%
	每月一次	24/22.9%	21/17.5%	10/12.8%
	几乎没去过	18/17.1%	21/17.5%	18/23.1%
对图书馆的具体使用	查阅文献资料	18/17.1%	51/42.5%	21/26.9%
	浏览报纸、杂志	24/22.9%	30/25%	30/38.5%
	图书借阅	51/48.5%	87/72.5%	24/30.8%
	自习	75/71.4%	66/55%	30/38.5%
不选择图书馆的原因	开放时间冲突	18/11.4%	27/22.5%	27/34.6%
	网络获取资源	6/5.7%	24/20%	21/26.9%
	交通不便	9/8.5%	36/30%	27/34.6%
	图书不能满足需求	6/5.7%	9/7.5%	3/3.8%
	不知道公共图书馆的存在	0/0%	0/0%	9/11.5%

注：因为"对公共图书馆的了解情况""对图书馆的具体使用"和"不选择图书馆的原因"三个问题，在调查过程中为多选题，故而数据加和不等于100%。

1. 中小学生

在问卷调查中，所调查到的中小学生共有105人。其中，所有的中小学生都对省、市图书馆有所了解，只有个别学生对公共图书馆没有了解。去图书馆的频率以每周一次为主，约占总数据的1/3。在对图书馆的具体使用方面，71.4%的中小学生选择了上自习，这也是图书馆使用的一个重要方面。不选择图书馆的原因主要是上课时间与开放时间冲突，因而去图书馆阅览书籍的时间大多局限在周末或者假期。

2. 高等教育学生

所调查到的大学生与研究生等高等教育学生共有 120 人。其中，92.5%的学生对省、市图书馆有所了解，而 12.5%的学生则对于公共图书馆毫无了解。在这些高等教育学生中，30%的人一周去图书馆多次，仅有不足 1/5 的学生几乎没有去过图书馆。在图书馆的使用方面，72.5%的学生是借阅图书，同时超过半数的学生选择了上自习。不选择图书馆的原因主要是交通不便，相较于舟车劳顿前往图书馆，进行网上阅读或许变成了更优先的选择。

3. 30 岁以下的社会人士

统计结果表明 30 岁以下非学生的社会人士对公共图书馆的了解程度是比较低的，去图书馆的频率相对来说也比较低，调查结果显示大部分人不选择去图书馆都是因为时间冲突或交通不便。因此受教育程度与时间交通问题是影响 30 岁以下社会人士图书馆利用率的主要因素。

（二）30 岁以上的市民对图书馆需求利用情况

表 2 30 岁以上的市民对图书馆需求利用的调查表

调查问题	调查情况	人次/百分比	
		中年人	老年人
对公共图书馆的了解情况	了解省图书馆	63/77.8%	33/100%
	了解市图书馆	18/22.2%	0/0%
	了解 24 小时自助图书馆	9/11.1%	0/0%
	对公共图书馆没有了解	0/0%	0/0%
去图书馆的频率	一周多次	28/34.6%	9/27.3%
	每周一次	22/27.2%	6/18.2%
	半月一次	7/8.6%	12/36.4%
	每月一次	14/17.3%	6/18.2%
	几乎没去过	10/12.3%	0/0%

续表

调查问题	调查情况	人次/百分比	
		中年人	老年人
对图书馆的 具体使用	查阅文献资料	51/63%	3/9.1%
	浏览报纸、杂志	24/29.6%	30/90.9%
	图书借阅	36/44.4%	9/27.3%
	自 习	9/11.1%	6/18.2%
不选择图书馆的 原因	开放时间冲突	12/14.8%	0/0%
	网络获取资源	15/18.5%	0/0%
	交通不便	15/18.5%	0/0%
	图书不能满足需求	12/14.8%	0/0%
	不知道公共图书馆的存在	0/0%	0/0%

注：因为"对公共图书馆的了解情况""对图书馆的具体使用"和"不选择图书馆的原因"三个问题，在调查过程中为多选题，故而数据加和不等于100%。

1. 30~50岁的中年人

统计结果表明，30~50岁的中年人对省市图书馆的了解率达到了77.8%，并且87.7%的30~50岁的中年人都会定期前往公共图书馆。其中查阅文献资料和图书借阅是他们去图书馆的主要目的，但是交通不便和网络资源更易于获取也成了这一人群中部分人不选择图书馆的主要原因。

2. 50岁以上的老年人

由上表可得，老年人对省图书馆的了解程度高达100%，且每周前往图书馆的比例达到45.5%，接近半数，可见老年人对图书馆资源的利用相对充分。超过90%的老人前往图书馆是为了阅览报纸、杂志，可见省图书馆报纸、杂志区域的设立，对于丰富老年人的精神文化生活具有重要意义。

（三）武汉市民对公共图书馆需求利用

表3　武汉市民对公共图书馆需求利用的调查表（总表）

调查问题	调查情况	人次/百分比
对公共图书馆的了解情况	了解省图书馆	303/72.66%
	了解市图书馆	54/12.95%
	了解24小时自助图书馆	63/15.10%
	对公共图书馆没有了解	63/15.10%
去图书馆的频率	一周多次	97/23.26%
	每周一次	102/24.46%
	半月一次	76/18.23%
	每月一次	75/17.99%
	几乎没去过	67/16.07%
对图书馆的具体使用	查阅文献资料	144/34.53%
	浏览报纸、杂志	123/29.50%
	图书借阅	207/49.64%
	自习	186/44.60%
不选择图书馆的原因	开放时间冲突	78/18.70%
	网络获取资源	66/15.83%
	交通不便	84/20.14%
	图书不能满足需求	18/4.32%
	不知道公共图书馆的存在	3/0.72%

注：因为"对公共图书馆的了解情况""对图书馆的具体使用"和"不选择图书馆的原因"三个问题，在调查过程中为多选题，故而数据加和不等于100%。

从本次问卷调查结果看来，市民普遍对于24时自助图书馆没有较好的了解和使用。相对地，实体图书馆则有着较高的了解程度。即使市民对于实体图书馆了解程度较高，仍然存在着图书馆利用率极低的情况，有每周前往图书馆习惯的市民仅占本次调查总数的47.72%。同时，在图书馆进行查阅文献资料、浏览报纸杂志、借阅图书的市民比例也没有达到预期，除此之外，也有许多学生仅仅把图书馆当作自习的场所，可见图书馆的馆藏图书、文献资源等并没有被很好地利用。

（四）24小时自助图书馆需求利用情况

表4　24小时自助图书馆需求利用的调查表

调查问题	调查情况	人次/百分比
对24小时自助图书馆的了解情况	了解位置，且经常使用	39/9.35%
	了解位置和使用方式，但较少或从不使用	153/36.69%
	了解位置，但不知道使用方式	96/23.02%
	不了解位置	75/17.99%
	不知道自助图书馆的存在	54/12.95%
选择24小时自助图书馆的原因	距离较近，交通便利	87/20.86%
	操作简单，使用方便	72/17.27%
	图书种类齐全，可以满足需求	15/3.60%
	其　他	54/12.95%
不使用24小时自助图书馆的原因	网络获取资源	96/23.02%
	距离较远，交通不便	72/17.27%
	不能满足需求	177/42.45%
	操作繁琐，使用不方便	63/15.11%
	不知道位置或使用方法	51/12.23%

　　注：因为"选择24小时自助图书馆的原因"和"不使用24小时自助图书馆的原因"两个问题，在调查过程中为多选题和跳选题，故而数据加和不等于100%。

　　由表4我们可知得，对24小时自助图书馆没有充分了解的市民合计53.96%，完全了解却不使用的居民占36.69%，可见居民对自助图书馆的利用程度极低；而在占极少数的9.35%的使用人群对自助图书馆的评价中，我们发现，自助图书馆的图书资源非常匮乏，有42.25%的居民认为图书不能满足需求，仅有3.60%的市民认为图书齐全，可见自助图书馆的书籍资源完全不能满足市民需求；而借助网络获取信息资源、放弃纸质资源的市民数量正在增多，目前已约占 1/4。

三、数据结果分析

（一）现代科技对图书馆的影响

1. 现代技术发展程度

大数据时代的来临为现代社会的发展既带来了机遇也带来了挑战。国际数据公司定义了大数据的四大特征：海量的数据规模（vast）、快速的数据流转和动态的数据体系（velocity）、多样的数据类型（variety）和巨大的数据价值（value）。而这巨大的变化也给图书馆带来了无可比拟的影响。

2. 现代技术对图书馆的正面影响

现代的技术为图书馆的发展自然带来了许多正面的影响。例如，图书馆采用数字化的管理系统进行图书管理与维护，这不仅为图书管理带来了便利，同时也为读者查阅书籍带来了帮助。上万本图书中利用这种技术就可以更快速更便捷地找到特定的某一本书，节省了时间，也提高了效率。

3. 现代科技对图书馆的负面影响

随着科技的发展和电子书的普及，纸媒体正面临着越来越大的威胁。电子书有其独具的优势：

（1）方便性。电子书可以更加方便轻松地搜寻内容，改变字体大小以及字形，更大限度地满足读者的阅读需要以及提升读者的阅读感受。

（2）电子书容量更大，并且可以随时进行网络下载，不受地域限制，不出家门就可以看到图书馆的几乎全部藏书。这一特点极大地省去了读者舟车劳顿之苦，也可以节省更多的时间。

（3）电子书价格更加便宜，降低了图书成本，读者可以用同样的资金阅览到更多的图书，这对于阅读的一个主要群体——学生来说，无疑是具有极大的吸引力。

（4）设计精美，灵活多样，具有多媒体功能。在阅读过程当中，尤其是阅读外语书籍的过程中，电子书兼备词典功能，长按单词就可以查询词义，使外语学习更加便捷。此外，电子书还具备笔记本功能，如有好词佳句或者生词需要记录时，电子书阅读者无需携带笔记本，可以直接记录在电子书当中，方便携带，方便查阅。

（5）节省保存书本的空间。电子书相较于纸质书节省了大量的空间，上千本图书可以作为无形的数据保存在电子书的数据库中，既方便携带，又方便储存。

（6）电子书实现了产品零库存，全球同步发行，购买方便快捷。

（7）节省纸张，减轻地球负担，零树木砍伐量，真正的环保低碳。现代高速发展的社会当中，保护环境是头等大事，与一次性木筷、一次性纸杯相比，图书占据了木材砍伐量的更大比重。如果能实现零木材砍伐量，减轻地球负担，追求环保低碳，我们就能为社会的科技发展与环境保护的平衡做出更大贡献。

然而，现代科技对图书馆带来的威胁并不仅仅局限于电子书，网络杂志、网络新闻以及微信微博公众平台的文章，都是相较于图书馆阅读更加轻松与便捷地获取信息资源的方式。

总而言之，现代科技的快速发展对图书馆和纸质书而言，既是压力也是挑战，而对于大多数的读者来说，则是为阅读与获取信息的途径增添了一个选项。图书馆既要认清这样的社会现实，又要采取措施吸引读者，而分析如何处理这一棘手的问题，也是我们项目的出发点与最终目的。

（二）"碎片化阅读"对图书馆的影响

随着电子网络的发展和普及，基于高新科技而涌现的微博、微信等新型网络媒介和交流平台，使得人们可以不分时间和地点地方便阅读，充分利用碎片时间。

在我们的调查研究中发现，现如今，公共图书馆的利用率日益降低，通过对问卷和访谈结果的分析，我们推断，这种社会现象的产生与现当代电子信息技术的发展是紧密相连的。由于手机、电脑等电子设备和信息高速网络的普及，人们越来越依赖于时代的进步和发展所带来的微博、微信等传播媒介下的"碎片化阅读"，纸质图书、文献等信息资源的利用率随之降低。

以手机、电子书、网络等电子终端为主要载体的"碎片化阅读"，其有别于传统"深度阅读"阅读模式不完整、断断续续等主要特点。由于纸质图书和资料的不便携性，我们本想通过微信、微博、腾讯新闻等新媒介来填充等车、排队、地铁等细小零碎的时间，却在不知不觉中对手机形成了难以替代的依赖，我们的时间逐渐都被这些电子设备所"碎片化"了。社会随着科技的进步，在繁荣发展的同时，更被浮躁的氛围所包围，我们习惯了随时随地掏出手机，再难静下心来认真、深入地读一本书，系统地研究一份文献、学一个知识点。

加之"碎片化阅读"因为其本身的简化性和零碎性，以及真假难辨而导致的无效性，令这些碎片信息和知识不能构成系统的知识体系。因而，尽管我们每天接收了大量的标题性知识、新鲜内容，但是由于他们不同于纸质经典图书的非联系性和非体系性，我们仍然难于有效提取这些信息知识，因此，我们看似每天都在收获大量的信息，事实上它们都被掩埋在了我们的记忆深处，我们什么都没有得到，而纸质图书却往往能为我们的知识网络带来有效的扩充。

再者，由于长时间接受这些易于习得的"碎片化"内容，我们在不能深入学习的同时，也由于较低的知识成本带来了懒散和拖延，很难再深入地思考，甚至严重影响我们的学习和生活。我们习惯了从简明扼要、短小精炼的文章中获取浅显易懂的实时化信息，却只被动地接受了单一而表面化的结果，不再像以往那样查阅各类资料和文献，耗时耗力地思索和探究其本质的具体化的意义，不再由表及里、由点及面地思索和探究更深更广的知识。而这样没有自发思考，没有深度思想，没有突出特性的如出一辙的我们，最后难免被时代前进的洪流所淹没。

而图书馆，恰恰净化了物质社会里的浮躁和浅薄，给我们提供了一个安心阅读、深入学习、蜕变和成长的安静而深沉的大环境。因此，将广泛的碎片化阅读和严谨全面的深度阅读相结合，将方便快捷的新兴技术的发展和沉稳含蓄的传统知识网络相结合，才能在提高图书馆利用率的同时，更好更快地推动社会的文明和发展。

（三）中学生阅读量较低现象产生的原因及相关对策

阅读是学习与教育的重要方式，学生通过阅读可以了解社会、了解前人优秀的思想，探索奥秘、不断地发现完善自我。阅读有着毋庸置疑的重要性，然而目前根据我们对在校中学生图书馆利用率的调查发现，图书馆主要的作用仅是为学生提供一个较舒适的自习环境，而学生对图书馆馆藏资源的利用率则相当低。读书本为人生一大乐事，现在不仅不受学生欢迎，甚至多省高考要求的课外书目已成为他们的课业负担。目前中学生的课外阅读量普遍不足，相当一部分学生阅读意识淡薄，认为课外阅读可有可无。而对于教师而言，学生的课外阅读量似乎也并不那么重要，指导学生是他们教学任务的一部分，而学生的课外阅读则是教学分外的事。大部分学生由于升学压力，由于学校安排得极满的课程，根本没有进行课外阅读的时间。在我们采访的学生中，仅有极少一部分学生有零星阅读的习惯，但也仅限于自己感兴趣的领域，阅读的书目也以小说为主，许多男生迷恋武侠小说，而女生则青睐言情小说，对这些读物不加选择、不加鉴别，确实是浪费了大量的时间和精力。

针对目前中学生的阅读状况，笔者提出以下几点建议。首先，应试图激发学生的阅读动机、培养阅读兴趣。个人认为，学生进行阅读活动往往需要学校老师以及家长的认可与赞许，而满足自己的成就感。针对学生这种心理特征，学校可适当组织一些阅读竞赛或写作竞赛活动，或者一些读书交流会。通过活动的方式激发学生的阅读兴趣，以及学生阅读的信心与热情。只有在学生阅读兴趣被激发之后，他们才会在阅读中投入更多的时间，并在阅读中自觉地、主动地去尝试、体验、实践与思考。其次，学校应尝试减轻学生的阅读负担，让学生体验阅读的快乐。阅读本该是一件十分随性的快事，但许多教师为阅读套上了枷锁，部分教师为看到阅读的成效便做出了许多硬性规定，比如摘抄优美经典的句段，赏析背诵等，而这些无形中增加了学生们的课外阅读负担。阅读本来是一种极为随性的享受，阅读的成果也应当在一种无心插柳的状态中获得，而学校也有能力与义务为学生们营造出一种宽松、自在的阅读环境。

（四）时间、交通及社会压力等导致中年人对图书馆资源利用程度有限

当今的中国无论是经济还是文化各方面的发展都越来越快，人们的精神文化水平也随之提升，精神文化需求度也在日益增加，在这种情况下，为广大人民提供良好阅读环境的公共图书馆本应该是利用率逐年攀升的，但如今却正好相反，公共图书馆利用率低下是我们值得关注的问题。特别是对于已经走入社会参加工作的 30～50 岁这一年龄段的人们来说，随着社会的进步，他们也要为了自己的工作不断地更新自身的知识体系，对于图书和知识的需求应该是很大的，但是他们却不是图书馆的常客。是什么原因导致公共图书馆利用率低下呢？经过调查采访，总结出以下原因。

首先，对于城市的工作人群来说，随着经济的不断发展，城市化水平不断提高，各个企业单位都对员工的工作有了更高的要求，而社会工作者们则是实现企业单位在竞争如此激烈的社会中不被淘汰并且不断进步的一线人员，所以相应地压在他们身上的担子也更重了，他们的时间也被越来越多的工作占用。生活中，"加班、赶工作"这些字眼出现的频率也越来越高，特别是30~50岁这个年龄阶段的人群：他们有自己的工作，自己的家庭，他们是属于上有老下有小的群体，无论是工作压力还是家庭压力都是很大的，他们为了让自己的儿女接受更好的教育，给他们提供幸福的生活，为了让自己的父母享受安逸的晚年，只能努力工作，所以他们的时间大部分都用在了工作、孩子和父母身上，所剩余的空闲时间少之又少，因此就很难有一个合适的时间去图书馆进行自我充电了。

其次，最让城市上班族们头疼的问题也影响到他们去图书馆的频率——城市道路交通问题。一般一个城市公共图书馆并不是随处可见，一个城市也就只有那么几个图书馆，因此大部分人的家或者工作的地方离图书馆都是有一段距离的，虽说交通工具各种各样，但始终都逃不掉一个问题，那就是交通拥堵问题。对这些上班族来说，时间是非常宝贵的，习惯了快节奏的生活，堵在路上的每分每秒对他们来说都是一种浪费，很多人都表示，有这些时间，我还不如多去工作一会儿或者多陪陪孩子和家人，而且现在网络发达，想看什么都能从网上找到想要的资源，还能节省时间，所以经常去图书馆借阅对他们来说不现实。

最后，图书馆开放时间的问题。图书馆的开放时间一般都是正常的工作时间，很多图书馆也会有休息日，这些休息日可能恰巧也是上班族的休息日。于是，图书馆开放的时间，上班族要忙着工作，而等他们好不容易下了班，刚好图书馆也到了闭馆时间，所以对于上班族来说，想去一次图书馆在时间上来说是很不容易的。

四、调研建议

（一）针对市民

1. 加强宣传，促进市民进行馆藏资源利用

武汉市文化机构与组织应在市内人流量较多的地点进行公共图书设施的

宣传，向市民介绍公共图书设施，可向市民印发有关公共图书设施的相关介绍文件，介绍图书馆的藏书、图书馆可提供的服务以及图书馆资源的使用方法。同时，亦可开展促进读者与作者交流的签售会或定期举办作家讲座，开展"读一本好书"等全民读书活动等，通过这些活动以增加市民对图书馆的了解，同时提高市民的文化素养。

2. 增强市民的信息素质教育，将电子资源与纸质资源的利用充分结合

互联网高速发展，市民获取图书资料的途径已不仅限于传统的纸质图书馆藏，电子文献资料亦成为图书馆藏的重要组成部分，市民搜寻信息能力的欠缺则是影响电子馆藏资源的重要原因。针对"碎片化阅读"的普及，政府和图书馆可以通过文化宣传和普及，引导市民建立自己的知识体系，将电子信息与传统知识充分结合，引导市民以感兴趣的"碎片化知识"为出发点，结合图书馆丰富的信息资源，探索简化知识点背后的原理、应用、价值等，并将其纳入自己的知识体系，同时加强阅览室的建设，使电子文献资源得到充分利用。提高图书馆资源利用率的同时，大大增强市民的精神文明水平。

（二）针对图书馆建设

1. 将网络科技运用于图书馆运营

随着当代电子科技与网络技术的发展，越来越多的人群选择阅读电子期刊，与此同时，纸质图书的不便性与高成本性则日益凸显。将网络电子技术运用在图书馆的建设与管理中，是传统图书馆过渡到现代电子图书馆的重要方式。对于以上的观点，笔者提出以下几点意见：首先，对图书馆应该实行信息化管理，对传统图书进行整理、分类、统计以方便读者查阅；其次，采购图书馆信息化管理所需的设备，并聘请相关技术人员进行帮助，设计所需要的软件，以提高图书馆的信息化与无纸化速度；最后，应当加强图书馆工作人员的能力培养，为图书馆的技术革新提供积极的条件，在加强理论学习的基础上，在图书馆内部为读者提供高效、快捷的服务。

2. 完善数字化图书馆管理系统

图书馆采用数字化的管理系统进行图书管理与维护，大大提高了图书资源管理的效率，也方便了读者查找特定数目。因此，进一步完善图书馆藏书管理系统，开发相关 App，使读者在手机上就可以预先查询图书的相关信息，

进行预览和预定，简化借阅流程。

3. 重视市民对公共图书设施的意见与看法，改善 24 小时自助图书馆设施

在武汉街头可以看到流动图书馆，但使用这种图书设施的人却寥寥无几。我们小组成员对自助图书馆内的读书进行了简单的观察，发现设施内的藏书很难引起人的兴趣。这说明自助图书馆的图书资源不够丰富且更新率极低，不能满足大众的需求，因此建议增加自助图书馆的书籍数量并提高书籍质量，提供大众真正需要的资源和服务。同时，我们的问卷调查结果显示，很大一部分市民并不了解自助图书馆的存在及其使用方法。这说明对自助图书馆的推广力度不够，而市民对图书的需求以及需求变化也没有被很好地了解。因此笔者认为公共图书设施的相关工作人员应当多同市民进行交流，收集其问题及意见以便日后进行答复与改善；与此同时，还应该在多处增设自助图书馆，简化自助图书馆借还书的操作流程和步骤，并且可在移动图书馆旁边附上使用说明，方便市民学习和利用；此外，需要加大对移动图书馆的宣传力度，让更多的市民了解并且充分运用移动图书馆，通过自助图书馆的普及，在一定程度上解决因时间、距离引起的图书馆利用率低下的问题。

4. 延长借书时长、增加单次可借数量，开通网上续借功能

调查中我们发现有很多市民反映，每次能借书的数量有限，并且借书期限只有 1 个月，如此一来，对于 1 个月内无法完成阅读的市民来说，就要常常为了借还书而远赴图书馆，加剧时间、距离的冲突。因此，我们建议，增加借书的时长和每次借书的数量，同时，在省、市图书馆的官方网站上增设"一键续借"的功能，为未能在给定期限内完成阅读的市民续借图书提供便利。

5. 完善公共图书馆的基础设施

推进图书馆硬件设施的建设，效仿西方图书馆的建设模式，在图书馆内部加设餐吧、简易咖啡厅，在图书馆地面铺设地毯，等等，打造"浸泡式图书馆"，使读者仅仅在图书馆内部就可以满足一整天的需要，这也能在一定程度上克服市民往返周折、浪费时间的问题。

新常态下新余市小微企业生存状况的调查与思考

王　喆　张立真　王天若　张　峰
李　萌　董　敏　叶剑泉　曲雯嘉*

摘　要： 小微型企业数量多、覆盖面广，是社会经济的重要组成部分和潜力所在，对经济发展有着深远的影响。本报告通过对新余市小微企业的实地走访调研，获得第一手数据资料，发现在当前新常态的经济形势下，大多数小微企业面临经济增速下降、经济结构调整等多元化挑战，获取社会资源的能力趋弱，生存状况出现结构性分化的新特征。在深入分析新常态下新余市小微企业生存现状和面临主要问题的基础上，围绕小微企业"自爱"一分是基础、各级政府"厚爱"一分是关键、金融机构"惠爱"一分是保障、法治环境"关爱"一分是支撑四个方面，针对性地提出解决新余市小微企业生存发展困难的对策建议，希望能对新余市乃至全国的小微企业发展有所裨益。

关键词： 小微企业　生存状况　对策建议

一、引言

经济新常态已成为当前我国经济发展的主旋律，为今后中国经济发展给出了新的战略定位。目前我国小微型企业数量多、覆盖面广，是社会经济的重要组成部分和潜力所在，对经济发展有着深远的影响。但大多数小微型企

---

* 王喆，中国政法大学法学院 2015 级博士研究生；张立真，中国政法大学商学院 2015 级博士研究生；王天若，中国政法大学刑事司法学院 2015 级博士研究生；张峰，中国政法大学刑事司法学院 2015 级博士研究生；李萌，中国政法大学法学院 2015 级博士研究生；董敏，中国政法大学法学院 2015 级博士研究生；叶剑泉，中国政法大学法学院 2015 级博士研究生；曲雯嘉，中国政法大学马克思主义学院 2015 级博士研究生。

业面临经济增速下降、经济结构调整等多元化挑战，获取社会资源的能力较弱，生存状况出现了结构性分化的新特征。在当前新常态的经济形势下，探讨小微型企业生存状况的意义就更加凸显。鉴于此，借由我校2015级法与经济专业王喆同学在江西省新余市挂职任市政府副秘书长锻炼的机会，我们组成了跨学院、跨专业（四个学院、六个专业）的团队，于2017年1月15日至25日期间，就新余市小微企业生存现状、企业对未来扶持政策需求等问题进行了实地走访调研。

新余市位于江西省中西部，市情特点概括为"工小美"。工业强市，形成了钢铁、新能源、光电信息、装备制造四大支柱产业，工业化率接近50%；区域小市，面积3178平方公里，人口116万，辖分宜县、渝水区两个行政区和新余（国家级）高新区、仙女湖区两个功能区，是全国最小的设区市，但新余市小中见大、小中能大，人均可支配收入与城镇化率均居全省前两位；山水美市，生态资源得天独厚，先后荣获国家森林城市、国家园林城市、全国绿化模范城市称号。2016年，面对持续疲软的宏观经济环境，新余市坚持稳中求进工作总基调，紧紧围绕"发展至上、富民为先"主题，主动适应经济发展新常态，积极应对各种风险挑战，全力推进产业培育、项目建设、改革创新等工作，全市经济呈现总体平稳、稳中向好的发展态势。

本调查报告从小微企业的界定出发，通过对新余市小微企业的实地走访调研，获得第一手数据资料，结合新余市小微企业实际情况，深入分析新常态下新余市小微企业生存现状和面临的主要问题，从而提出解决新余市小微企业生存发展困难的对策与建议。

二、新余市小微企业生存现状

（一）小微企业的界定

在我国，小微企业的概念最早是由郎咸平提出的（2011年）。同年6月，工业和信息化部、国家统计局、国家发展和改革委员会、财政部四部委联合下发了《中小企业划型标准规定》。这项规定又细分了中小企业：即中、小、微三种类型。其中小微工业企业的划分标准为：从业人员为20~300人，且营业收入为300万元~2000万元的为小型企业；从业人员为20人以下或营业收入300万元以下的为微型企业，小微企业即小型企业和微型企业的简称。

由于我国行业众多，行业特点各不相同，小微企业的标准又按照行业特点进行了划分：比如，小微服务业企业划分标准是年末从业人员 50 人以下，且年营业收入 1000 万元以下的服务业企业，亦包括年末从业人员 50 人以下，且年营业收入 500 万元以下的服务业企业（只限居民服务、修理和其他服务业，文化、体育和娱乐业）。

（二）调查样本基本情况及生存现状分析

1. 调查样本的基本情况

本次调研共走访了新余市 144 家小微企业，涵盖了工业的 19 个行业分类、服务业的 21 个行业分类、农业的 3 个行业分类。样本选取具有较强代表性，对其研究能反映新余市小微企业生存状况的基本情况。

2. 生存现状分析

结合上述 144 家小微企业近年来的经营状况及相关资料分析来看，新余市小微企业生存现状主要表现在以下几个方面：

（1）环境不断改善。新余市政府十分重视促进小微企业的发展。首先，从政策上为企业营造良好的发展环境，颁布了《关于大力促进非公有制经济更好更快发展的意见》《新余市人民政府关于加快装备制造产业发展的意见》等文件，并于 2015 年开展专项行动积极培育扶持小微企业，同时取消、下放行政审批事项共 32 项，减轻了企业负担。其次，从财政上发挥财政资金的杠杆作用，加大财政资金对小微企业的扶持力度，给予资金扶持、收费优惠等支持。

（2）体量不断增加。调查结果显示，截止到 2016 年三季度末，新余全市企业法人 18 343 个，其中，小微企业 17 572 家，占整个企业法人的 95.80%。此外据《新余市 2016 年国民经济和社会发展统计公报》，2016 年新余市非公经济增加值 597.61 亿元，增长 9.1%，占 GDP 比重接近 60%，已成为推动新余市经济发展的重要力量。

（3）投资主体多元，私企占比较大。新余市小微企业多为私人投资兴建的私营企业。据走访的小微企业调查数据显示，新余市集体企业比重较低，私人投资新建的私营企业较高，达到 85.33%。

表 1　新余市小微企业投资主体情况表

投资主体	集体企业	股份有限公司	有限责任公司	其他企业	私营企业
占　　比	1.88%	4.89%	4.70%	3.20%	85.33%

（4）总体发展平稳。从小微工业企业调查的情况来看，2016 年微观显示小微企业经营状况因行业差别参差不齐，但宏观上看，总体趋势基本向好。接受调查的小微企业中有 10% 的经营势头良好，80% 的经营状况稳定，而另有 7% 和 3% 的企业分别处于亏损和重度亏损的状况。虽然少数小微企业存在面临经营困境的问题，但从 2015 年 3 季度到 2016 年 3 季度新余小微工业企业的可比价增速和企业景气指数来看，新余市小微企业总体经营状况基本稳定。

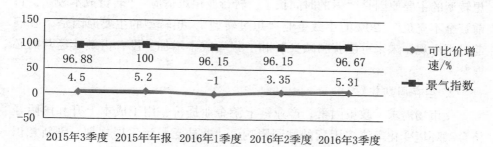

图 1　2015 年 3 季度以来新余小微工业企业可比价增速和企业景气指数图

（5）结构调整突出。抽样调查数据显示：截止到 2016 年 3 季度末，新余市小微工业企业采矿业（主要是小微煤炭企业）完成主营业务收入占整个规模以下工业企业主营业务收入比重 36.25%，同比下降 2.02 个百分点，"去产能"效果明显；电力、热力、燃气及水生产供应业完成主营业务收入占整个规模以下工业企业主营业务收入的 5.66%，同比提高 0.02 个百分点；制造业完成主营业务收入占整个规模以下工业企业主营业务收入比重达到 58.09%，持续超过"半壁江山"，所占比重比去年同比提高 2.01 个百分点，同时也高于 2015 年 4 季度 53.75% 和 2016 年 1 季度 55.53% 的比例，制造业完成的主营业务收入在整个规模以下工业企业主营业务收入比重持续提高，结构调整成效突出。

三、面临的主要问题分析

(一) 小微企业发展面临的自身制约

1. 转型升级难

总体来说，小微企业想要技术升级和生产转型面临着诸多困难，其中，企业的技术水平、资金能力和企业的营销水平是影响企业转型成功与否的关键因素。例如，在调查中我们发现，高新区某小微服务业企业近两年间一直尝试转型，但是一直受制于资金匮乏，导致转型受阻，截止到2016年6月底，该企业几乎停摆。此外，根据我们设计的"小微工业企业创业情况调查问卷"的结果来看，有80%的小微企业"没有想过"或"不会"转型。而不想转型的主要原因是"做的时间长了，转行业很难适应""转行成本较大，目前资金不充足"。20%的小微企业"想过转型"，想转型的主要原因是"发展前景不乐观，未来可能获利减少"和"经营成本增加，没有再继续经营的必要"。

2. 生存周期较短

受市场需求、政策因素、产业链上游企业提价、用工成本上升和国际经济金融环境变化等诸多因素的共同影响，一些缺乏长远发展规划、创新意识薄弱、不能转型升级的小微企业虽面临着不同程度的生存问题，但生命周期短是小微企业总体表现出来的主要特征。调查数据显示，新余市规模以下工业第三轮样本轮换以来，小微工业企业调查样本消亡（含停产，下同）率达到27.50%，小微服务业企业调查样本消亡率达到33.97%，新设立小微跟踪和个体经营户跟踪消亡率达到21.31%。

3. 核心竞争力缺乏

目前，新余市大多数小微企业缺乏品牌意识，缺少核心技术，产品大多来自于模仿。因为缺少核心技术，产品的同质化问题严重，同行之间只能通过价格战来竞争。尤其是近几年，外需的减少和国内各种生产成本的不断走高，导致众多小微企业的利润一降再降。在被调查的小微工业企业中，没有一家企业获得国家级驰名商标、国家级名牌以及国家级认定的高新技术企业。有少数拥有注册商标的小微企业在注册商标到期后也没有及时展期。

表2　小微企业核心竞争力情况调查表

主要产品所获得的商标等级			主要产品所获得的名牌等级			在专利部门所获得的专利的个数			科技部门是否认定为高新技术企业		
市级知名商标	省级著名商标	国家级驰名商标	市级	省级	国家级	发明	实用新型	外观设计	市级	省级	国家级
11	10	0	9	5	0	3	9	12	0	2	0

4. 发展不平衡

新余市小微企业发展不平衡体现在两个方面：一方面是地域分布不均，以小微工业和服务业企业调查样本为例，渝水区几乎占据了全部调查样本的半壁江山，表现为"一大三小"。

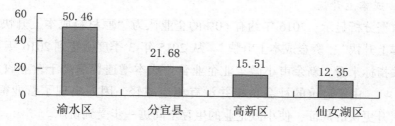

图2　小微工业和服务业调查样本分县区情况表

另一方面是体量不平衡，从2016年上半年的调查数据看，各县区小微工业企业可比价增速和完成增加值分布不均衡，从体量看表现为"二大二小"。

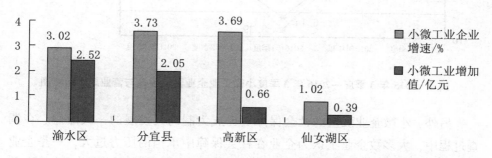

图3　2016年上半年新余市小微工业企业分县区增速及增加值完成情况图

(二) 小微企业发展面临的政策问题

通过调查发现，小微企业发展面临着政策落实不够的问题。国家实行"三去一降一补"政策以来，江西省委省政府印发了《关于开展降低企业成本优化发展环境专项行动的通知》《关于降低企业成本优化发展环境的若干意见》。上述《意见》主要从降低企业成本、优化发展环境两大方面提出了80条具体政策措施。调查显示，小微企业主对该政策的知晓率不高，同时认为政策的可操作性不够强，强烈盼望市委市政府出台更具体的实施方案，为小微企业化解成本压力起到实实在在的效果。此外，通过对小微企业税费情况的快速调查发现，仙女湖区某小微企业仍然缴纳了本已取消了的借款合同印花税（税率万分之零点五）。另外被调查的小微工业企业享受税收减免政策面只有 12.24%，比例偏低。由于政策落实地不够，致使企业的经营成本增加。

(三) 小微企业发展面临的资金问题

1. 成本上升快

数据分析显示，2016 年约有 60%的企业认为"原材料成本上升快""人工成本上升快""资金成本上升快"。从 2015 年 3 季度截止到 2016 年 3 季度的相关指标来看，新余市小微工业企业营业成本增速普遍高于营业收入增速（见图 4）。由于过重的社会负担并没有相应减轻，因而出现了营业额增加、成本上升更快的局面，使小微企业的生存空间进一步受到挤压。

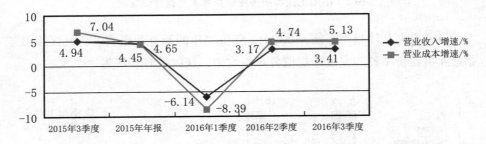

图 4 2015 年 3 季度—2016 年 3 季度小微工业企业营业收入与营业成本增速图

另外，小微企业沉重的社会保障责任成为制约其发展的一大障碍。在调查过程中，大多数企业主认为企业在社会保障中承担的压力过大，一是企业社保缴费比率偏高，相当于职工缴费的 2 倍以上，企业不胜重负；二是企业社会保障缴费不区分企业类型，单依据员工薪酬，一定比例地提取社会保障费用对劳动密集型企业来说显失公平，致使部分企业因社保负担过重而难以扩大规模，限制发展。

2. 企业融资难

从新余市小微企业来看，融资难主要表现"三高一难"。

（1）融资门槛高。目前，小微企业向金融机构融资面临的门槛主要有三个：一是担保难，小微企业缺乏对外担保、参与互保联保意愿。二是抵押物少且普遍估值较低。无抵押贷款远不能满足小微企业资金需求，而即便有充足有效的抵押物，抵押物的估值也普遍偏低，且抵押物件的折扣率较高。三是审批繁琐，调查数据显示有近6成的企业从申请到获得贷款需要1~2个月。

（2）融资成本高。小微企业从银行等金融机构获得借款主要通过三种途径。一是抵押贷款，小微企业通常选择以不动产作为抵押物，向金融机构申请贷款。在这一过程中，小微企业需要向有关中介机构交纳评估费、登记费等，且费用普遍偏高。二是偏高的贷款利息，利率市场化后，金融机构对小微企业一般都是执行比大型企业更高的浮动利率。三是少数小微企业为快速获得金融机构贷款，存在给予好处的"潜规则"。上述情况都增加了小微企业的融资成本。

（3）融资量少且频率高。由于小微企业资产规模较小，经营比较灵活，所以小微企业的资金需求在时间和数量上均具有较大的不确定性，具体表现为一次性融资的资金量较少、融资频率较高且时间要求较高。

（4）信用控制难。一方面部分小微企业对企业信用不够重视，借款及利息归还不及时，产生不良信用记录，为以后的贷款带来了更多的障碍。例如，在调查中我们发现，新余市某铸造公司接获订单，急需18万启动资金，由于前期还贷不及时，导致信用等级降低，从而失去稍纵即逝的商机；另一方面金融机构对小微企业的信用评估缺乏科学化、体系化的衡量标准，因此不能进行有效的信贷决策。

（四）小微企业发展面临的法治问题

1. 缺乏相关的规范性法律法规

纵观我国现存的小微企业立法现状，并未制定专门法律制度对其进行有效约束和引导，虽然在《中华人民共和国公司法》《中华人民共和国中小企业促进法》《中华人民共和国个人独资企业法》等商事法律条文中，可以找到调整小微企业法律关系之规定，但终显分散凌乱，且基准规范缺位。从规范的层级来看，法律一级尚无小微企业的专门立法；近年来国务院及各部委陆续颁发的一系列行政法规和部门规章，如《国务院关于进一步支持小型微型企业健康发展的意见》等，也均或多或少存在政策性色彩较浓、内容较为宏观、缺乏现实指导性等弊端。

2. 已经存在的法律法规执行力弱

调查发现，一方面，有关小微企业的法律法规相对零散，给执行和管理增加了难度；另一方面，小微企业主由于受自身素质和投入资金的限制，往往缺乏对相关法律知识的了解，且法律意识相对薄弱，在其经营过程中往往重生产经营而忽略了法律制度的普及，因此因法律意识淡薄引发的纠纷频频发生。而政府现存的执法资源又相对短缺，政策的执行力弱限制了政策最终可达到的效果。

3. 公共法治服务资源有待进一步优化

调查发现，相较于大、中型企业，小微企业因投资较少、规模较小，均面临法律资源相对短缺的情况。就企业内法律资源团队建设而言，从专业人员培养、硬件设施配备、后勤保障支撑等方面都难以达到一个较高水平的层面；就企业外部法律顾问聘用而言，优质法律服务资源往往费用高昂，小微企业难以负担。因此，小微企业对有效公共法治服务资源的需求更为迫切。如何均衡分配社会公共法治服务资源，统筹建立同地域、同纠纷类型的公共法治服务资源供给模式，保障小微企业健康持续发展，需要国家进一步从制度层面予以优化设计。

四、小微企业发展的对策探讨——基于新余案例的思考

（一）小微企业"自爱"一分是基础

1. 小微企业要加强自身能力的提升

在企业创业初期，企业规模相对较小的时候，企业家可依靠个人智慧和经验创办企业。然而一旦企业成长了，规模扩大了，员工人数增加了，企业的管理流程就变得复杂了。因此，企业家自身首先要意识到作为中小微企业的企业家往往需要法律、市场、财务、人事、技术、生产、库存、物流等各

方面的知识和能力，要意识到自身哪些方面能力存在欠缺，要一边经营企业，一边学习，不断地提升自身的综合素质和能力。

2. 小微企业要有明确的战略定位

战略规划是企业行动的指南和方向，企业通过战略规划，进行资源调配、生产和人员安排，避免生产经营中的投机行为。无论是规模大小、人员多少的企业，都应进行战略规划。也只有通过调配企业内部的资源，通过稳健、持续的增效、增值过程才能实现盈利，只有生产出满足客户需求、高质量的好商品或者优质服务，才能赢得客户的认可。

3. 小微企业要重视人力资源建设

在知识经济时代，人力资源的开发与利用能有效地促进企业的可持续发展，因此，经营者要意识到人力资源建设的重要性。首先，在企业内部制定完善的人力资源制度，从规划到员工关系，都应有相应的制度规定。其次，建立行之有效的员工福利体系。小微企业人才流动性较大。合理的流动率可以保持企业的活力，但如果员工的流动率过高，会影响到企业工作的连续性，甚至使企业蒙受重大损失。因此，对核心人才、管理高层和骨干员工，小微企业应采取一定的股权激励、年底分红的激励方式，以达到留住人才的目的。

（二）各级政府"厚爱"一分是关键

1. 实施更大力度的财税扶持政策

对企业来说，减税减费是当前最直接、最有效的扶持政策：①实行差别化的税收政策，尤其是对小微企业、成长型企业应推行多样化和结构性减税优惠政策。②定向提高贴息率。以中央政府和地方政府配比的形式，加大对小微企业技术改造、新产品开发、出口创汇等项目的贴息力度。③增加各类专项资金的定向扶持力度，逐步扩大中央财政预算扶持小微企业发展的专项资金规模。④国家承担更多的社会保障给付责任。逐步提高国家在社会保障缴费中的给付比例，调整企业社保费率，改善国家、企业、个人的缴费比例和计算方法。允许困难企业缓缴社保费，并阶段性地降低困难企业的医疗、失业、工伤、生育四项社会保险费率。

2. 加大政府采购面向小微企业的政策倾斜

在小微企业生命周期中的创业期阶段，由于新产品市场容量有限，不能充分享受税收优惠，政府采购可以为新产品开辟一块可靠的市场，降低小微企业技术创新和市场营销的风险。要尽快出台地方政府采购法的实施细则，加快开展小微企业产品和服务的政府采购工作，帮助小微企业分散自主创新和开拓市场的风险。

3. 引导小微企业向"专、精、特、新"发展

培育一批优势小微企业"小巨人"和"隐性冠军"。一方面要加强对企业家的培训学习和与沿海发达省份的交流合作，改变只会做传统粗放产业的思维定式，从科技发展、经济全球化和产业转移的高度审视目前的产业，发现转型升级的突破口。另一方面要加强产业引导，研究出台小微企业转型发展规划和指导目录，实施培植"专、精、特、新"计划，立足现有产业优势，加快推进钢铁、新能源、新材料等一批具有明显区域特色的产业集群发展，延长产业链，促进小微企业转型发展。

（三）金融机构"惠爱"一分是保障

1. 金融机构应完善制度，加大对小微企业的扶持力度

具体做法包括：①完善小微企业贷款考核机制，扩大小微企业信贷规模，市内银行机构应确保对小微企业贷款增速不低于全部贷款平均增速、增量不低于上年同期水平；②市内各相关银行业金融机构应将小微企业贷款审批权限适度下放，比如，单笔贷款额度在300万元以下的贷款由市级机构审批，100万元以下的贷款授权由县（区）级分支机构审批，减少审批环节，缩短审批时间；③在小微企业信用等级评定标准中，应变重规模为重效益、重成长性，以相对消除对小微企业的信用歧视；④根据企业所处的地区以及发展的不同阶段，适当扩大贷款抵押率，适当提高对小微企业贷款不良率的容忍度；⑤规范商业银行的收费行为，严禁银行收取为小微企业服务的承诺费、资金管理费、财务顾问费、咨询费等，切实降低小微企业实际融资成本。

2. 保险和信用担保相结合，有效解决小微企业融资问题

银行对小微企业借贷消极，非常重要的一个原因就是小微企业信用风险较高。引进保险机制能为银行贷款提供偿付能力的担保，从而直接降低银行的信贷风险，为小微企业融资提供一个相对宽松的环境。在保险机构、信贷机构和小微企业之间建立一个合作的激励机制，各主体共同享市场信息，共同承担市场风险，共同分享市场利润。只有这样才能更好地促进小微企业在融资方面的健康发展，解决小微企业融资难的问题。

3. 创新服务模式，加大服务力度

鼓励金融机构根据市区产业特色创新金融产品，满足小微企业贷款短、频、快的需求。搭建快速的贷款审批通道，简化和规范业务流程，提升办事效率。对自身应付账款、采购合同等进行确认，以促进围绕其发展的上、下游小微企业。开展小型微型企业采取知识产权质押、仓单质押、商铺经营权质押、商业信用保险保单质押、商业保理、典当、供销合同等多种抵（质）押方式实现融资。对于有担保机构进行担保的贷款，金融机构应给予适当利率优惠。

（四）法治环境"关爱"一分是支撑

1. 为小微企业提供良性的竞争环境

公平竞争是企业健康成长的根本要求。一方面，地方政府在认真贯彻落实国家《中华人民共和国中小企业促进法》等纲领性的法律法规外，还应积极制定实施针对维护小微企业良性竞争环境的地方性法规，并配套专项政策，加以扶持；另一方面，通过法律手段强化小微企业的政策执行力，为进一步有效维护市场公平竞争，为小微企业依法生产、诚信经营提供良好的法治环境。

2. 完善小微企业信用担保法律制度

融资难是限制小微企业发展的主要瓶颈，而有关小微企业信用担保的法律制度不完善，使银行在评估小微企业贷款时，因难以掌握全面信息而风险加大，这直接导致了小微企业贷款难。因此，亟须进一步完善和改进信用担保体系。首先，要完善并严格执行小微企业信用担保机构及其工作人员的准入制度，应在担保机构成立注册时严格审批，对担保机构人员的从业资格及其后期考核，作出严格规定；其次，在完善风险机构与银行分担风险的基础上，建立再担保制度，在"风险共担，利益共享"的原则下，通过财政拨款、战略投资者出资等方式，形成担保机构与商业银行分担风险，再担保机构与担保机构二次分担风险的"担保链条"，从而达到降低贷款风险，彻底解决小微企业融资难的问题。

3. 完善小微企业服务体系的法律制度

由于小微企业具有发展不均衡、行业分布广的特点，因此围绕小微企业的服务体系也呈现多元化、多层次的特点，地方政府制定的相关政策也较为零散，且存在可操作性较弱的问题，导致小微企业无法切实享受到国家的优惠政策及相关服务。因此，地方政府应加快完善小微企业服务体系的法律制度，使服务制度化、规范化、程序化，提高小微企业服务体系的服务水平和服务效率。

五、结论

总体来说，新常态下的新余市小微企业正处于不断发展和壮大中，也逐步向着健康、有序的道路迈进，这与政府提供的政策环境是分不开的。但从另一方面来看，新余市小微企业发展中还存在着诸多不足之处。本调研报告结合新余市的具体情况，从小微企业"自爱"一分、各级政府"厚爱"一分、金融机构"惠爱"一分、法治环境"关爱"一分四个方面对改进新余市小微企业发展环境进行了初步探讨，提出了相应的对策建议，希望能对新余乃至全国的小微企业发展有所裨益。

探析革命老区百色市铝产业二次创业之路

覃榆翔　玉云峰*

摘　要：《广西壮族自治区人民政府办公厅关于印发广西铝产业二次创业中长期方案的通知》指出了广西铝产业二次创业的路径和内容，明确提出要重点解决广西铝工业发展企业用电成本过高的问题，提出以推进电力供给侧改革为关键，加快和完善电网建设，推进煤电铝一体化、大力发展铝深加工、调整产业布局推动集群发展、推动企业联合重组增强技术创新。在铝工业二次创业的大背景下，作为百色市经济发展重点项目的铝工业也正处于承前启后的发展关键期，虽在之前的攻坚战中已取得一定成就，但未来发展的态势依然很严峻，从生产层面上来说，百色市虽富有铝矿土资源，但却缺乏融资能力，缺乏能够使其附加值大增的深加工技术以及让其工业能正常运转的电力供应能力；从销售端层面上来说，加工企业与销售企业的对接面过于狭窄，销售渠道面不广，这极大地削弱了百色市铝产业发展的后劲。因此，在以政府为主导的二次创业政策的指引下，未来百色市铝产业的发展应以目前已趋于成熟的田阳新山产业园和平果产业园所形成的经验为参考依据，分别从完善政策扶持机制、促进煤电铝一体化、引进多元化的深加工技术、扩大招商引资面以及深化政府职能这五个方面着手，从而解决百色市铝产业发展的瓶颈。

关键词： 百色铝产业　二次创业　煤电一体化　产业发展

2017 年是百色市实施"十三五"规划的重要一年，是市委市政府开展"三年一争当"活动的元年，是全市广大干部群众积极投身于领导班子建设

---

* 覃榆翔，中国政法大学法律硕士学院 2018 级硕士研究生；玉云峰，广西百色市人民政府办公室调研员。

年、投资环境整治年、环境保护巩固提升年，全市人民全身心地投入到努力争当全区营造"三大生态"排头兵的实践工作中。在从本科生升入研究生的这一个暑假，为深入贯彻习近平总书记在中国政法大学讲话的精神，我来到了距我家乡南宁市不远的百色市，深入基层一线，运用自己在本科阶段所学的知识，再次发挥本科阶段所掌握技能的余热，以百色市铝工业二次创业情况为调研主题，在查阅大量的有关资料文件的基础上，对相关的企业以及有关的政府部门进行了实地走访调研。在本次调研中，我们对百色市铝工业二次创业实施情况进行了全方位调查了解，主要目的在于，一是探索与发现广西壮族自治区政府所提出的铝工业二次创业战略部署能给百色铝工业发展带来的政策优惠和机遇，并了解百色市铝工业目前二次创业的具体实施进程和主要措施；二是总结百色市在实施自治区铝工业二次创业决策部署中主要工业园区的经验成果和做法；三是发现目前实施二次创业中所存在的困难和问题；四是围绕目前的困难与问题，对百色市铝工业二次创业的下一步工作提出对策和建议。现以所查阅的相关资料文件为基础、以实际调研的材料为支撑，对以上四个问题做出综合性报告。

一、百色市实施铝工业二次创业的现状

（一）铝产业二次创业的由来

为抓紧实施国家"一带一路"战略，建立中国—东盟自贸区，围绕加快新型工业化跨越式发展的战略部署，进一步推动广西铝产业结构调整和转型升级，提升广西铝产业精深加工和创新能力，实现广西铝产业可持续发展。广西壮族自治区党委政府提出了广西铝产业二次创业的主要目标，并出台了《广西壮族自治区人民政府办公厅关于印发广西铝产业二次创业中长期方案的通知》，指出了二次创业的路径和内容，明确要重点解决广西铝工业发展企业用电成本过高的问题，提出以推进电力供给侧改革为关键，加快和完善电网建设，推进煤电铝一体化、大力发展铝深加工、调整产业布局推动集群发展、推动企业联合重组增强技术创新。而百色市的重点任务就是要解决铝工业用电成本过高的"痛点"，全力推进中铝广西分公司（华磊）等七个煤电铝一体化项目和电网工程及新山再生铝项目。在自治区铝工业二次创业战略的实施中，作为自治区铝工业的老牌工业基地的百色自然成为行业的主要领跑者，

因此，在产业布局、电力电网联合重组、技术创新、铝产业的集群发展中，百色既是主战场又是实验场，自治区各个部门必将在工作机制、用电用地、金融财税等方面都给予了相应的倾斜和帮助，这对百色市铝工业的发展来说是一个千载难逢的机会。

目前，百色市以"坚持生态经济发展模式，继续大力推进资源基础雄厚、产业链完整、特色鲜明、资源高效利用、环境友好的百色生态型铝产业示范基地建设"为目标，以实现生产的氧化铝80%就地转化电解，生产的电解铝80%就地进行深加工为抓手，以项目落地为支撑，集中全市资源、资金、政策等优势力量加快推进煤电铝一体化项目建设，大力推进落实百色铝产业二次创业各项工作。如今，百矿新山煤电铝一体化和区域电网工程的建成并投入运行，成功破解了百色市铝产业发展用电难的瓶颈问题，铝工业二次创业首战告捷，百色市正朝着建成"引领和带动左右江革命老区发展，覆盖西南、面向东盟的先进铝制造业中心"的目标奋力前进。

（二）百色市铝工业发展的客观环境

百色市铝工业从无到有，中铝平果分公司最先在平果县建厂，发展到南部县市的靖西德保那坡铝产业园，右江河谷的百色工业园区、田阳新山工业园区，以及布局隆林田林的广西—贵州、广西—云南等涉铝工业区，铝工业的崛起凝聚着几代百色人的心血和汗水。特别是近几年来，百色市委市政府依托国家以及自治区给予百色铝工业发展的优惠政策，抓住发展机遇，在铝工业项目审批简化、工业结构优化、煤电铝一体化、直供电区域电网的建设上都取得了重大突破。在项目审批方面，百色市铝产业建设更是得到国家和自治区的大力支持。2015年2月，国务院批复了《左右江革命老区振兴规划》，指出百色要全面建成生态型铝产业示范基地、成熟型资源型城市转型升级示范区。同年7月，国家发改委、工信部发布《关于印发对钢铁、电解铝、船舶行业违规项目清理意见的通知》，核准认定了百色市建成和在建的七个煤电铝一体化项目（电解铝产能可达255万吨），《国家发展改革委关于设立广西百色生态型铝产业示范基地的批复》允许在不突破产能总量规模的基础上，由地方政府按规定办理备案手续。投资项目备案制度意味着不使用政府性资金的铝工业企业，在依法办理环保、土地使用、资金使用、安全生产、建设许可等手续后，可以自行组织建设。这是给百色铝工业发展松绑，真正可以撸起袖子大干一场。

然而，电网和电价是百色铝工业发展的瓶颈，但百色区域电网一期工程在2015年底建成并运行后，供电价格每度电约0.35元，相比大电网价格0.48元~0.58元，已大幅度减少了成本。目前百矿集团、广西苏源公司自备电厂发电机组并网运行，标志着百色煤电铝一体化已经突破了瓶颈走向轨道化。

据统计，截至2016年底，百色市已经形成铝土矿1700万吨、氧化铝840万吨、电解铝107万吨、铝加工210万吨的生产能力。通过加快推进百色煤电铝一体化项目的建设，优化了资源配置，百色铝工业实现千亿铝产业指日可待。

二、百色市在目前铝工业二次创业中的主要措施

（一）全面布局煤电铝一体化项目，破解电价瓶颈问题

有了好的政策支撑，百色市铝工业二次创业就可以全面启动了。区域电网一期工程建设，通过收购划拨重组，对接入区域网的电力统一调度，为企业直供电降低铝工业生产成本。同时，在区域内做好了煤电铝一体化的布局，其主要体现在：田阳平果煤电铝一体化项目，百矿集团德保、田林、隆林煤电铝一体化项目，百矿苏源二期年产10万吨铝水项目，签约落地靖西市的曾氏集团（年产100万吨水电铝一体化项目，一期年产40万吨电解铝）。在全市的煤电铝一体化项目全面建成后，百色电解铝产能达269.5万吨，百色市具体产能情况如表1所示，实现了自治区下达给百色的铝工业二次创业255万吨电解铝的首要任务。

表1 百色市各企业的电解铝产能概要表

信发铝电	32万吨
华磊新材料	40万吨
隆林翔吉	7.5万吨
曾氏集团	40万吨
百矿集团	150万吨

注：数据统计截至2017年。

（二）保障电力供应，推进"黔电入百"

百色市在实施铝工业二次创业的同时，重视与贵州、云南省的能源合作，"黔电入百"的新举措为百色市煤电铝一体化提供了电力补充。

表2 当前"黔电入百"项目建设情况概要表

贵州兴仁：登高集团	2×60万千瓦（完成一台）
贵州清水河：阳光集团	2×35万千瓦（已完成）
贵州兴义：元豪电厂一期	4×35万千瓦（建设中）
兴义至百色段220KV输变电工程	已完成

注：数据统计截至2017年。

百色市区域电网实现与黔西南州区域电网联网，每年可为百色铝工业输送45亿度~75亿度电，最终可输送150亿度左右，协议落地电价为每度0.34元左右，隆林、田林、德保电解铝的项目可以享受直接供电，为百色市区域电网提供安全稳定的电量和合理的工业电价。同时，百矿集团利用机械化开采的先进经验，在实现百色境内自身年开采煤炭800万吨外，还与贵州省黔西南州合作托管当地煤矿，为百色铝工业二次创业，特别是为煤电铝一体化项目提供充足的煤炭能源保障。

（三）加强跨境资源整合，保障原料铝的供应

百色市已探明储量的铝土矿资源已配置给中铝广西分公司、华银铝业、信发铝电、锦鑫化工以及即将开工建设的曾氏集团。百色铝土矿经过多年开采，目前保有量仅为4.39亿吨，按年开采1800万吨计算，还可供开采约20年。为推进百色市煤电铝一体化可持续发展，百色市抓住"一带一路"国家战略机遇，坚持改革开放、开拓创新，利用沿边优势加强跨境铝土矿资源整合，譬如已与越南在中国龙邦—越南茶岭跨境合作园区按照"一区两国"的合作模式，初步落实由百矿集团会同万生隆公司与越南合作建设年产300万吨的氧化铝项目。进行国际合作，建立氧化铝与电解铝的价格联动机制，保障本地电解铝企业有充足氧化铝量供应，为实现百色铝工业二次创业的目标打下坚实的基础。

（四）培植煤电铝一体化项目的地方骨干企业

培植骨干企业是加快区域经济发展的关键举措。骨干企业可以起到带动

上下游产业协同发展、逐步形成产业集群的作用，从而形成产业经济，为培育区域经济的核心竞争力做出突出贡献。百矿集团作为百色首选的骨干企业，得到了百色市政府的政策、资源、产业扶持、资金等支持，逐步撑起百色铝工业二次创业的大局。2013 年底，百矿新山煤电铝一体化项目启动建设，仅用一年多的时间就实现了自备电厂的点火发电及投入运行，发电成本为每度电 0.3115 元，电解铝综合成本约 12 100 元/吨，成为煤电铝一体化铝工业发展突破电力制约的标杆项目。百矿集团与上海交通大学合作的 5 万吨/年精铝和高纯铝项目也正在积极建设，一期 1 万吨精铝项目将于 2017 年底投产。百色市利用百矿集团的转型，破解了百色铝产业的发展瓶颈，也积累了煤电铝一体化项目建设及运营的成功经验。在百矿这个标杆企业的带领下，百矿集团德保年产 30 万吨铝水煤电铝一体化项目、隆林县 20 万吨煤电铝一体化项目、田林县年产 30 万吨煤电铝一体化项目、百矿苏源煤电铝一体化项目等四个项目（基地）的建设正在强力推进中，为百色铝工业二次创业增添了活力、积蓄了后劲。

三、典型工业园区的经验

（一）田阳新山工业园区的做法

第一，推进煤电铝一体化的形成。新山园区煤电铝一体化项目已全部建成运行，百矿自备电厂第二台热电机组也已并网发电，百矿铝厂 268 台电解槽全部投产后，30 万吨电解铝产能全部达产，2017 年新山工业园区预计生产铝锭达 15 万吨。百矿集团收购银海发电公司，并入百色区域电网后增加区域电网的电源保障量，园区电解铝项目用电安全保障得到很大的提高。苏源煤电铝一体化项目自备电厂第一台热电机组已具备发电运行条件，铝水车间目前正在加紧安装电解槽设备，园区的煤电铝一体化项目初具规模。

第二，培植一批新的规上企业。进一步加大规模企业培育力度，培植百兴金兰、广锐铝业、凯祥源铝业、圣棚铝业、棒棒铝业等一批有竞争优势且附加值高的工业企业，构建工业经济新增长点，新山工业园区力争在 2017 年新增 2 家以上规上企业，总数达 16 家。

第三，加大招商和项目落地力度。创新招商思路和方式，充分发挥"以商招商"成功经验，积极开展产业链招商。目前，世界 500 强企业泰国正大集团投资 15 亿元，年产 20 万只高精度铝轮毂项目已经落户园区，深圳中兴集团投资的铝包铜精细通讯线缆项目也在洽谈中。

第四，壮大园区生产性服务业，推动电解铝等大宗铝产品贸易在本地完成交易，推进中国西南（百色）铝产品采购中心项目建设，发展壮大园区现代物流业、现代金融业、信息服务业，加快推进建设综合型生产性服务业集聚区。同时进一步完善连接高速公路、铁路、航空、水运等交通基础设施，提升园区发展和招商引资的硬件实力。

第五，大力实施品牌带动战略。继续依托园区金兰集团、美亚宝铝材品牌的客户资源和市场营销网络，拓宽铝材产品销售渠道，实现园区铝材在东南亚及西南地区的产品市场布局；积极做好园区铝材加工企业商标品牌培植及铝材商标品牌申报引导服务，努力打造一批"广西名牌产品"，加强园区铝材品牌宣传力度，逐步提高园区铝材产品在西南地区的品牌影响力。

（二）平果县工业园区的做法

第一，壮大煤电铝，推进中铝（华磊）自备电厂、电解铝项目，并延伸赤坭利用、水泥行业，集中力量筑巢引凤。把园区建设作为推进新型工业化、加快铝工业二次创业的重要载体和平台，高起点规划、高强度投入、高标准建设。我们到平果县开展铝业二次创业调研时，据工业园区主任介绍，平果县在去年 6 月已完成工业区新征用地近万亩用于铝工业二次创业项目的落户，园区承载能力和集聚水平明显提升。

第二，健全机制，狠抓实效破解难题。实行党政领导联系项目责任制，坚持实施"一个项目、一名领导"负责制推进项目建设和生产进度，为企业提供"保姆式"服务。对重大问题实行重点问题特办机制，对项目建设中存在的困难和问题，采取"一事一议""一企一策"的办法和"一站式"和保姆式服务，有力地推进了项目建设。

第三，以高新技术开发的铝下游产品形成集群。如以平果铝型材厂为代表的企业，积极发挥其人脉和市场优势，在平果工业园区不断引进和开发铝深加工产品。该企业生产一体化全铝室内家具和仿木装饰用材，不仅为平果工业园区铝深加工延伸树了榜样，更提升了企业产品技术优势和市场竞争力。

以上的园区在实施铝工业二次创业时都有自己的特色和成功的地方，其措施值得百色市各地区借鉴和推广。

四、百色市铝工业二次创业面临的困难和问题

（一）区域电网运行不够稳定，工业生产成本偏高，产品竞争力低下

百色新铝电力公司区域电网项目一期工程虽然已经运行，但是网架结构薄弱、网内电源少，电网系统运行稳定性不强，保安能力弱，无法为更多的煤电铝一体化项目提供可靠的安保电源。落实"黑启动电源""保安电源"是确保电网系统运行的关键。

（二）基础设施建设资金投入不足，现代服务业发展滞后

当前各工业园急需实施各项基础设施项目建设投资总计达 10 亿元，由于财力有限，上级扶持项目资金少，融资困难，建设资金缺口使园区基础设施建设滞后。随着各园区铝加工产能释放链条拉长，铝材产品品种增加，铝材产品销售缺乏专业市场作为产品交易平台，铝产业链配套物流产业亟待完善。

（三）铝精深加工技术薄弱，铝产业高新技术企业少

目前百色市各个园区企业技术含量高、附加值高的铝产品比较少，除了煤电铝一体化七个项目的带动，铝精深加工企业、产品以及技术研发、检测及技术人才培养方面还比较薄弱。比如平果县园区目前铝加工企业 25 家，已投产铝加工企业 19 家，仅有博导铝镁线缆有限公司等 2 家企业被评为高新技术企业，占投产企业的 10.5%。而且博导铝镁线缆有限公司在杭州萧山只是一个小规模的乡镇企业，虽然其线缆的合金比配方有价值，但是其重融提纯和拉丝的生产工艺较低，算不上高新技术。在铝工业二次创业中所提出的深加工——交通运输铝用材，航天航空、建设用铝材、电子电器、包装用铝等精深加工企业和产品还很少。

（四）煤电铝一体化项目依然存在核准、环保、用电用矿的不协调问题

根据国家发改委、国家工信部的文件精神，电力项目的建设应由地方政府按规定备案，这会导致项目审批及环保审批下放不同步，使得中铝广西分公司煤电铝一体化项目、隆林登高煤电铝一体化项目推进缓慢。新《中华人民共和国环境影响评价法》虽然规定环评审批不再作为项目核准或备案的前置条件，但要求建设单位在开工建设之前一定要完成环评手续。目前，百色市的三个煤电铝一体化项目虽然由市发改委备案，但其环评报告需要由自治区环保厅审批，手续的不同步，使得项目落地的时间延长了，不利于项目的

整体推进。

（五）招商引资创新意识不足，投资环境有待进一步改善

虽然百色市政府非常重视招商工作，出台了招商环境建设年等一系列具有前瞻性的措施，但一些部门和县区，对百色铝工业二次创业的认识不足，招商引资的方式方法少，创新意识不足，且招商引资的绩效考评也没有真正发挥作用。主要的原因有项目前期策划包装"三缺"——缺经费、缺高水平的编制单位、缺项目策划包装的专业人才。项目前期包装跟不上，困难提得多，路子想得少，敢为人先、敢于担当的创新意识缺乏，在政府的招商工作中常会提到的"五有"，即有政策、有项目、有服务、有环评、有用地，但下级部门和县区政府对于很多招商的细节还没有落实到位就匆匆出去招商，有的客商来了，项目还只是在设想中，项目申报、环评、用地都是空白，对招商项目的前期工作重视不足，策划和升华不够，导致效果不明显。项目前期工作的滞后，使得在铝工业二次创业的工作中，难以引进投资大、技术高、辐射广、带动强的骨干企业。

五、对百色市铝工业二次创业下一步发展的建议

截至目前，百色市铝工业二次创业有了长足的发展，总体部署和战略措施非常到位，以点带面培植骨干企业效果明显，但其中所存在的问题和困难依然突出，如何破解面临的问题和困难，突破目前发展的瓶颈，笔者认为，需着力做好完善煤电铝一体化七个项目建设、招商引资、强化铝深加工产业链延伸等方面的工作。

（一）继续寻求上级政府机关在政策等各方面的大力支持

在项目审批方面，要积极向自治区国土厅申请给予各地方的煤电铝一体化项目在用地指标方面的倾斜。在煤电铝一体化项目的环评报告上报后，应尽快给予环评批复，以推进项目顺利建设。

在用电方面，应寻求更大力度的资金支持，加快推进区域电网二期工程建设。百色区域电网一期试运行以来已经发生了几次孤网或黑网重启事故。从发生的这几次事故分析，百色区域电网目前自我稳控和恢复能力较弱，因此要落实220kV电压等级"保安电源"，这不仅有利于提高百色区域电网运行的稳定性，而且可减少网内机组旋转备用容量，提高网内机组发电利用率，

提高能源利用效率。为此要做到以下几点：一是要加大力度与广西电网公司协调切实解决从大电网接入 220kV 电压等级的"保安电源"的相关事宜，尽快将田东电厂退出大网并入区域电网，为百色银海铝业公司的电解铝复产、华磊新材料煤电铝一体化等项目的投产供电。二是要进一步协调广西西江集团尽快将那吉、鱼梁退网并入百色区域电网作为"黑启动"电源，增加网内水电电源比重，将百色辖区内新增水电站纳入区域电网，将百色境内新建的瓦村、八渡水电站都并入百色地方电网，支持地方经济发展。三是寻求自治区层面支持百色煤矿产能扩建，解决百矿集团公司煤炭需求 1242 万吨，为"铝二次创业"提供能源支撑，中国铝业广西分公司、华银铝业、信发铝、华磊新材料公司等其他用煤企业共需本地煤约 587 万吨，而百色市现有煤矿产能 487 万吨，产能缺口近 1300 万吨，极需增加煤炭项目建设，尽最大限度保证电煤供应。

（二）加强煤电铝一体化，达到以点带面的效果

根据目前发展现状和基础条件，百色市政府明确作出"调控氧化铝、发展电解铝、延伸铝精深加工"的煤电铝一体化建设的战略部署。去年继续抓住了煤电铝一体化这个"牛鼻子"，重点推进华磊新材料年产 40 万吨电解铝项目，推进百矿集团德保年产项目竣工投产；加快田林和隆林项目建设，首先推进电源建设，确保铝产业电力供应，加快推进华磊新材料 3×35 万千瓦机组尽快投运；积极推进百矿集团德保煤电铝一体化配套 2×35 万千瓦机组、广西信发铝电有限公司第二台 35 万千瓦超临界燃煤发电机组开工建设。同时，要继续推进"引滇黔电入百"工程，尽快实施区域电网二期项目的建设，推进往平果、德保及靖西湖润变电站的线路建设，实现新增铝项目电源全覆盖。

另外，还要深化清洁能源的开发和利用。百色的太阳能风能等清洁能源资源非常丰富，在西北五县有很多尚未开发的风场和荒漠丘陵。目前已有多家企业进行了多个区域的测试，风能和太阳能发电前景非常良好，水资源的开发利用还可以挖掘和拓展。在水资源的开发利用方面，百色有过深刻的教训，市和有关县区为开发电站做了大量工作，内库区移民的维稳和社会安全耗尽了当地政府的精力，虽然工程完成了，电网也架设了，但百色却只能望网兴叹，留给百色工业使用的电力资源非常少。因此，在今后的水资源开发中，百色必须掌握主动权，如田林八度口电站，可由骨干企业参与或争取牵

头开发和利用，这不仅为田林乃至百色的电力生产添砖增瓦，更可以给百色煤电铝一体化项目提供能源保障。

（三）改善招商环境，做好招商项目的前期策划

第一，各级政府要落实好招商环境整治年的各项工作，切实改善百色市铝产业的招商引资环境，着重项目的策划包装和前期工作。当前百色市正以深圳帮扶百色为契机，引进深圳铝深加工企业，共建深圳—百色合作产业园。2017年6月，百色市在深圳举办百色市铝深加工暨加工贸易产业专场推介会，通过广东省、深圳市的对口协作，把百色的企业及园区连接深圳市场、技术资源和平台建设，学习深圳速度、深圳质量，促进涉铝园区转型升级。在引进铝深加工企业中，要坚持把项目前期工作做透做熟和科学统筹兼顾，可以用具体问题具体分析的方式、对症下药，采用因地制宜的方法，不拘泥于形式，而是灵活多变地去招商引资，瞄准大企业、大客商，力争提供各项便利使得客商到百色了解项目后马上可以直接对接，开展项目建设。

第二，要保持超前的招商意识。招商工作要有分析透彻形势的超前意识，要颠覆一些陈旧理念才能避免误区，少走弯路。我们以前认为百色铝工业的发展，一定要有足够的氧化铝、电解铝产量作为支撑，没有电解铝的铝工业是无从谈起的。但广东省南番禺顺区域铝业发展，特别是南海区的铝制造企业却突破了这些限制，整个南海区涉铝企业一年消耗的铝锭有200万吨以上，铝锭的主要来源是中国国内的厂家，少部分进口以及废铝的再生重融。这个地区既没有生产氧化铝也没有生产电解铝，却能支撑起千亿铝的产业集群，除了政府对企业的支撑和爱护，地理位置的得天独厚，更关键的是靠形成产业集群的人力科技优势。所以，百色市在规划铝工业二次创业的未来方向时，还应该注重产业集群的形成，所需的外部和内因，包括市场配置、港口航运、科技研发等。南海铝工业集群仅仅是一种发展模式，还有新疆、山东、河南的铝业发展模式，有的对百色而言是不可复制，更多的启示是敢想敢干、勇于开拓的创新意识、魄力和勇气。

第三，要不断创新招商方式，果断采用效果突出的引资方法。在2017年招商引资攻坚年的招商成果上，有一种"大树招商法"，有关部门可以从中铝网每年评比出来的中国铝行业一百强中的这些"大树中"选出一些和百色关系密切的企业，进行走访和互动，在互访工作中建立起了相互支持的机制。

这些大型企业就好比一个大树，大树分支分叉，根深叶茂，直系旁支的企业很多。可以顺着这个大树，一直摸索延伸到与大企业广联的上百成千个末端企业，这些末端往往就是所要寻找招商的目标。如中铝广西平果分公司，可以通过该公司上寻北京和各省的铝业基地，下可寻其下游产品的生产厂家，特别是电解铝、氧化铝销售系统内的末端企业。总结多个方法多找出路，招商引资就少走很多弯路，也起着事半功倍的效果。

（四）延伸铝工业二次创业的加工产业，设立深加工基地

随着时代的进步、科技的发展，对于生产企业的要求也越来越高，如若只是停留在初加工层面，在大浪淘沙的市场中，等待它们的只有被淘汰。因此，在百色铝工业二次创业中，要积极发展中高端铝精深加工，延伸铝产业链，全面提升百色铝产业质量。统筹考虑在百色布局发展铝轮毂、建筑铝模板等铝产品，指导百色引进高科技含量、高附加值的铝精深加工企业，重点发展航空、航天、船舶、轨道列车、军工、汽车、家电用铝、IT 产业用铝等高科技含量、高附加值的铝精深加工产品，加快推进正大集团铝轮毂项目、中车集团配套高铁动车零配件铝深加工项目尽快落地。

在平果县工业园区原有面积的基础上，再拓展一个做精细加工的创业园。同时，实施平果工业区高新技术企业孵化器项目，让孵化器成为各级科技人员和科技企业进行知识创业、技术创新和成果转化的重要基地，促进园区工业经济不断发展。孵化器将通过推进服务平台建设，推进高校科技创新、成果转化、智库服务和资源共享四大平台建设，组建工业技术研究院和产业技术创新联盟。开发和研究铝工业二次创业的延伸加工产业。

在田阳新山工业园区强力推进铝轮毂生产项目，延长铝工业的下游产业链，提高铝产品的附加值，是百色铝工业二次创业的发展方向，下一步建议探索如铝空电池的发展、非常规产品的开发和引进。铝空电池具有"能量密度高、安全、可循环、环保无污染"等优点，未来可在通讯基站、医院、电视台的应急备用电源领域中广泛应用，仅此一项就有"千亿市场"可待开发。现代城市全铝共享单车等都是一些新兴的市场巨大的产品，值得去探索和发展。

对于占据资源上游的企业，要得下脸面做斗争，对只是生产氧化铝的企业和厂家，要"连打带逼"，"上"电解铝，"上"铝下游产品的加工，"上"

绿色生态循环产业，解决排泥库、赤泥的利用等，这是一个生产与发展，地方政府与企业之间既斗争又合作的问题，不能期盼企业自动做下游延伸。

（五）组建铝业二次创业的专门单位和人员，完善激励机制

在百色实施铝工业二次创业中，百色市各项工作都有序开展，但仍缺乏统筹性，需要组建专业人员统揽百色铝工业的所有工作，避免部门之间职责不清，甚至相互扯皮的矛盾发生。对于已经出台的刚性政策文件，缺乏努力方向的直观性和进度的分析，更少了奖惩制度的出台。所以，应完善百色市铝工业二次创业的若干规定和激励政策，制定出台针对铝工业的相关优惠政策，在政策的支持和引导下，激发铝工业发展动力，加大对百色市铝产业的资金投入和支持，通过设立配套铝工业发展奖，奖励项目建设、关键技术攻关、人才引进和培训、新产品开发，吸引高科技铝产业项目落户生根，推动百色市乃至全区铝产业项目改造升级，全面推进铝"二次创业"。这都是有利于工作目标的清晰和梳理，有利于项目推进的统筹和监督，更有利于提高项目引进的积极性。

为保证数据的完整性、准确性和安全性，本报告所使用的数据均是为2018 年以前。本次调研得到了政府有关部门和相关企业的支持，在此，笔者对他们表示由衷的感谢！虽短短的数十天，但可以借此机会再次温故本科知识，发挥知识的余热，解决实际问题，我想这也是对即将开启的研究生道路的最佳献礼。

后 记

　　中国政法大学十分重视青年马克思主义者的实践能力培养，研究生工作办公室和马克思主义学院连续多年利用寒暑假组织学生开展思想政治理论课的社会调研实践活动，每次假期都能收到同学们发来的数十篇调研报告，在校内外有不错的反响。2019 年初，为对近几年来我校青年马克思主义者培养工作进行阶段性总结，中国政法大学研究生工作办公室和马克思主义学院成立编委会，着手对近年的部分优秀调研成果进行整理，结集出版，遂有此书。

　　付梓之际，十分感谢学校各级领导对调研工作的重视和支持，你们的关心和支持让活动得以深入开展，你们的建议与指点也使本书增色良多。在此，感谢马克思主义学院的张秀华、赵卯生、袁方、黄东、赵庆杰、孔祥宇、傅杨、袁芳、蔺庆春等老师作为指导教师全程参与调研报告的征集，感谢组织部袁林，宣传部刘杰，教务处翟远见，研究生院刘承韪、肖宝兴，法学教育与评估中心刘坤轮、张鹏等各位领导老师对于征集活动长期的关心和支持，感谢参与到本书编写的富新梅、高雅、陈冬旭、南凯、韩富鹏、项泽仁、徐烁、李妍、李颖、卢雪尧、徐洁、欧阳星、庞尚尚等各位同学，为本书整理出版做了大量的工作。

　　最需要感谢的是中国政法大学不忘使命与责任的新时代青年学子们，你们从各自的专业与视野出发，脚踏实地，勇于探索，将所学理论应用到实践当中，为中国特色社会主义事业的发展提供源源不断的动力，也为广大青年起到了良好的模范带头作用。百尺竿头，更进一步，愿我们携手为我国青年马克思主义者的培养与中国特色社会主义的发展，共同努力，共做追梦人！

编 者

2020 年 3 月